建筑工程计价丛书

园林绿化工程计价应用与实例

杜贵成 主 编

金盾出版社

内 容 提 要

　　全书共分为四部分（十一章）：第一部分是园林绿化工程基础知识，内容包括园林绿化工程施工图识读、园林绿化工程施工工艺；第二部分是园林绿化工程计价基础知识，内容包括园林绿化工程造价基础知识、园林绿化工程定额计价体系、园林绿化工程清单计价体系；第三部分是园林绿化工程计价与应用，内容包括绿化工程工程量计算与实例，园路、园桥工程工程量计算与实例，园林景观工程工程量计算与实例，措施项目工程量计算；第四部分是园林绿化工程竣工结算与决算，内容包括园林绿化工程竣工结算、园林绿化工程竣工决算。

　　本书可以作为园林绿化工程监理单位、施工企业的一线管理人员及劳务操作人员的培训教材和参考用书。

图书在版编目（CIP）数据

园林绿化工程计价应用与实例/杜贵成主编. —北京：金盾出版社，2015.12
（建筑工程计价丛书）
ISBN 978 - 7 - 5186 - 0466 - 1

Ⅰ.①园… Ⅱ.①杜… Ⅲ.①园林—绿化—工程造价 Ⅳ.①TU986.3

中国版本图书馆 CIP 数据核字（2015）第 174758 号

金盾出版社出版、总发行
北京太平路 5 号（地铁万寿路站往南）
邮政编码：100036　电话：68214039　83219215
传真：68276683　网址：www. jdcbs. cn
封面印刷：北京盛世双龙印刷有限公司
正文印刷：双峰印刷装订有限公司
装订：双峰印刷装订有限公司
各地新华书店经销
开本：787×1092 1/16　印张：17.875　字数：446 千字
2015 年 12 月第 1 版第 1 次印刷
印数：1～3 000 册　定价：58.00 元

前　言

近年来，人们对城市、园林绿化环境的要求越来越高，政府在城市建设和园林绿化建设方面的投资逐年增多，园林绿化建设任务也逐年增多，园林工程的内容在不断地扩充创新，朝着多层次、多样化的方向发展，其规模在日益扩大。为了取得较好的投资效益和社会效益，园林工程的造价与计价控制受到建设参与各方的重视，应有效地控制园林工程造价。

为了适应建设市场的发展，总结我国建设实践，进一步健全、完善计价规范，住房和城乡建设部发布了《建设工程工程量清单计价规范》（GB 50500—2013）及《园林绿化工程工程量计算规范》（GB 50858—2013）等 9 本计量规范。"13 规范"是以《建设工程工程量清单计价规范》为母规范，各专业工程工程量计算规范与其配套使用的工程计价、计量标准体系。该标准体系将为深入推行工程量清单计价，建立市场形成工程造价机制奠定坚实基础。

本书主要依据最新规范及文件编写而成，从园林绿化工程施工图识图、施工工艺入手，直接将园林绿化工程的整个轮廓展现在读者面前，然后分别具体介绍定额计价与清单计价两种方法及其应用实例，加深读者对园林绿化工程造价的认识和理解。本书具有知识脉络清晰、结构层次分明、实用性强等特点，可以作为园林绿化工程监理单位、施工企业的一线管理人员及劳务操作人员的培训教材和参考用书。

本书由杜贵成担任主编，参加编写的有高美玲、张晓曦、杨礼辉、孙雷、孙明月、盛万娇、刘艳君、胡楠、孙丽娜、陶红梅。同时，在编写本书过程中，参阅和借鉴了许多优秀书籍和有关文献资料，并得到了园林绿化工程施工与造价方面的专家和技术人员的大力支持和帮助，在此一并致谢。

由于时间仓促及编者水平有限，书中难免有疏漏之处，恳请广大读者热心指点，以便进一步修改和完善。

编　者

目　　录

第一部分 园林绿化工程基础知识

第一章 园林绿化工程施工图识读

内容提要：

1. 了解园林绿化工程制图的基本规定，包括：图纸的尺寸和比例，尺寸、标高的标注方法，以及图用符号、定位轴线的表示方法。

2. 熟悉园林绿化工程中使用的常用图例。

3. 熟悉园林建筑工程施工图的组成、绘制方法，掌握园林建筑施工图的识图方法和步骤。

4. 掌握园林绿化工程施工图识图方法。

5. 熟悉园林绿化工程设备施工图的组成、特点，掌握园林绿化工程设备施工图的识图方法。

第一节 园林绿化工程制图基本规定

一、图纸幅面与标题栏

1. 图纸幅面

① 图幅及图框尺寸应符合表 1-1 的规定及图 1-1 和图 1-2 的形式。

表 1-1 图幅及图框尺寸　　　　　　　　　　（mm）

尺寸代号＼图幅代号	A0	A1	A2	A3	A4
$b×l$	841×1189	594×841	420×594	297×420	210×297
c			10		5
a			25		

注：表中 b 为幅面短边尺寸，l 为幅面长边尺寸，c 为图框线与幅面线间宽度，a 为图框线与装订边间宽度。

② 需要微缩复制的图纸，其一个边上应附有一段准确米制尺度，四个边上均附有对中标志，米制尺度的总长应为 100mm，分格应为 10mm。对中标志应画在图纸内框各边长的中点处，线宽 0.35mm，并应伸入内框边，在框外为 5mm。对中标志的线段于 l_1 和 b_1 范围取中。

③ 一个工程设计中，每个专业所使用的图纸，不宜多于两种幅面，不含目录及表格所采用的 A4 幅面。

2. 标题栏

① 图纸中应有标题栏、图框线、幅面线、装订边线和对中标志。其中，图纸的标题栏及装订边的位置，应符合以下规定。

a. 横式使用的图纸应按图 1-1 的形式进行布置。

b. 立式使用的图纸应按图 1-2 的形式进行布置。

② 标题栏应符合图 1-3 和图 1-4 的规定，根据工程的需要确定其尺寸、格式和分区。同时，签字栏还应包括实名列和签名列，并且应符合下列规定。

a. 涉外工程的标题栏内，各项主要内容的中文下方应附有译文，同时，设计单位的上方或左方还应加"中华人民共和国"字样。

b. 当在计算机制图文件中使用电子签名与认证时，应符合国家有关电子签名法的规定。

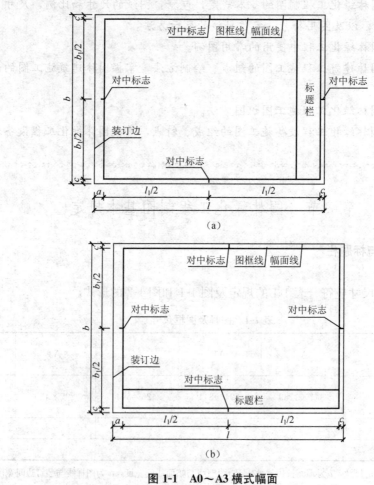

（a）

（b）

图 1-1　A0～A3 横式幅面

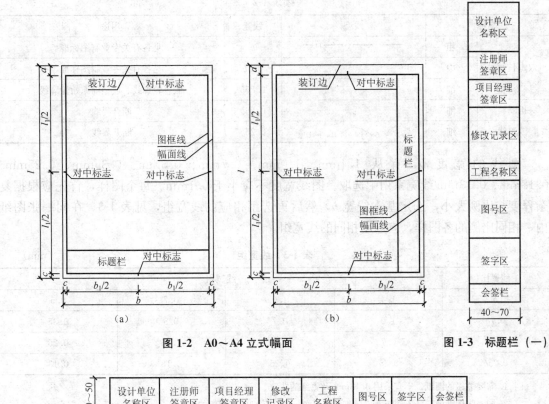

图 1-2　A0～A4 立式幅面　　　　　图 1-3　标题栏（一）

图 1-4　标题栏（二）

二、图线

工程建设制图应选用的图线见表 1-2。

表 1-2　图线

名称		线型	线宽	用途
实线	粗		b	主要可见轮廓线
	中粗		$0.7b$	可见轮廓线
	中		$0.5b$	可见轮廓线、尺寸线、变更云线
	细		$0.25b$	图例填充线、家具线
虚线	粗		b	见各有关专业制图标准
	中粗		$0.7b$	不可见轮廓线
	中		$0.5b$	不可见轮廓线、图例线
	细		$0.25b$	图例填充线、家具线
单点长画线	粗		b	见各有关专业制图标准
	中		$0.5b$	见各有关专业制图标准
	细		$0.25b$	中心线、对称线、轴线等

续表 1-2

名称		线型	线宽	用途
双点长画线	粗		b	见各有关专业制图标准
	中		$0.5b$	见各有关专业制图标准
	细		$0.25b$	假想轮廓线、成型前原始轮廓线
折断线	细		$0.25b$	断开界线
波浪线	细		$0.25b$	断开界线

　　图线的宽度 b，宜从 1.4mm、1.0mm、0.7mm、0.5mm、0.35mm、0.25mm、0.18mm、0.13mm 线宽系列中选取。图线宽度不应小于 0.1mm。每个图样，首先应根据复杂程度与比例大小，选定基本线宽 b，然后再选用相应的线宽组，见表 1-3。在同一张图纸内，相同比例的各图样，应选用相同的线宽组。

表 1-3　线宽组　　　　　　　　　　　　　　　　　　（mm）

线宽比	线宽组			
b	1.4	1.0	0.7	0.5
$0.7b$	1.0	0.7	0.5	0.35
$0.5b$	0.7	0.5	0.35	0.25
$0.25b$	0.35	0.25	0.18	0.13

　　注：1. 需要缩微的图纸，不宜采用 0.18mm 及更细的线宽。

　　　　2. 同一张图纸内，各不同线宽中的细线，可统一采用较细的线宽组的细线。

三、字体

　　① 图样及说明中的汉字，宜采用长仿宋体或黑体，同一图纸字体种类不应超过两种。长仿宋体的高宽关系应符合表 1-4 的规定，黑体字的宽度与高度应相同。大标题、图册封面、地形图等的汉字，也可书写成其他字体，但应易于辨认。

表 1-4　长仿宋字高宽关系　　　　　　　　　　　　（mm）

字高	20	14	10	7	5	3.5
字宽	14	10	7	5	3.5	2.5

　　② 图样及说明中的拉丁字母、阿拉伯数字与罗马数字，宜采用单线简体或罗马字体。拉丁字母、阿拉伯数字与罗马数字的书写规则，应符合表 1-5 的规定。

表 1-5　拉丁字母、阿拉伯数字与罗马数字的书写规则

书写格式	字体	窄字体
大写字母高度	h	h
小写字母高度（上下均无延伸）	$7/10h$	$10/14h$
小写字母伸出的头部或尾部	$3/10h$	$4/14h$
笔画宽度	$1/10h$	$1/14h$

续表1-5

书写格式	字体	窄字体
字母间距	2/10h	2/14h
上下行基准线的最小间距	15/10h	21/14h
词间距	6/10h	6/14h

③ 长仿宋汉字、拉丁字母、阿拉伯数字与罗马数字示例应符合现行国家标准《技术制图字体》（GB/T 14691—1993）的有关规定。

四、比例

工程制图中，为了满足各种图样表达的需要，有些需要缩小绘制在图纸上，有些又需要放大绘制在图纸上，因此，必须对缩小和放大的比例做出规定。

图样的比例，应为图形与实物相对应的线性尺寸之比。比例宜注写在图名的右侧，字的基准线应取平，且比例的字高宜比图名的字高小一号或二号，如图1-5所示。

绘图所用的比例应根据图样的用途与被绘对象的复杂程度，从表1-6中选用，并且应当优先采用表中常用比例。

平面图 1 : 100　　⑥ 1 : 20

图1-5　比例的注写

表1-6　园林图样常用的比例

图纸类别	常用比例
详图	1 : 1、1 : 2、1 : 4、1 : 5、1 : 10、1 : 20、1 : 30、1 : 50
道路绿化图	1 : 50、1 : 100、1 : 150、1 : 200、1 : 250、1 : 300
小游园规划图	1 : 50、1 : 100、1 : 150、1 : 200、1 : 250、1 : 300
居住区绿化图	1 : 100、1 : 200、1 : 300、1 : 400、1 : 500、1 : 1000
公园规划图	1 : 500、1 : 1000、1 : 2000

五、尺寸标注

1. 尺寸界线、尺寸线及尺寸起止符号

① 图样上的尺寸主要应包括尺寸界线、尺寸线、尺寸起止符号和尺寸数字，如图1-6所示。

② 尺寸界线应采用细实线绘制，应与被注长度垂直，其一端距离图样轮廓线不应小于2mm，另一端宜超出尺寸线2～3mm。图样轮廓线可用做尺寸界线，如图1-7所示。

③ 尺寸线应采用细实线绘制，应与被注长度平行。图样本身的任何图线均不得用做尺寸线。

④ 尺寸起止符号采用中粗斜短线绘制，其倾斜方向应与尺寸界线成顺时针45°角，长度宜为2～3mm。半径、直径、角度与弧长的尺寸起止符号，宜用箭头表示，如图1-8所示。

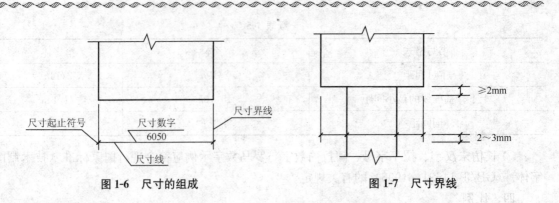

图1-6　尺寸的组成　　　　　　　图1-7　尺寸界线

2. 尺寸数字

① 图样上的尺寸，应以尺寸数字为准，不得从图上直接量取。

② 图样上的尺寸单位，除标高及总平面以米为单位外，其他必须以毫米为单位。

③ 尺寸数字应依据其方向注写在靠近尺寸线的上方中部。若没有足够的注写位置，最外边的尺寸数字可注写在尺寸界线的外侧，中间相邻的尺寸数字可上下错开注写，引出线端部应采用圆点对标注尺寸的位置标示，如图1-9所示。

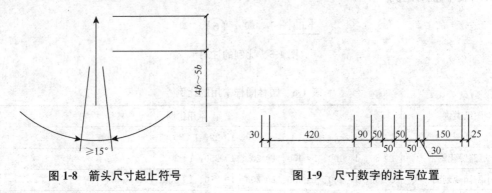

图1-8　箭头尺寸起止符号　　　　　　图1-9　尺寸数字的注写位置

④ 尺寸数字的注写方向，应按如图1-10（a）所示的规定注写。若尺寸数字在30°斜线区内，也可按图1-10（b）的形式注写。

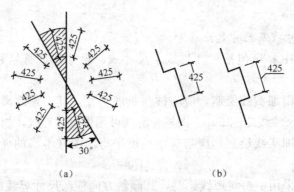

（a）　　　　　　　　　　（b）

图1-10　尺寸数字的注写方向

（a）尺寸数字的注写方向　　（b）在30°斜线上标注

3. 尺寸的排列与布置

① 尺寸宜标注在图样轮廓以外，且不宜与图线、文字和符号等相交，如图 1-11 所示。

② 互相平行的尺寸线，应从被注写的图样轮廓线由近向远整齐排列，较小尺寸应离轮廓线较近，较大尺寸应离轮廓线较远。

③ 图样轮廓线以外的尺寸界线，距图样最外轮廓之间的距离，不宜小于 10mm。平行排列的尺寸线的间距，宜为 7~10mm，并应保持一致。总尺寸的尺寸界线应靠近所指部位，中间的分尺寸的尺寸界线可稍短，但其长度应相等。

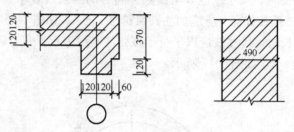

图 1-11 尺寸数字的注写

4. 半径、直径、球的尺寸标注

① 半径的尺寸线的一端应从圆心开始，另一端画箭头指向圆弧。半径数字前应加注半径符号 "R"。较小圆弧的半径，可按图 1-12 的形式标注。

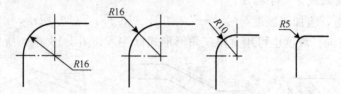

图 1-12 小圆弧半径的标注方法

② 较大圆弧的半径，可按图 1-13 的形式标注。

图 1-13 大圆弧半径的标注方法

③ 标注圆的直径尺寸时，直径数字前应加直径符号 φ。在圆内标注的尺寸线应通过圆心，两端画箭头指至圆弧。较小圆的直径尺寸，可标注在圆外，如图 1-14 所示。

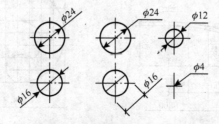

图 1-14 小圆直径的标注方法

④ 标注球的半径尺寸时，应在尺寸前加注符号"SR"。标注球的直径尺寸时，应在尺寸数字前加注符号"Sφ"。注写方法与圆弧半径和圆直径的尺寸标注方法相同。

5. 角度、弧度、弧长的标注

① 角度的尺寸线应以圆弧表示。该圆弧的圆心应是该角的顶点，角的两条边为尺寸界线。起止符号应以箭头表示，如果没有足够位置画箭头，可用圆点代替，角度数字应沿尺寸线方向注写，如图 1-15 所示。

② 标注圆弧的弧长时，尺寸线应以与该圆弧同心的圆弧线表示，尺寸界线应指向圆心，起止符号用箭头表示，弧长数字上方应加注圆弧符号"⌒"，如图 1-16 所示。

③ 标注圆弧的弦长时，尺寸线应以平行于该弦的直线表示，尺寸界线应垂直于该弦，起止符号用中粗斜短线表示，如图 1-17 所示。

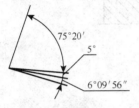
图 1-15　角度标注方法

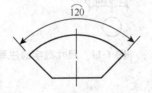
图 1-16　弧长标注方法

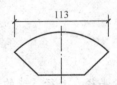
图 1-17　弦长标注方法

6. 坡度、非圆曲线等尺寸标注

① 标注坡度时，应加注坡度符号"←"，如图 1-18（a）、（b）所示，该符号为单面箭头，箭头应指向下坡方向。坡度也可用直角三角形形式标注，如图 1-18（c）所示。

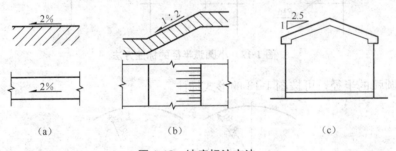

（a）　　　　　　　　（b）　　　　　　　　（c）

图 1-18　坡度标注方法

② 外形为非圆曲线的构件，可用坐标法标注曲线尺寸，如图 1-19 所示。

③ 复杂的图形，可用网格法标注曲线尺寸，如图 1-20 所示。

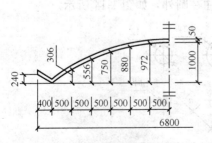
图 1-19　坐标法标注曲线尺寸

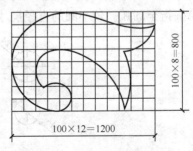
图 1-20　网格法标注曲线尺寸

7. 标高

① 标高符号应以直角等腰三角形表示，按图 1-21 （a） 所示形式用细实线绘制，当标注位置不够时，也可按图 1-21 （b） 所示形式绘制。标高符号的具体画法应符合图 1-21 （c）、（d） 的规定。

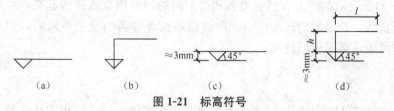

图 1-21 标高符号

L—取适当长度注写标高数字；h—根据需要取适当高度

② 总平面图室外地坪标高符号，宜用涂黑的三角形表示，具体画法应符合图 1-22 的规定。

③ 标高符号的尖端应指至被注高度的位置。尖端宜向下，也可向上。标高数字应注写在标高符号的上侧或下侧。

④ 标高数字应以米为单位，注写到小数点以后第三位。在总平面图中，可注写到小数字点以后第二位。

⑤ 零点标高应注写成±0.000，正数标高不注"＋"，负数标高应注"－"，如 3.000、－0.600。

⑥ 在图样的同一位置需表示几个不同标高时，标高数字可按图 1-23 的形式注写。

图 1-22 总平面图室外地坪标高符号   图 1-23 同一位置注写多个标高数字

六、指北针与风玫瑰图

指北针一般用细实线绘制，其形状如图 1-24 所示。

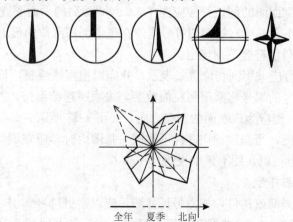

图 1-24 指北针与风玫瑰图

风玫瑰图是指根据某一地区气象台观测的风气象资料绘制出的图形，分为风向玫瑰图和风速玫瑰图两种，通常多采用风向玫瑰图。

风向玫瑰图表示风向和风向频率。风向频率是在一定时间内各种风向出现的次数占所有观察次数的百分比。根据各方向风的出现频率，以相应的比例长度，按风向中心吹，描在用8个或16个方向所表示的图上，然后将各相邻方向的端点用直线连接起来，绘成一个形式宛如玫瑰的闭合折线，就是风向玫瑰图。图中线段最长者即为当地主导风向，粗实线表示全年风频情况，虚线表示夏季风频情况。

七、符号

1. 剖切符号

① 剖视的剖切符号应由剖切位置线及剖视方向线组成，均应以粗实线绘制。剖视的剖切符号应符合下列规定。

a. 剖切位置线的长度宜为6～10mm；剖视方向线应垂直于剖切位置线，长度应短于剖切位置线，宜为4～6mm，如图1-25所示，也可采用国际统一和常用的剖视方法，如图1-26所示。绘制时，剖视的剖切符号不应与其他图线相接触。

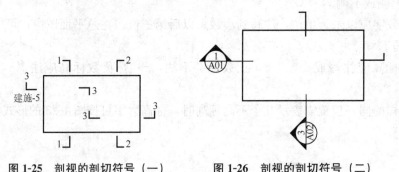

图1-25　剖视的剖切符号（一）　　　　图1-26　剖视的剖切符号（二）

b. 剖视剖切符号的编号宜采用粗阿拉伯数字，按剖切顺序由左至右、由下向上连续编排，并应注写在剖视方向线的端部。

c. 需要转折的剖切位置线，应在转角的外侧加注与该符号相同的编号。

d. 建（构）筑物剖面图的剖切符号应注在±0.000标高的平面图或首层平面图上。

e. 局部剖面图（不含首层）的剖切符号应注在包含剖切部位的最下面一层的平面图上。

② 断面的剖切符号应符合下列规定。

a. 断面的剖切符号应只用剖切位置线表示，并应以粗实线绘制，长度宜为6～10mm。

b. 断面的剖切符号的编号宜采用阿拉伯数字，按顺序连续编排，并应注写在剖切位置线的一侧。编号所在的一侧应为该断面的剖视方向，如图1-27所示。

③ 剖面图或断面图，当与被剖切图样不在同一张图内时，应在剖切位置线的另一侧注明其所在图纸的编号，也可以在图上集中说明。

2. 索引符号与详图符号

① 图样中的某一局部或构件，如需另见详图，应以索引符号索引，如图1-28（a）所示。索引符号是由直径为8～10mm的圆和水平直径组成的，圆及水平直径应以细实线绘制。索引符号应按下列规定编写。

a. 索引出的详图,如与被索引的详图在同一张图纸内,应在索引符号的上半圆中用阿拉伯数字注明该详图的编号,并在下半圆中间画一段水平细实线,如图 1-28 (b) 所示。

b. 索引出的详图,如与被索引的详图不在同一张图纸内,应在索引符号的上半圆中用阿拉伯数字注明该详图的编号,在索引符号的下半圆用阿拉伯数字注明该详图所在图纸的编号,如图 1-28 (c) 所示。数字较多时,可加文字标注。

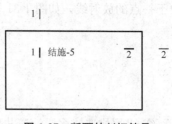

图 1-27　断面的剖切符号

c. 索引出的详图,如采用标准图,应在索引符号水平直径的延长线上加注该标准图集的编号,如图 1-28 (d) 所示。需要标注比例时,文字在索引符号右侧或延长线下方,与符号下对齐。

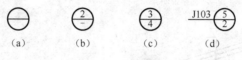

图 1-28　索引符号

② 当索引符号用于索引剖视详图时,应在被剖切的部位绘制剖切位置线,并以引出线引出索引符号,引出线所在的一侧应为剖视方向。索引符号的编写应符合①中的规定。

③ 详图的位置和编号应以详图符号表示。详图符号的圆应以直径为 14mm 粗实线绘制。详图编号应符合下列规定。

a. 详图与被索引的图样在同一张图纸内时,应在详图符号内用阿拉伯数字注明详图的编号,如图 1-29 (a) 所示。

b. 详图与被索引的图样不在同一张图纸内时,应用细实线在详图符号内画一水平直径,在上半圆中注明详图编号,在下半圆中注明被索引的图纸的编号,如图 1-29 (b) 所示。

图 1-29　索引图样的详图符号

(a) 图样在同一张图纸内　(b) 图样不在同一张图纸内

3. 引出线

① 引出线应以细实线绘制,宜采用水平方向的直线,与水平方向成 30°、45°、60°、90° 的直线,或经上述角度再折为水平线。文字说明宜注写在水平线的上方,如图 1-30 (a) 所示。也可注写在水平线的端部,如图 1-30 (b) 所示。索引详图的引出线应与水平直径线相连接,如图 1-30 (c) 所示。

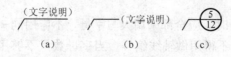

图 1-30　引出线

② 同时引出的几个相同部分的引出线,宜互相平行,如图 1-31 (a) 所示;也可画成集

中于一点的放射线，如图 1-31 (b) 所示。

图 1-31　共同引出线

③ 多层构造或多层管道共享引出线，应通过被引出的各层，并用圆点示意对应各层次。文字说明宜注写在水平线的上方，或注写在水平线的端部，说明的顺序应由上至下，并应与被说明的层次对应一致；如层次为横向排序，则由上至下的说明顺序应与由左至右的层次对应一致，如图 1-32 所示。

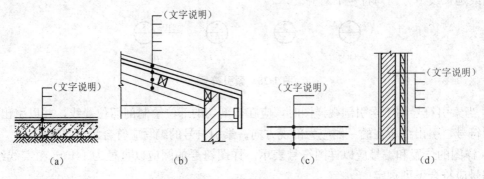

图 1-32　多层共用引出线

八、定位轴线及编号

① 定位轴线应用细单点长画线绘制。

② 定位轴线应编号，编号应注写在轴线端部的圆内。圆应用细实线绘制，直径为 8～10mm。定位轴线圆的圆心应在定位轴线的延长线上或延长线的折线上。

③ 除较复杂需采用分区编号或圆形、折线形外，平面图上定位轴线的编号，宜标注在图样的下方或左侧。横向编号应用阿拉伯数字，从左至右顺序编写；竖向编号应用大写拉丁字母，从下至上顺序编写，如图 1-33 所示。

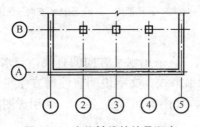

图 1-33　定位轴线的编号顺序

④ 拉丁字母作为轴线号时，应全部采用大写字母，不应用同一个字母的大小写来区分轴线号。拉丁字母的 I、O、Z 不得用做轴线编号。当字母数量不够用时，可增用双字母或单字母加数字注脚。

⑤ 组合较复杂的平面图中定位轴线也可采用分区编号，如图 1-34 所示。编号的注写形式

应为"分区号-该分区编号"。"分区号-该分区编号"采用阿拉伯数字或大写拉丁字母表示。

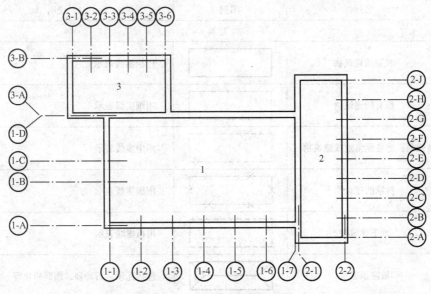

图 1-34　定位轴线的分区编号

⑥ 附加定位轴线的编号，应以分数形式表示，并应符合下列规定：

a. 两根轴线的附加轴线，应以分母表示前一轴线的编号，分子表示附加轴线的编号。编号宜用阿拉伯数字顺序编写。

b. 1 号轴线或 A 号轴线之前的附加轴线的分母应以 01 或 0A 表示。

⑦ 一个详图适用于几根轴线时，应同时注明各有关轴线的编号，如图 1-35 所示。

⑧ 通用详图中的定位轴线，应只画圆，不注写轴线编号。

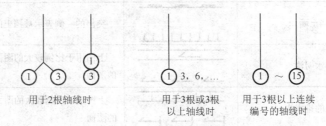

图 1-35　详图的轴线编号

第二节　园林绿化工程常用图例

一、绿化工程常用识图图例

1. 园林绿地规划设计图例

园林绿地规划设计图例见表 1-7。

表 1-7　园林绿地规划设计图例

序号	名称	图例	说明
建筑			
1	规划的建筑物		用粗实线表示
2	原有的建筑物		用细实线表示
3	规划扩建的预留地或建筑物		用中虚线表示
4	拆除的建筑物	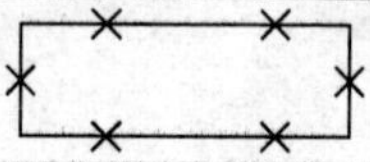	用细实线表示
5	地下建筑物		用粗虚线表示
6	坡屋顶建筑		包括瓦顶、石片顶、饰面砖顶等
7	草顶建筑或简易建筑		—
8	温室建筑		—
工程设施			
9	护坡	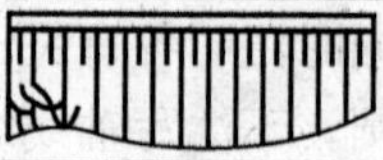	—
10	挡土墙	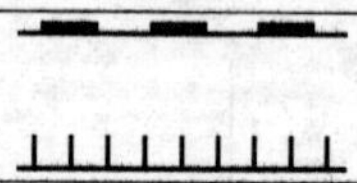	突出的一侧表示被挡土的一方
11	排水明沟	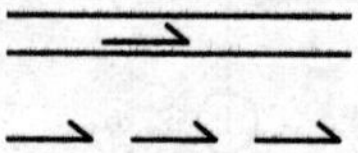	上图用于比例较大的图面，下图用于比例较小的图面
12	有盖的排水沟	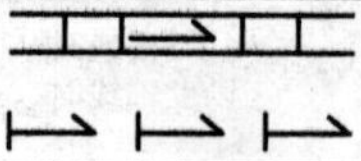	上图用于比例较大的图面，下图用于比例较小的图面
13	雨水井		—
14	消火栓井		—
15	喷灌点		—
16	道路		—

续表 1-7

序号	名称	图例	说明
工程设施			
17	铺装路面		—
18	台阶		箭头指向表示向上
19	铺砌场地	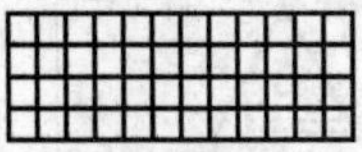	也可依据设计形态表示
20	车行桥	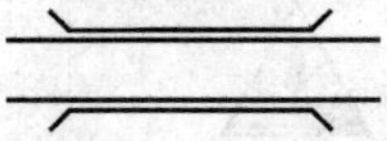	也可依据设计形态表示
21	人行桥	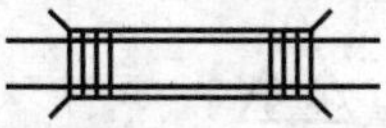	
22	亭桥		—
23	铁索桥		—
24	汀步	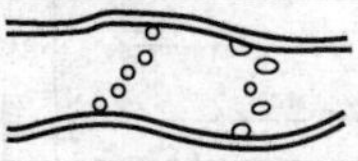	
25	涵洞		
26	水闸	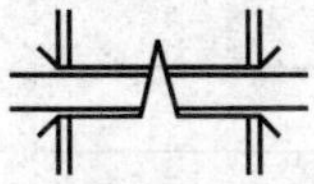	
27	码头	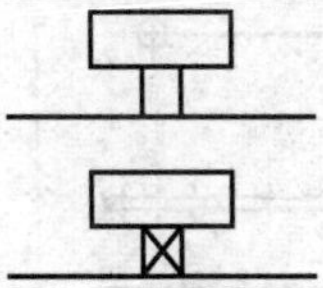	上图为固定码头,下图为浮动码头
28	驳岸	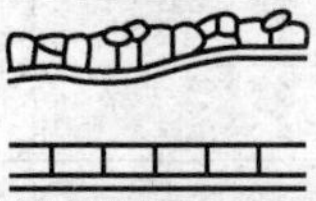	上图为假山石自然式驳岸,下图为整形砌筑规划式驳岸

2. 城市绿地系统规划图例

城市绿地系统规划图例见表 1-8。

表 1-8 城市绿地系统规划图例

序号	名称	图例	说明
工程设施			
1	电视差转台		—

续表 1-8

序号	名称	图例	说明
工程设施			
2	发电站		—
3	变电所		—
4	给水厂		—
5	污水处理厂		—
6	垃圾处理站		—
7	公路、汽车游览路	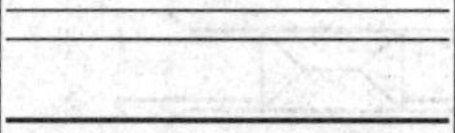	上图以双线表示，用中实线；下图以单线表示，用粗实线
8	小路、步行游览路		上图以双线表示，用细实线；下图以单线表示，用中实线
9	山地步游小路	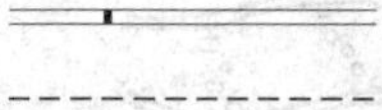	上图以双线加台阶表示，用细实线；下图以单线表示，用虚线
10	隧道	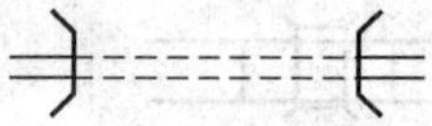	—
11	架空索道线		—
12	斜坡缆车线		—
13	高架轻轨线	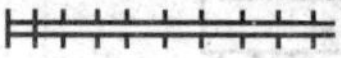	—
14	水上游览线		细虚线
15	架空电力电信线	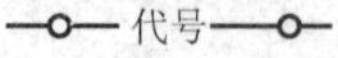 —○—代号—○—	粗实线中插入管线代号，管线代号按现行国家有关标准的规定标注
16	管线	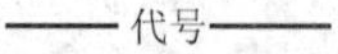 ——代号——	—
用地类型			
17	村镇建设地	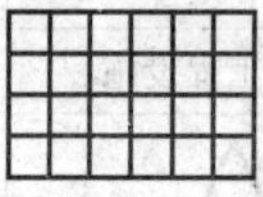	—

续表 1-8

序号	名称	图例	说明
		用地类型	
18	风景游览地		图中斜线与水平线成45°角
19	旅游度假地		—
20	服务设施地	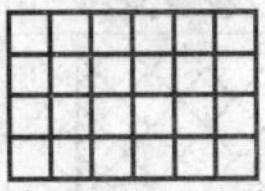	
21	市政设施地	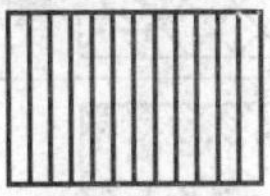	
22	农业用地	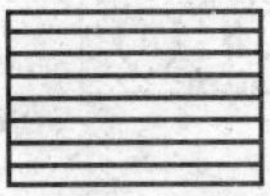	—
23	游憩、观赏绿地	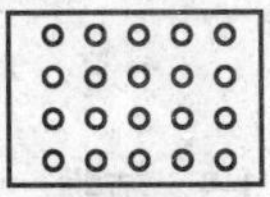	—
24	防护绿地		
25	文物保护地	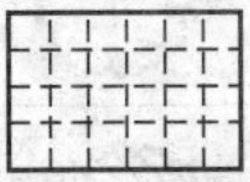	包括地面和地下两大类，地下文物保护地外框用粗虚线表示
26	苗圃、花圃用地	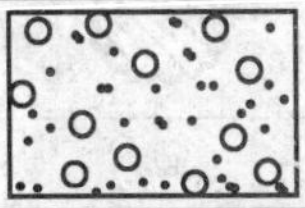	—
27	特殊用地		—
28	针叶林地		
29	阔叶林地		需区分天然林地、人工林地时，可用细线界框表示天然林地，粗线界框表示人工林地
30	针阔混交林地		

续表 1-8

序号	名称	图例	说明
		用地类型	
31	灌木林地	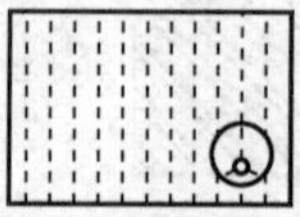	
32	竹林地	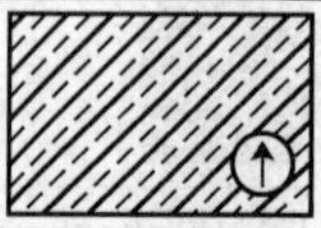	需区分天然林地、人工林地时，可用细线界框表示天然林地，粗线界框表示人工林地
33	经济林地		
34	草原、草甸	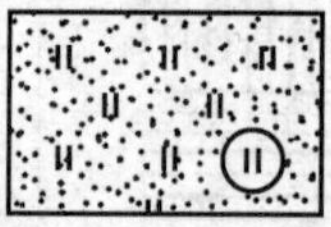	—

3. 种植工程常用图例

种植工程常用图例见表1-9～表1-11。

表 1-9 植物

序号	名称	图例	说明
1	落叶阔叶乔木		1～14 中： 落叶乔、灌木均不填斜线；常绿乔、灌木加画45°细斜线 阔叶树的外围线用弧裂形或圆形线；针叶树的外围线用锯齿形或斜刺形线 乔木外形呈圆形；灌木外形呈不规则形 乔木图例中粗线小圆表示现有乔木，细线小十字表示设计乔木；灌木图例中黑点表示种植位置 凡大片树林可省略图例中的小圆、小十字及黑点
2	常绿阔叶乔木	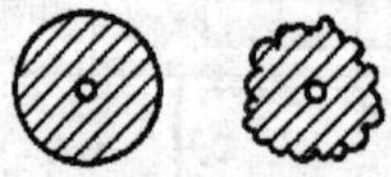	
3	落叶针叶乔木	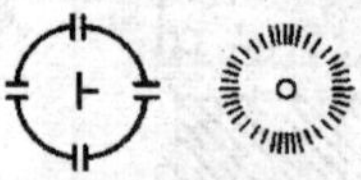	
4	常绿针叶乔木	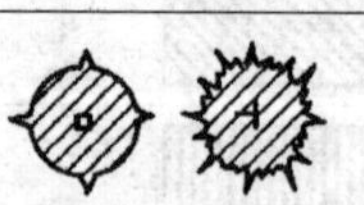	
5	落叶灌木		
6	常绿灌木		
7	阔叶乔木疏林		—

续表 1-9

序号	名称	图例	说明
8	针叶乔木疏林		常绿林或落叶林根据图画表现的需要加或不加45°细斜线
9	阔叶乔木密林		—
10	针叶乔木密林		—
11	落叶灌木疏林		—
12	落叶花灌木疏林		—
13	常绿灌木密林		—
14	常绿花灌木密林		—
15	自然形绿篱		—
16	整形绿篱		—
17	镶边植物		—

续表 1-9

序号	名称	图例	说明
18	一、二年生草木花卉		—
19	多年生及宿根草木花卉		—
20	一般草皮	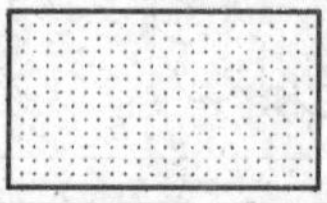	—
21	缀花草皮	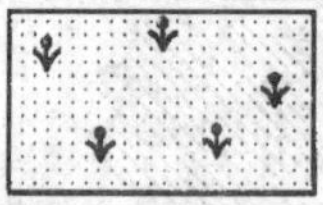	—
22	整形树木		—
23	竹丛		—
24	棕榈植物	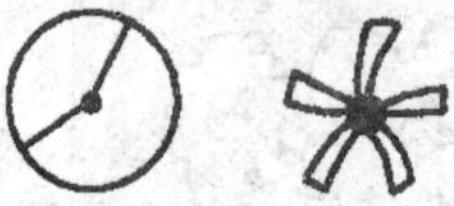	—
25	仙人掌植物		—
26	藤本植物		—
27	水生植物	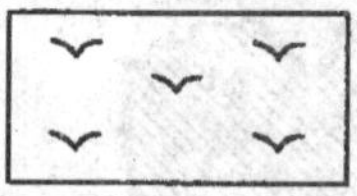	—

表 1-10　枝干形态

序号	名称	图例
1	主轴干侧分枝形	

续表 1-10

序号	名称	图例
2	主轴干无分枝形	
3	无主轴干多枝形	
4	无主轴干垂枝形	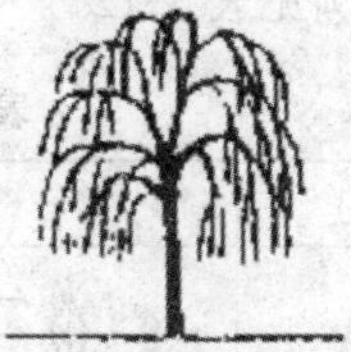
5	无主轴干丛生形	
6	无主轴干匍匐形	

表 1-11　树冠形态

序号	名称	图例	说明
1	圆锥形		树冠轮廓线，凡针叶树用锯齿形；凡阔叶树用弧裂形
2	椭圆形		—

续表 1-11

序号	名称	图例	说明
3	圆球形	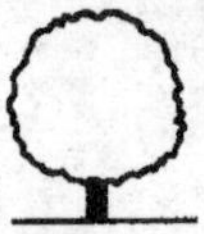	—
4	垂枝形	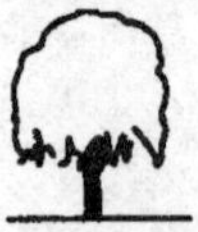	—
5	伞形	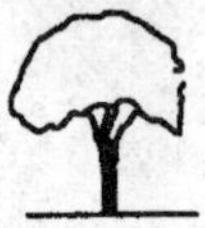	—
6	匍匐形	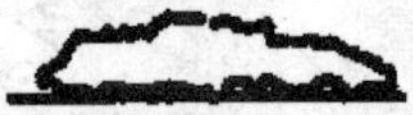	—

4. 绿地喷灌工程图例

绿地喷灌工程图例见表 1-12。

表 1-12　绿地喷灌工程图例

序号	名称	图例	说明
1	永久螺栓	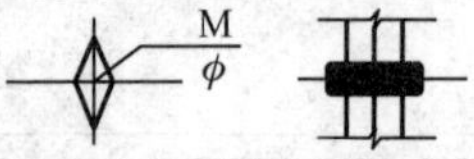	1. 细“+”线表示定位线 2. M 表示螺栓型号 3. φ表示螺栓孔直径 4. d 表示膨胀螺栓、电焊铆钉直径 5. 采用引出线标注螺栓时，横线上标注螺栓规格，横线下标注螺栓孔直径 6. b 表示长圆形螺栓孔的宽度
2	高强螺栓	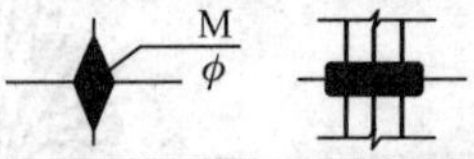	
3	安装螺栓	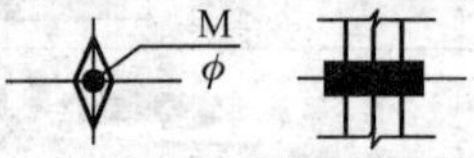	
4	胀锚螺栓	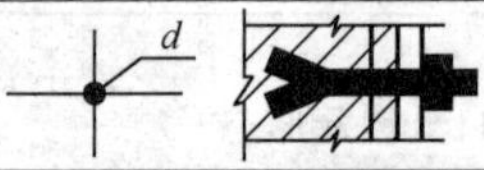	
5	圆形螺栓孔	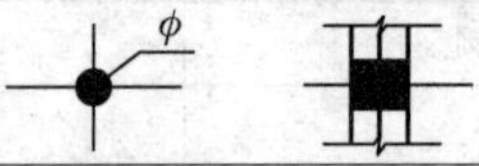	
6	长圆形螺栓孔	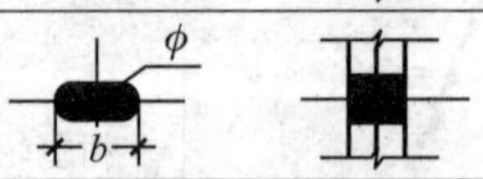	
7	电焊铆钉	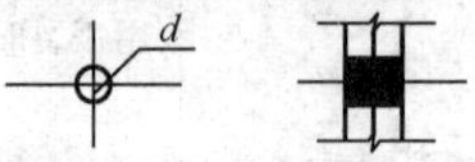	
8	偏心异径管	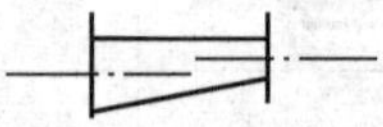	—
9	异径管	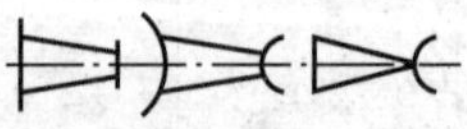	—
10	乙字管	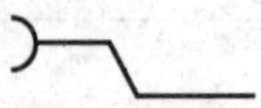	—

续表 1-12

序号	名称	图例	说明
11	喇叭口		—
12	转动接头		—
13	短管		—
14	存水弯		—
15	弯头		—
16	正三通		—
17	斜三通		—
18	正四通		—
19	斜四通		—
20	浴盆排水件		—
21	电动阀		—
22	液动阀		—
23	气动阀		—
24	底阀		—
25	气开隔膜阀		—
26	气闭隔膜阀		—
27	温度调节阀		—

续表 1-12

序号	名称	图例	说明
28	压力调节阀		—
29	电磁阀		—
30	消声止回阀		—
31	平衡锤安全阀		—
32	承插连接		—
33	管堵		—
34	法兰堵盖		—
35	弯折管		表示管道向后及向下弯转 90°
36	三通连接		—
37	四通连接		—
38	盲板		—
39	管道丁字上接		—
40	管道丁字下接		—
41	管道交叉		在下方和后面的管道应断开
42	温度计		—
43	压力表		—

续表 1-12

序号	名称	图例	说明
44	自动记录压力表		—
45	压力控制器		—
46	水表		—
47	自动记录流量计	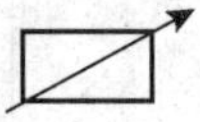	—
48	转子流量计		—
49	真空表		—
50	温度传感器	----- T -----	—
51	压力传感器	----- P -----	—
52	pH 传感器	----- pH -----	—
53	酸传感器	----- H -----	—
54	碱传感器	----- Na -----	—
55	氯传感器	----- Cl -----	—

二、驳岸挡土墙工程图例

驳岸挡土墙工程图例见表 1-13。

表 1-13 驳岸挡土墙工程图例

序号	名称	图例	序号	名称	图例
1	护坡	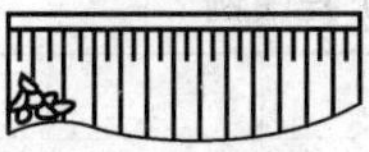	3	驳岸	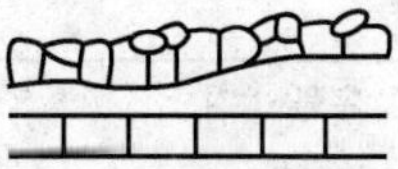
2	挡土墙	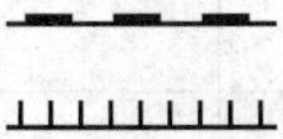	4	台阶	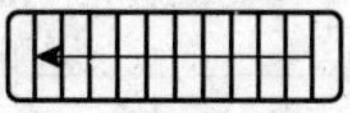

续表 1-13

序号	名称	图例	序号	名称	图例
5	普通砖	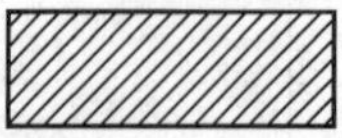	15	天然石材	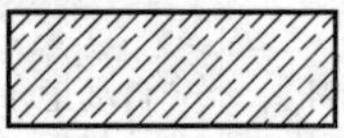
6	耐火砖	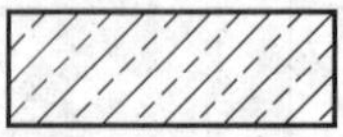	16	毛石	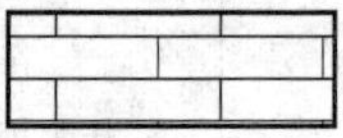
7	空心砖	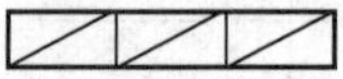	17	松散材料	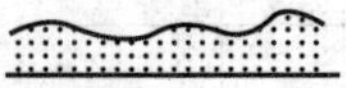
8	饰面砖		18	木材	
9	混凝土	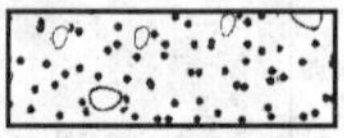	19	胶合板	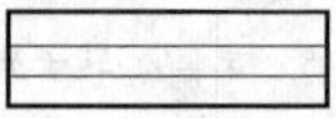
10	钢筋混凝土	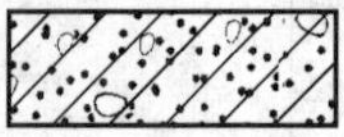	20	石膏板	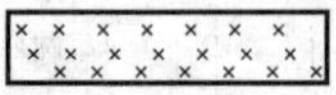
11	焦砟、矿渣	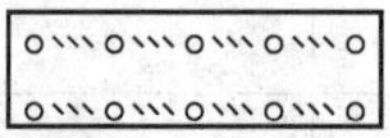	21	多孔材料	
12	金属	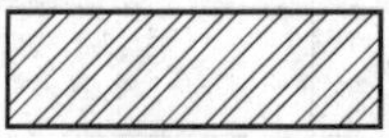	22	玻璃	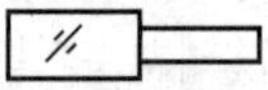
13	排水明沟	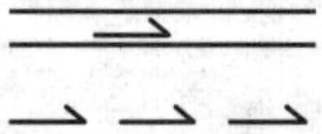	23	纤维材料或人造板	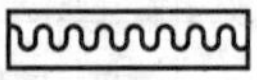
14	有盖的排水沟	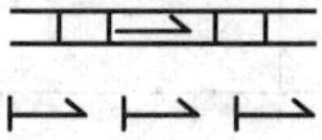			

三、园林景观工程常用识图图例

1. 山石工程图例

山石工程图例见表 1-14。

表 1-14　山石工程图例

序号	名称	图例	说明
1	自然山石假山		—
2	人工塑石假山		—

续表 1-14

序号	名称	图例	说明
3	土石假山		包括土包石、石包土和土假山
4	独立景石		由形态奇特、色彩美观的天然块石，如湖石、黄蜡石独置而成的石景

2. 水体工程图例

水体工程图例见表 1-15。

表 1-15　水体工程图例

序号	名称	图例	说明
1	自然形水体		岸线是自然形的水体
2	规则形水体		岸线是规则形的水体
3	跌水、瀑布		
4	旱涧		旱季一般无水或断续有水的山涧
5	溪涧		指山间两岸多石滩的小溪

3. 水池、花架及小品工程图例

水池、花架及小品工程图例见表 1-16。

表 1-16　水池、花架及小品工程图例

序号	名称	图例	说明
1	雕塑		
2	花台		仅表示位置，不表示具体形态，以下同，也可依据设计形态表示
3	坐凳		
4	花架	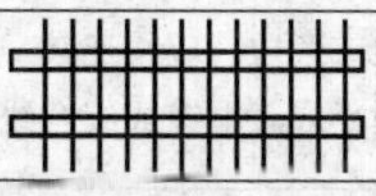	
5	围墙	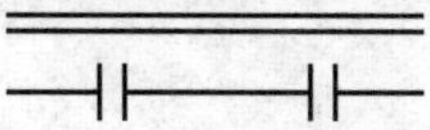	上图为实砌或漏空围墙，下图为栅栏或篱笆围墙

续表 1-16

序号	名称	图例	说明
6	栏杆	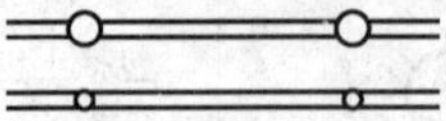	上图为非金属栏杆，下图为金属栏杆
7	园灯	$\otimes$	—
8	饮水台		—
9	指示牌		—

四、电气施工图常见图例

① 导体包括连接线、端子和支路，符号见表 1-17 和表 1-18。

② 连接件、连接件类包括连接件和电缆装配附件，符号见表 1-19 和表 1-20。

表 1-17　连接线

名称	图形符号	说明
连线、连接连线组		示例：导线、电缆、电线、传输通路
	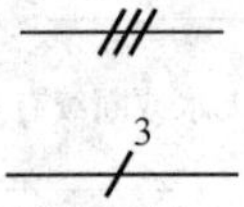 ///　　3	如果单线表示一组导线时，导线的数量可画相应数量的短斜线或一条短斜线后加导线的数字 连线符号的长度取决于简图的布局 示例：表示三根导线
	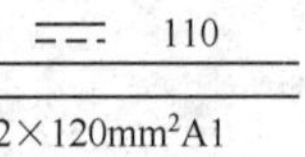 — — — 110　　$2\times120mm^2A1$	可标注附加信息，如电流种类、配电系统、频率、电压、导线数、每根导线的截面积、导线材料的化学符号 导线数后标其截面积，并用"×"号隔开 若截面积不同，应用"＋"号分别将其隔开 示例：表示直流电路，110V，两根 120mm² 铝导线
	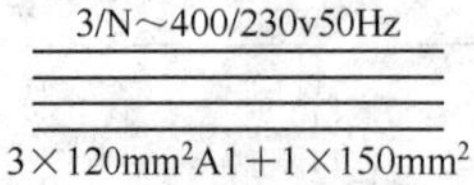 3/N～400/230v50Hz　　$3\times120mm^2A1+1\times150mm^2$	示例：三相电路，400/230V，50Hz，三根 120mm² 的铝导线，一根 500mm² 的中性线
柔性连接		—
屏蔽导线	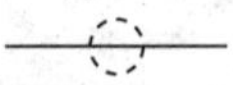	若几根导体包在同一个屏蔽电缆内或绞合在一起，但这些导体符号和其他导体符号互相混杂，可用本表电缆中的导线的画法。屏蔽电缆或绞合线符号可画在导体混合组符号的上边、下边或旁边，应用连在一起的指引线指到各个导体上表示它们在同一屏蔽电缆或绞合线组内

续表 1-17

名称	图形符号	说明
绞合导线	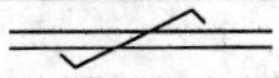	表示出两根
电缆中的导线		表示出三根
	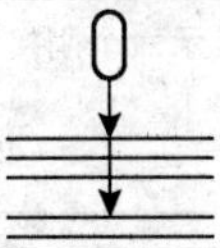	示例：五根导线，其中箭头所指的两根在同一电缆内
同轴对	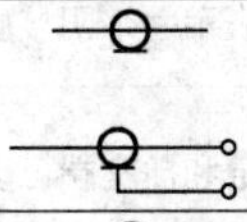	若同轴结构不再保持，则切线只画在同轴的一边
屏蔽同轴对	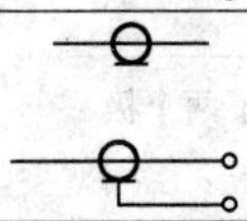	示例：同轴对连到端子

表 1-18 连接、端子和支路

名称	图形符号	说明
连接、连触点	•	—
端子板	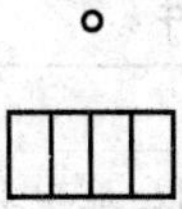 ◦	端子板可加端子标志
T形连线	形式1 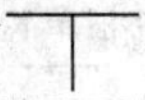	—
	形式2 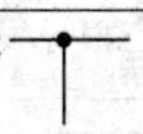	在形式1符号中增加连接符号
	形式3 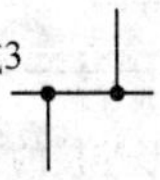	导体的双重连接板
支路	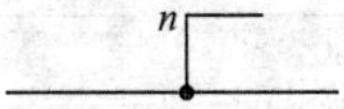 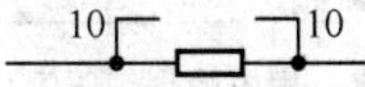 n 10 □ 10	一组相同并重复并联的电路的公共连接应以支路总数取代"n"。该数字置于连接符号旁 示例：表示 10 个并联且等值的电阻
中性点	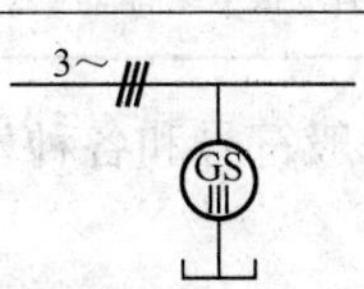 3～ GS	在该点多重导体连接在一起形成多项系统的中性点

表 1-19 连接件

名称	图形符号	说明
阴接触件（连接器的），插座		用单线表示法表示的多接触件连接器的阴端
阳接触件（连接器的），插头		用单线表示法表示的多接触件连接器的阳端

续表 1-19

名称	图形符号	说明
插头和插座		连接
插头和插座，多极		示例：用多线表示六个阴接触件和六个阳接触件的符号
		示例：用单线表示六个阴接触件和六个阳接触件的符号
配套连接器（组件的固定部分和可动部分）		表示插头端固定和插座端可动
电话型插塞和插孔		本符号表示出了两个极 插塞符号的长极表示插塞尖，短极为插塞
触头断开的电话型插塞和插孔		本符号表示出了三个极 插塞符号的长极表示插塞尖，短极为插塞
同轴的插头和插座		若同轴的插头和插座接于同轴对，切线应朝相应的方向延长

表 1-20　电缆装配附件

名称	图形符号	说明
电缆密封终端		表示带有一根三芯电缆
		表示带有一根单芯电缆
直通接线盒		表示带有三根导线，多线表示
		单线表示
电缆接线盒		表示带 T 形连接的三根导线，多线表示
		单线表示
电缆气闭套管		表示带有三根电缆高气压侧是梯形的长边，因此保持套管气闭

③ 发电站和变电所平面布置图图形符号包括一般符号和各种发电站和变电所图形符号，见表 1-21 和表 1-22。

表 1-21　一般符号

名称	图形符号	
	规划（设计）的	运行的或未加规定的
发电站		

续表 1-21

名称	图形符号	
	规划（设计）的	运行的或未加规定的
热电站	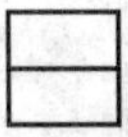	
变电所、配电所		

注：1. 长方形（矩形）可以代替方形。

2. 在小比例的地图上，可用完全填满的面积代替画阴影线的面积。

表 1-22 各种发电站变电所

名称	图形符号	
	规划（设计）的	运行的或未加规定的
水力发电站		
火力发电站		
核能发电站		
地热发电站		
太阳能发电站		
风力发电站		
等离子体发电站		
换流站		

④ 网路平面布置图图形符号包括线路的示例和其他符号，见表 1-23 和表 1-24。

表 1-23 线路的示例

名称	图形符号	名称	图形符号
地下线路	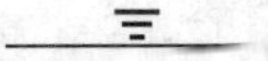	带接头的地下线路	
水下（海底）线路		具有充气或注油堵头的线路	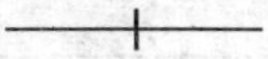

续表1-23

名称	图形符号	名称	图形符号
架空线路	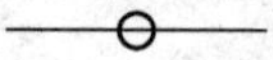 ○	具有充气或注油截止阀的线路	 ▷◁
过孔线路	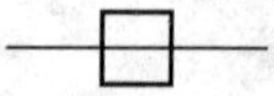 □	具有旁路的充气或注油堵头的线路	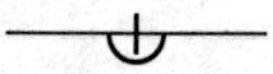 ⊍
管道线路附加信息可标注在管道线路的上方，如管孔的数量	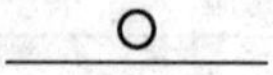 ○	电信线路上交流供电	⇉
6孔管道的线路	 ○⁶	电信线路上直流供电	 ⇉

表1-24　其他符号

名称	图形符号	说明
地上的防风防雨罩	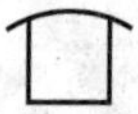 ⌂	一般符号，罩内的装置可用限定符号或代号表示
	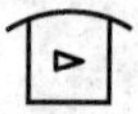 ⌂▷	示例：放大点在防风雨罩内
交触点	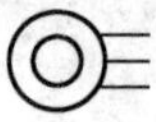 ◎→	输入和输出可根据需要画出
线路集中器	⊕	自动线路集中器 示例：示出信号从左至右传输。左边较多线路集中为右边较少线路
	 ⊕	电线杆上的线路集中器
防电缆蠕动装置	↦	该符号应标在入口"蠕动"侧
	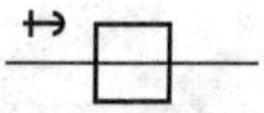 ↦□	示例：示出防蠕动装置的人孔，该符号表示向左边的蠕动被制止
保护阳极	 ▽	阳极材料的类型可用其化学字母来加注
	 ▽Mg	示例：镁保护阳极

⑤ 建筑用电气设备主要包括专用导线、配线、插座、开关、照明引出线和附件，其常用电气图形符号见表1-25～表1-29。

表1-25　专用导线

名称	图形符号	名称	图形符号
中性线	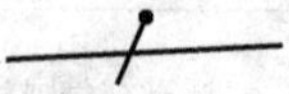 ╱	保护线和中性线共用线	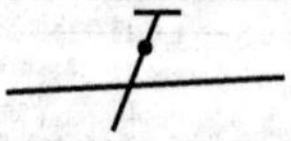 ╱
保护线	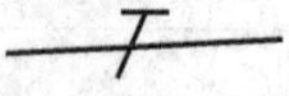 ╤	示例：具有保护线和中性线的三相配线	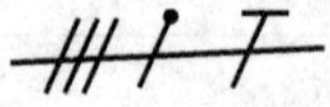 ╫╫╫╱╤

表 1-26　配线

名称	图形符号	名称	图形符号
向上配线，箭头指向图纸的上方		连接盒，接线盒	
向下配线，箭头指向图纸的下方		用户端，供电输入设备，示出带配线	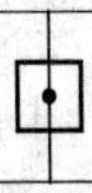
垂直通过配线		配电中心，示出五路配线	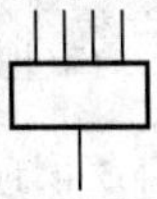
盒的一般符号			

表 1-27　插座

名称	图形符号	名称	图形符号
（电源）多个插座，示出三个	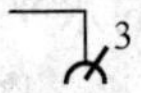	带单极开关的（电源）插座	
	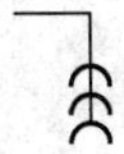	带联锁开关的（电源）插座	
带保护触点的（电源）插座	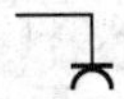	具有隔离变压器的插座，示例：电动剃刀用插座	
带保护板的（电源）插座	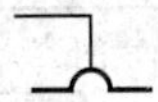	电源插座一般符号	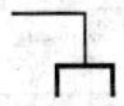

表 1-28　开关

名称	图形符号	名称	图形符号
带指示灯的开关		多拉单极开关	
单极限时开关		带有指示灯的按钮	
限时设备，定时器		定时开关	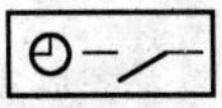
按钮		钥匙开关，看守系统装置	
防止无意操作的按钮（如借助打碎玻璃罩）			

表 1-29　照明引出线和附件

名称	图形符号	名称		图形符号
照明引出线位置，示出配线	⟶✕	灯的一般符号		⊗
在墙上的照明引出线，表示出来自左边的配线	✕⟶	带指示灯的按钮		⊗
在专用电路上的事故照明灯	✕	荧光发光体	一般符号	⊢──┤
自带电源的事故照明灯	⊠		示例：三管荧光灯	⊢═══┤
气体放电灯的辅助设备（仅用于辅助设备与光源不在一起时）	▬		示例：五管荧光灯	⊢──⁵─┤

第三节　园林建筑施工图识读

一、园林建筑总平面图

园林建筑总平面图是表示新建建筑物总体布置的水平投影图。它是用来确定建筑与环境关系的图样，为下一步的设计和施工提供依据。因此，图样中要表示出建筑的位置、朝向，以及室外场地、道路、地形地貌和绿化情况等。

1. 总平面图的表现手法

总平面图的表现手法主要有抽象轮廓法、涂实法、平顶法和剖平法，详见表 1-30。

表 1-30　总平面图的表现手法

序号	表现手法	内容
1	抽象轮廓法	抽象轮廓法适用于小比例总体规划图，主要是将建筑按照比例缩小后，绘制出其轮廓，或者以统一的抽象符号表现出建筑的位置，其优点在于能够很清晰地反映出建筑的布局及其相互之间的关系。常用于导游示意图
2	涂实法	涂实法表现建筑主要是将规划用地中的建筑物涂黑，涂实法的特点是能够清晰地反映出建筑的形状、所在位置和建筑物之间的相对位置关系，并可用来分析建筑空间的组织情况。但对个体建筑的结构反映得不清楚。适用于功能分析图
3	平顶法	平顶法表现建筑的特点在于能够清楚地表现出建筑的屋顶形式和坡向等，而且具有较强的装饰效果，特别适合表现古建筑较多的建筑总平面图。常用于总平面图
4	剖平法	剖平法比较适合表现个体建筑，它不仅能表现出建筑的形状、位置、周围环境；还能表现出建筑内部的简单结构。常用于建筑单体设计

2. 总平面图的绘制方法与要求

总平面图的绘制方法与要求见表 1-31。

表 1-31　总平面图的绘制方法与要求

序号	绘制方法	绘制要求
1	选择合适的比例	建筑总平面图要求表明拟建建筑与周围环境的关系，所以涉及的区域一般都比较大，因此常选用较小的比例绘制，如 1:500、1:1000 等
2	绘制图例	建筑总平面图用建筑总平面图例表达，其内容包括地形现状建筑物和构筑物、道路和绿化等，并按其所在位置画出它们的水平投影图
3	进行建筑定位	用尺寸标注或坐标网进行拟建建筑的定位。用尺寸标注的形式应标明与其相邻的原有建筑或道路中心线的距离。如图中无原有建筑或道路作参照物，可用坐标网绘出坐标网格，进行建筑定位
4	标注标高	建筑总平面图应标注建筑首层地面的标高、室外地坪和道路的标高，以及地形等高线的高程数字，单位均为米
5	绘制指北针、风玫瑰图、图例等	—
6	注写比例、图名、标题栏	—
7	编写设计说明	—

3. 总平面图的识读

总平面图的识读步骤见表 1-32。

表 1-32　总平面图的识读步骤

序号	识读步骤
1	首先看图标、图名、图例及有关文字说明，对工程图做概括了解
2	了解工程性质、用地范围、地形地貌和周围情况
3	根据标注的标高和等高线，了解地形高低、雨水排除方向
4	根据坐标（标注的坐标或坐标网格）了解拟建建筑物、构筑物、道路、管线和绿化区域等的位置
5	根据指北针和风向频率玫瑰图，了解建筑物的朝向及当地常年风向频率和风速

二、园林建筑平面图

建筑平面图（简称平面图）是指假想采用一个水平剖切平面沿门窗洞的位置将房屋剖切后，将剖切平面以下部分向水平面投影得到的水平剖面图。建筑平面图除了应表明建筑物的平面形状及位置外，还应标注必要的尺寸、标高和有关说明。如图 1-36 所示为某建筑平面图。

1. 平面图的绘制方法与要求

平面图的绘制方法与要求见表 1-33。

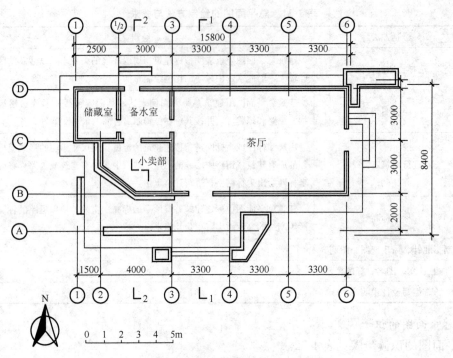

图 1-36　某建筑平面图（mm）

表 1-33　平面图的绘制方法与要求

序号	绘制方法	绘制要求
1	标明图名（含楼层）、比例，如指北针	在绘制建筑平面图之前，首先要根据建筑物形体的大小选择合适的绘制比例，通常可选比例为 1：50、1：100、1：200
2	线型要求	在建筑平面图中，凡是被剖切到的主要构造（墙、柱等）断面轮廓线均用粗实线绘制，墙柱轮廓都不包括粉刷层厚度，粉刷层在 1：100 的平面图中不必画出。在 1：50 或更大比例的平面图中用粗实线画出粉刷层厚度 被剖切到的次要构造的轮廓线及未被剖切的轮廓线用中粗实线绘制。尺寸线、图例线、索引符号等用细实线绘制
3	门窗的画法及编号	门窗的平面图画法应按建筑平面图图例绘制。其中用 45°中粗线表示门的开启方向，用两条平行细实线表示窗框及窗扇的位置。门的名称代号是 M，窗的代号是 C，编号如 M-1、C-1 等
4	注明定位轴线及编号	定位轴线是用来确定建筑物基础、墙、柱等承重构件的位置的基准线。定位轴线用细点画线或细实线绘制，其编号写在轴线端部的圆内，圆心在定位轴线的延长线上，圆用细实线绘制，直径为 8mm。横轴线的编号用阿拉伯数字从左至右编写，纵轴线的编号用英文字母从下至上编写，但 I、O、Z 三个字母不能用。如果需要在定位轴线之间添加非承重构件的轴线，编号以分数表示，此轴线称为附加轴线或分轴线，分母表示前一轴线的编号，分子表示附加轴线的编号，如附加轴线在 1 轴或 A 轴后面，需在 1 或 A 的前面加"0"

续表 1-33

序号	绘制方法	绘制要求
5	尺寸标注	建筑平面图尺寸标注按照三道尺寸线进行标注。此外，还须注出某些局部尺寸及室内外标高
6	注明索引符号和剖切符号	绘制其他构件，如墙体、门窗、楼梯等，如需要绘制详图，应该在对应位置采用索引符号进行标注

当需要绘制剖切详图时，应在平面图上标出剖切位置和剖视方向，剖切符号通常在首层平面图中表示。

2. 平面图的识读

平面图的识读步骤见表 1-34。

表 1-34　平面图的识读步骤

序号	识读步骤
1	了解图名、层次、比例，纵、横定位轴线及其编号
2	明确图示图例、符号、线型、尺寸的意义
3	了解图示建筑物的平面布置；例如，房间的布置、分隔，墙、柱的断面形状和大小，楼梯的梯段走向和级数等，门窗布置、型号和数量，房间其他固定设备的布置，在底层平面图中表示的室外台阶、明沟、散水坡、踏步、雨水管等的布置
4	了解平面图中的各部分尺寸和标高。通过外、内各道尺寸标注，了解总尺寸、轴线间尺寸，开间、进深、门窗及室内设备的大小尺寸和定位尺寸，并由标注出的标高了解楼、地面的相对标高
5	了解建筑物的朝向
6	了解建筑物的结构形式及主要建筑材料
7	了解剖面图的剖切位置及其编号、详图索引符号及编号
8	了解室内装饰的做法、要求和材料
9	了解屋面部分的设施和建筑构造的情况，对屋面排水系统应与屋面做法表和墙身剖面的檐口部分对照识读

三、园林建筑立面图

建筑立面图是将建筑物的立面向与其平行的投影面作正投影所得的投影图。建筑立面图是以反映建筑的外貌、标高和立面装修做法为主要内容的图样。

建筑物的立面图可以有多个，其中反映主要外貌特征的立面图称为正立面图，其余的立面图则相应地称为背立面图和侧立面图。也可按建筑物的朝向命名，如南立面图、北立面图、东立面图和西立面图，同样也可根据建筑两端的定位轴线编导命名。如图 1-37 所示为某建筑物的立面图。

1. 园林建筑立面图绘制方法与要求

园林建筑立面图绘制方法以及其绘制的要求如下。

(1) 选择比例　在绘制建筑立面图之前，首先要根据建筑物形体的大小选择合适的绘制比例，通常情况下建筑立面图所采用的比例应与平面图相同。

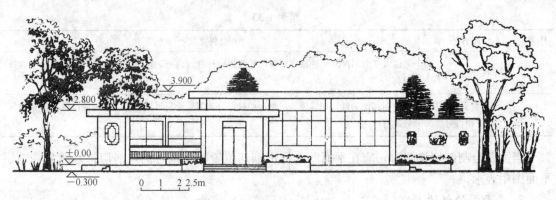

图 1-37　某建筑物的立面图

(2) 线型要求

① 建筑立面图的外轮廓线应采用粗实线绘制。

② 主要部位轮廓线（如门窗洞口中、台阶、花台、阳台、雨篷、檐口等）应采用中实线绘制。

③ 次要部位的轮廓线（如门窗的分格线、栏杆、装饰脚线、墙面分格线等）应采用细实线绘制。

④ 地平线应采用特粗实线绘制。

(3) 尺寸标注　在立面图中应标注外墙各主要部位的标高。并且要求标注排列整齐，力求图面制配清晰。

(4) 绘制配景　为了衬托园林建筑的艺术效果，根据总平面的环境条件，通常在建筑物的两侧和后部绘出一定的配景。绘制时可采用概括画法，力求比例协调，层次分明。

(5) 注写比例、图名和文字说明　建筑立面图上的文字说明通常应包括建筑外墙的装饰材料说明和构造做法说明。

2. 园林建筑立面图的识读

园林建筑立面图的识读步骤见表 1-35。

表 1-35　园林建筑立面图的识读步骤

序号	识读步骤
1	了解图名、比例和定位轴线编号
2	了解建筑物整个外貌形状；了解房屋门窗、窗台、台阶、雨篷、阳台、花池、勒脚、檐口中、落水管等细部形式和位置
3	从图中标注的标高，了解建筑物的总高度及其他细部标高
4	从图中的图例、文字说明或列表，了解建筑物外墙面装修的材料和做法

四、园林建筑剖面图

建筑剖面图是假想采用一个铅垂剖切平面将建筑物剖切后所得的投影图。建筑剖面图是用来表示建筑物沿高度方向的内部结构形式、装修要求与做法，以及主要部位标高的图样，采用建筑剖面图与平面图、立面图配合作为施工的重要依据。

建筑剖面图的剖切位置应根据建筑物的具体情况和所要表达的内容选定，建筑剖切位置通常应选在建筑内部构造有代表性和空间变化较复杂的部位，同时结合所要表达的内容确定，通常应通过门、窗等有代表性的典型部位。剖面图的名称应与平面图中所标注的剖面位置线编号一致。如图 1-38 所示为某建筑剖面图。

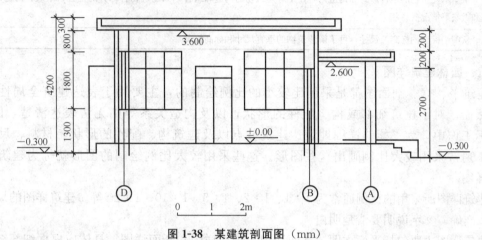

图 1-38 某建筑剖面图（mm）

1. 园林建筑剖面图绘制方法与要求

园林建筑剖面图的绘制方法以及其绘制要求如下。

(1) 选择比例 绘制建筑剖面图时也应根据建筑物形体的大小选择合适的绘制比例，建筑剖面图所选用的比例通常应与平面图和立面图相同。

(2) 绘制定位轴线 在剖面图中凡是被剖切到的承重墙、柱等都要画出定位轴线，并注写与平面图相同的编号。

(3) 剖切符号 为了方便看图，要求必须在平面图中明确地表示出剖切符号，并在剖面图下方标注与其相应的图名。

(4) 线型要求

① 被剖切到的地面线要求采用特粗实线绘制。

② 其他被剖切到的主要可见轮廓采用粗实线绘制。

③ 没有被剖切到的主要可见轮廓线的投影采用中实线绘制。

④ 其他次要部位的投影等采用细实线绘制。

(5) 尺寸标注

① 水平方向上剖面图应标注承重墙或柱的定位轴线间的距离尺寸。

② 垂直方向应标注外墙身各部位的分段尺寸。

(6) 标高标注 应标注室内外地面、各层楼面、阳台、檐口、顶棚、门窗和台阶等主要部位的标高。

(7) 注写图名、比例及有关说明等

2. 园林建筑剖面图的识读

园林建筑剖面图的识读步骤见表 1-36。

表 1-36　园林建筑剖面图的识读步骤

序号	识读步骤
1	将图名、定位轴线编号与平面图上部切线及其编号与定位轴线编号相对照,确定剖面图的剖切位置和投影方向
2	从图示建筑物的结构形式和构造内容,了解建筑物的构造和组合,如建筑物各部分的位置、组成、构造、用料和做法等情况
3	从图中标注的标高及尺寸,可了解建筑物的垂直尺寸和标高情况

五、园林建筑详图

建筑平、立、剖面图都是采用比较小的比例绘制的,主要用于表达建筑全局性的内容,然而,对于建筑细部或构、配件的形状,以及构造关系等则无法表达清楚,因此,在实际工作中,为了能够详细地表达建筑节点以及建筑构、配件的形状、材料、尺寸及做法,通常采用较大比例画出这些图形。这些采用较大比例绘制的图形就称为建筑详图或大样图。

建筑详图所采用的比例通常为 1:1、1:2、1:5、1:10、1:20 等。建筑详图的尺寸要齐全、准确,文字说明要清楚明白。

建筑详图主要包括平面详图、立面详图、剖面详图和断面详图,具体应根据细部结构和构配件的复杂程度选用。对于套用标准图或通用详图的建筑构配件和节点,只要注明所套用图集的名称、型号或页码,不必再绘制详图。

1. 楼梯详图

楼梯主要是由楼梯段、休息平台和栏杆或栏板组成的。楼梯的构造比较复杂,在建筑平面图和建筑剖面图中未能将其表示清楚,因此,必须另绘详图表示。楼梯详图主要用来表示楼梯的类型、结构形式、各部位的尺寸和装修做法等。楼梯详图是楼梯施工放样的主要依据。

楼梯的建筑详图主要应包括楼梯平面图、楼梯剖面图和楼梯节点详图,详见表 1-37。

表 1-37　楼梯详图的内容

序号	详图内容	备注
1	楼梯平面图	楼梯平面图的水平剖切位置,除顶层在安全栏板(或栏杆)之上外,其余各层均在上行第一跑楼梯中间。各层被剖切到的上行第一跑楼梯段,在楼梯平面图中画一条与踢面线成 30° 的折断线(构成梯段的踏步中与楼地面平行的面称为踏面,与楼地面垂直的面称为踢面),各层下行梯段不予剖切。而楼梯间平面图则为房屋各层水平剖切后的直接正投影,类似于建筑平面图,若中间几层楼梯的构造一致,则也可只画一个平面图作为标准层楼梯间平面图。故楼梯平面详图常常只画出底层、中间层和顶层三个平面图
2	楼梯剖面图	假想用一个竖直剖切平面沿梯段的长度方向将楼梯间从上至下剖开,然后往另一梯段方向投影所得的剖面图称为楼梯剖面图 　楼梯剖面图能清楚地表明楼梯梯段的结构形式、踏步的踏面宽、踢面高、级数及楼地面、楼梯平台、墙身、栏杆、栏板等的构造做法及其相对位置

续表 1-37

序号	详图内容	备注
3	楼梯节点详图	在楼梯详图中，对扶手、栏板（栏杆）、踏步等，通常都采用更大的比例（如 1∶10～1∶20）另绘制详图表示，如图 1-39 所示 踏步详图表明踏步的截面形状、大小、材料及面层的做法。本例踏步宽为 260mm，踢面高度为 160mm，梯段厚度为 100mm。为防行人滑跌，在踏步口设置了 30mm 的防滑条 栏板与扶手详图主要表明栏板及扶手的形式、大小、所用材料及其与踏步的连接等情况。本例中栏板为砖砌，上做钢筋混凝土扶手，面层为水泥砂浆抹面。底层端点的详图表明底层起始踏步的处理及栏板与踏步的连接等

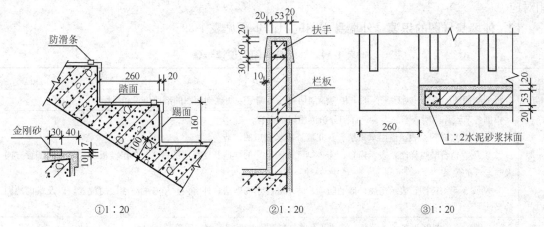

图 1-39 楼梯节点详图

2. 外墙身详图

外墙身详图（又称为外墙身剖面详图）主要用于表达外墙的墙脚、窗台、窗顶，以及外墙与室内外地面、外墙与楼面、屋面的连接关系等内容。

外墙身详图可根据底层平面图、外墙身剖切位置线的位置和投影方向来绘制，也可根据房屋剖面图中外墙身上索引符号所指示需要画出详图的节点来绘制。

（1）基本内容 外墙身详图的内容见表 1-38。

表 1-38 外墙身详图的内容

序号	详图内容
1	墙的轴线编号、墙的厚度及其与轴线的关系。有时一个外墙身详图可适用于几个轴线。按"国标"规定：当一个详图适用于几个轴线时，应同时注明各有关轴线的编号。通用详图的定位轴线应只画圆，不注写轴线编号。轴线端部圆圈直径在详图中宜为 10mm
2	各层楼板等构件的位置及其与墙身的关系。如进墙、靠墙、支承、拉结等情况
3	门窗洞口中、底层窗下墙、窗间墙、檐口中、女儿墙等的高度；室内外地坪、防潮层、门窗洞的上下口、檐口、墙顶及各层楼面、屋面的标高

续表 1-38

序号	详图内容
4	屋面、楼面、地面等为多层次构造。多层次构造用分层说明的方法标注其构造做法，多层次构造的共用引出线应通过被引出的各层。文字说明宜用 5 号或 7 号字注写出在横线的上方或横线的端部，说明的顺序由上至下，并应与被说明的层次相互一致
5	立面装修和墙身防水、防潮要求，以及墙体各部位的线脚、窗台、窗楣、檐口中、勒脚、散水等的尺寸、材料和做法，或用引出线说明，或用索引符号引出另画详图表示

其中，外墙身详图的±0.000 或防潮层以下的基础以结施图中的基础图为准。屋面、楼面、地面、散水以及勒脚等和内外墙面装修做法、尺寸等与建筑施图中首页的统一构造说明相对应。

(2) 外墙身详图的识读　外墙身详图的识读步骤见表 1-39。

表 1-39　外墙身详图的识读步骤

序号	识读步骤
1	根据剖面图的编号，对照平面图上相应的剖切线及其编号，明确剖面图的剖切位置和投影方向
2	根据各节点详图所表示的内容，详细分析读懂以下内容： 1. 檐口节点详图，表示屋面承重层、女儿墙外排水檐口的构造 2. 窗顶、窗台节点详图，表示窗台、窗过梁（或圈梁）的构造及楼板层的做法，各层楼板（或梁）的搁置方向及与墙身的关系 3. 勒脚、明沟详图，表示房屋外墙的防潮、防水和排水的做法，外（内）墙身的防潮层的位置，以及室内地面的做法
3	结合图中有关图例、文字、标高、尺寸及有关材料和做法互相对照，明确图示内容
4	明确立面装修的要求，包括砖墙各部位的凹凸线脚、窗口中、挑檐、勒脚、散水等尺寸、材料和做法
5	了解墙身的防火、防潮做法，如檐口、墙身、勒脚、散水、地下室的防潮、防水做法

六、园林建筑结构施工图

结构施工图是关于承重构件的布置，使用的材料、形状、大小及内部构造的工程图样，是承重构件及其他受力构件施工的依据。结构施工图还必须同时满足建筑、水、电等专业对结构的要求。

1. 建筑基础结构图

(1) 基础平面图　基础平面图是假想用水平面沿室内地面将建筑物剖开，移去截面以上的部位，所做出的水平剖面图，主要用来表示基础的平面布局，墙、柱与轴线的关系。

① 基础平面图的内容和要求见表 1-40。

表 1-40　基础平面图的内容和要求

序号	识读步骤
1	图名、图号、比例、文字说明。为便于绘图，基础结构平面图可与相应的建筑平面图取相同的比例
2	基础平面布置，即基础墙、构造柱、承重柱以及基础底面的形状、大小及其与轴线的相对位置关系，标注轴线尺寸、基础大小尺寸和定位尺寸

续表 1-40

序号	识读步骤
3	基础梁（圈梁）的位置及其代号。基础梁的编号有 JL1（7）、JL2（4）等，圈梁标注为 JQL1、JQL2 等。JL1 的含义为："JL"表示基础，"1"表示编号为 1，即 1 号基础梁。"（7）"表示 1 号基础梁共有 7 跨（基础梁的配筋详图）。"JQL1"含义为："JQL"表示基础圈梁，"1"表示编号为 1
4	基础断面图的剖切线及编号，或注写基础代号，如 JC、JC2、…
5	当基础地面标高有变化时，应在基础平面图对应部位的附近画出剖面图来表示基底标高的变化，并标注相应基底的标高
6	在基础平面图上，应绘制与建筑平面一致的定位轴，并标注相同的轴间尺寸及编号。此外，还应注出基础的定形尺寸和定位尺寸。基础的定形、定位尺寸标注有以下要求 1. 条形基础：轴线到基础轮廓的距离、基础坑宽、墙厚等 2. 独立基础：轴线到基础轮廓的距离、基础坑和柱的长、宽尺寸等 3. 桩基础：轴线到基础轮廓的距离，其定形尺寸可在基础详图中标注或在通用图中查阅
7	线型。在基础平面图中，被剖切到基础墙的轮廓用粗实线，基础底部宽度用细实线，地沟为暗沟时用细虚线。图中材料的图例线与建筑平面图的线型一致

② 基础平面图的识读方法主要有：

a. 找定位轴。

b. 找基础轮廓线。

c. 对尺寸对照文字注释识读并理解。

如图 1-40 所示为某弧形长廊的基础平面图。弧形长廊的内侧是钢筋混凝土柱，外侧是砖砌墙体，因此，内外基础平面图形状有所不同，然而，绘制方法和要求都是相同的。图 1-40（b）为钢筋混凝土独立柱基础的平面图，从中可以看出柱与下部基础的尺度和位置关系以及基础底部钢筋网的布局形式。

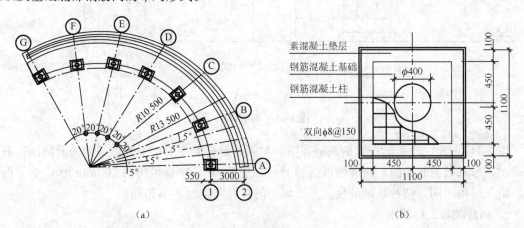

（a）　　　　　　　　　　　　　（b）

图 1-40　弧形长廊基础平面图

（2）基础详图　基础详图通常采用平面图和剖面图表示，采用 1∶20 的比例绘制。基础详图主要用来表示基础与轴线的关系、基础底标高、材料和构造做法。由于基础的外部形状较为简单，通常将两个或两个以上编号的基础平面图绘制成一个平面图。所以要把不同的内容表示清楚，以便于区分。

① 基础详图绘制的内容见表 1-41。

表 1-41　基础详图绘制的内容

序号	绘制内容
1	图名（或基础代号）、比例、文字说明
2	基础断面图中轴线及其编号（若为通用断面图，则轴线圆圈内不予编号）
3	基础断面形状、大小、材料和配筋
4	基础梁和基础圈梁的截面尺寸及配筋
5	基础圈梁与构造柱的连接做法
6	基础断面的详细尺寸和室内外地面、基础垫层底面的标高
7	防潮层的位置和做法

② 基础详图绘制的要求。基础剖切断面轮廓线采用粗实线绘制，填充材料图例参见常用建筑材料图例。在基础详图中还应标注出基础各部分的详细尺寸、钢筋尺寸，以及室内外地面标高和基础垫层底面（基础埋置深度）的标高，具体尺寸注法如图 1-41 所示。

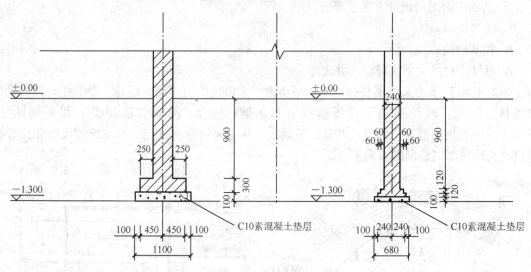

图 1-41　基础详图

图 1-41 是图 1-40 弧形长廊的基础详图，左侧是钢筋混凝土柱下独立基础的断面图，右侧是砖砌条形基础的断面图，两者的埋深相同，都是 1.3m，垫层采用的 100mm 厚 C10 素混凝土。由于结构不同，两种基础的尺度及所填充的材料图例也各不相同。

2. 钢筋混凝土结构图

（1）模板图　模板图主要是用来表达构件的外形尺寸，同时应标明预埋件的位置和预留孔洞的形状、尺寸和位置。模板图是构件模板制作和安装的依据。简单构件可不单独绘模板图，可把模板图与配筋图合并表示，只画配筋图。模板的图示方法是按构件的外形绘制的视图，外形轮廓采用中粗实线绘制，如图 1-42 所示。

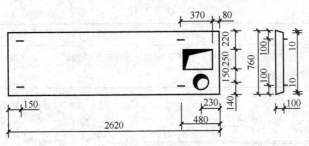

图 1-42　模板图

(2) 配筋图　配筋图是表示构件内各种钢筋的形状、大小、数量、级别和配置情况的图样。配筋图主要包括立面图、断面图和钢筋详图，详见表 1-42。

表 1-42　配筋图的主要内容

序号	主要内容	备注
1	立面图	配筋立面图是假定构件为一透明体而画出的一个纵向正投影图。它主要表示构件内钢筋的立面形状及其上下排列位置。构件轮廓线用细实线画出，钢筋用粗实线表示。当钢筋的类型、直径、间距均相同时，可只画出其中一部分，其余可省略不画。如图 1-43 所示的主视图
2	断面图	配筋断面图是构件的横向剖切投影图。它主要表示构件内钢筋的上下和前后配置情况以及钢箍的形状等内容。通常，在构件断面形状或钢筋数位置有变化之处均应画出断面图。构件断面轮廓线用细实线画出，钢筋横断面用黑圆点表示。如图 1-43 所示的 1—1、2—2 断面
3	钢筋编号	钢筋明细表在配筋图中，为了区别构件中不同直径、不同级别、不同形状和不同长度的钢筋，采用编号法。每一种钢筋编一号，编号用阿拉伯数字写在直径为 6mm 的细实线圆内，并用指引线指向相应的钢筋。同时在指引线的水平线段上，按规定的形式注出钢筋的级别、直径和根数。如图 1-43 所示，①号钢筋是受力筋，级别是 Ⅰ 级、直径是 22mm、根数为 2、标记为 $2\phi22$mm。如果钢筋数量较多又相当密集，可采用列表法在格内编号以表示断面图中相应的钢筋
4	钢筋详图	在配筋的立面图和断面图中，虽然对钢筋进行了编号并注写了直径和根数，但很多钢筋的投影仍重叠在一起，每一根钢筋的形状也不易表达清楚，所以对钢筋分布比较复杂的构件还要画钢筋详图。钢筋详图又称为钢筋成型图，是从配筋图中把每一编号的钢筋单独画出来的钢筋图。在钢筋详图中要把钢筋的每一段长度都标注出来。标注每段长度尺寸时，可不画尺寸线和尺寸界限，仅把尺寸数字直接写在钢筋的旁边，如图 1-43 所示 　在钢筋详图中注写的钢筋长度不包括弯钩长度。如图 1-43 所示的钢筋详图，①号钢筋的长度等于梁长减去两个保护层，即 $3200-2\times25=3150$（mm）。弯起钢筋的斜度可用直角三角形式注写。弯起钢筋的弯起高度一般按钢筋的外皮尺寸计算，钢箍尺寸按钢筋的内皮尺寸计算，否则应注明。如图 1-43 所示，②号钢筋的斜长度 $=450/\sin45°=635$（mm），其中 450mm 为弯起高度。 　在钢筋详图上除标注长度尺寸外，还要注写编号、钢筋级别、直径、根数和包括弯钩在内的总长。例如，①号钢筋的总长 $=3150+2\times6.25\times22=3425$（mm）
5	钢筋明细表	钢筋明细表如图 1-43 所示，附加的钢筋明细表是施工备料和编制预算的依据。表中注写的内容有构件代号、钢筋编号、钢筋简图、直径（钢筋级别）、长度、根数、总长和总重等。在钢筋简图中，要画出每一编号钢筋的近似形状，并详细标注出每段长度尺寸。但若在配筋图中已画出钢筋详图的，则在简图中可不标注尺寸

续表 1-42

序号	主要内容	备注
6	预埋件详图	在预制钢筋混凝土构件中，通常除钢筋外还配有各种预埋件，如吊环、安装用钢板等，因此需要画出预埋件详图

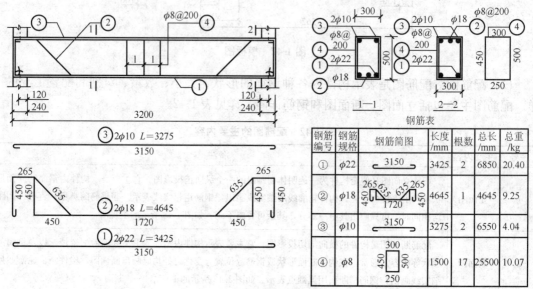

图 1-43　钢筋混凝土简支梁

第四节　园林绿化工程施工图识读

一、园路工程施工图

园路施工图主要包括园路路线平面图、路线纵断面图、路基横断面图、铺装详图，以及园路透视效果图。园路施工图是用来说明园路的游览方向、平面位置、线型状况，以及沿线的地形和地物、纵断面标高和坡度、路基的宽度和边坡、路面结构、铺装图案、路线上的附属构筑物，如桥梁、涵洞、挡土墙的位置等。

　　1. 路线平面图

路线平面图的任务是表达路线的线型（直线或曲线）状况和方向以及沿线两侧一定范围内的地形和地物等，地形和地物通常采用等高线和图例表示，图例画法应符合《总图制图标准》（GB/T 50103—2010）的规定。

路线平面图使用的比例较小，通常采用 1∶500～1∶2000 的比例。因此，在路线平面图中依道路中心画一条粗实线来表示道路。若比例较大，则也可按路面宽画双线表示路线。新建道路用中粗线，原有道路用细实线。路线平面由直线段和曲线段（平曲线）组成，如图 1-44 所示是路线平面图图例画法，其中，α 为转折角（也称偏角，按前进方向右转或左转），R 是曲线半径，E 表示外距（交角点到曲线中心距离），L 是曲线长，EC 为切线，T 为切线长。

在图纸的适当位置画路线平曲线表，按交角点编号表列平曲线要素，包括交角点里程桩、

转折角 α（按前进方向右转或左转）、曲线半径 R、切线长 T、曲线长 L、外距 E（交角点到曲线中心距离）。

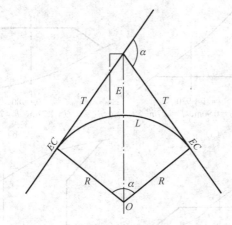

图 1-44　平曲线图

除此之外，还需注意若路线狭长需要画在几张图纸上，则应分段绘制。路线分段应在整数里程桩断开。断开的两端应画出垂直于路线的接线图（点画线）。接图时应以两图的路线"中心线"为准，并将接图线重合在一起，指北针同向。每张图纸右上角应绘出角标，注明图纸序号和图纸总张数。

2. 路基横断面图

道路的横断面形式依据车行道的条数通常可分为"一块板"（机动与非机动车辆在一条车行道上混合行驶，上行下行不分隔）、"二块板"（机动与非机动车辆混驶，但上下行由道路中央分隔带分开）等几种形式。公园中常见的路多为"一块板"。通常在总体规划阶段会初步定出园路的分级、宽度和断面形式等，但在进行园路技术设计时仍需结合现场情况重新进行深入设计，选择并最终确定适宜的园路宽度和横断面形式。

路基横断面图是指用垂直于设计路线的剖切面进行剖切所得到的图形，作为计算土石方和路基施工依据。

路基横断面图通常可以分为填方段（称为路堤）、挖方段（称为路堑）和半填半挖路基三种形式。

路基横断面图通常采用的比例有 1∶50、1∶100 和 1∶200。通常画在透明方格纸上，便于计算土方量。

如图 1-45 所示为路基横断面示意图，沿道路路线一般每隔 20m 画一路基横断面图，沿着桩号从下到上、从左到右布置图形。

3. 路基纵断面图

路线纵断面图主要是用于表示路线中心地面起伏状况。纵断面图是利用铅垂剖切面沿着道路的中心线进行剖切，然后，将剖切面展开成一立面，纵断面的横向长度就是路线的长度。园路立面主要是由直线和竖曲线组成的。

由于路线的横向长度和纵向高度之比相差很大，路线纵断面图通常采用两种比例。例如，长度采用 1∶2000，高度采用 1∶200，相差 10 倍。

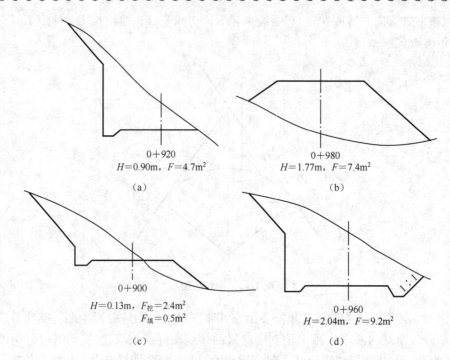

图 1-45　路基横断面图

　　路线纵断面图采用粗实线表示顺路线方向的设计坡度线，简称设计线。地面线采用细实线绘制，具体画法是将水准测量测得的各桩高程按图样比例点绘在相应的里程桩上，然后使用细实线顺序把各点连接起来，故纵断面图上的地面线为不规则曲折状。

　　设计线的坡度变更处，当两相邻纵坡坡度之差超过规定数值时，变坡处需设置一段圆弧竖曲线来连接两相邻纵坡。应在设计线上方表示凸形竖曲线和凹形竖曲线，标出相邻纵坡交点的里程桩和标高、竖曲线半径、切线长、外距、竖曲线的始点和终点。若变坡点不设置竖曲线，则应在变坡点注明"不设"。路线上的桥涵构筑物和水准点都应按所在里程注在设计线上，标出名称、种类、大小和桩号等，如图 1-46 所示。

　　在图样的正下方还应绘制资料表，其内容主要应包括以下几点。

　　① 每段设计线的坡度和坡长，用对角线表示坡度方向，对角线上方标坡度，下方标坡长，水平段用水平线表示。

　　② 每个桩号的设计标高和地面标高。

　　③ 平曲线（平面示意图），直线段用水平线表示，曲线用上凸或下凹图线表示，标注交角点编号、转折角和曲线半径。

　　资料表应与路线纵断面图的各段一一对应。路线纵断面图用透明方格纸画，通常总有若干张图纸。

　　4. 铺装详图

　　铺装详图主要用于表达园路面层的结构和铺装图案。常见的园路路面主要有花街路面（由砖、石板、卵石组成各种图案）、卵石路面、混凝土板路面、嵌草路面和雕刻路面等。

　　园路工程施工图的识读步骤见表 1-43。

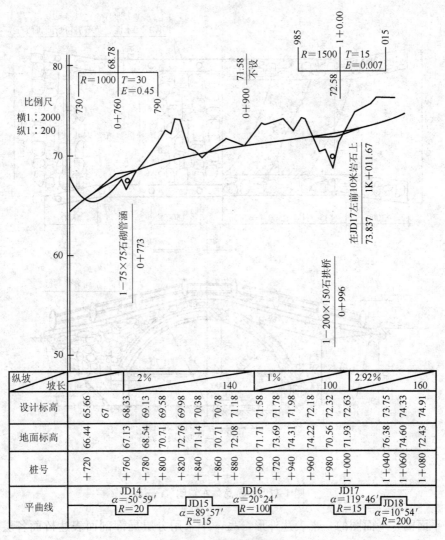

图 1-46 路线纵断面图

表 1-43 园路工程施工图的识读步骤

序号	识读步骤
1	图名、比例
2	了解道路宽度，广场外轮廓具体尺寸，放线基准点、基准线坐标
3	了解广场中心部位和四周标高，回转中心标高、高处标高
4	了解园路、广场的铺装情况，包括根据不同功能所确定的结构、材料、形状（线型）、大小、花纹、色彩、铺装形式、相对位置、做法处理和要求
5	了解排水方向及雨水口位置

二、园桥工程施工图

1. 总体布置图

如图 1-47 所示为某座单孔实腹式钢筋混凝土和块石结构的拱桥总体布置图。

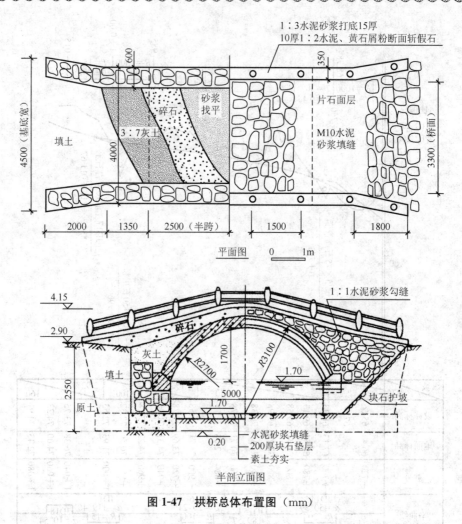

图 1-47　拱桥总体布置图（mm）

（1）平面图　平面图的一半表达外形，另一半采用分层局部剖面表达桥面各层构造。平面图还表达了栏杆的布置和檐石的表面装修要求。

（2）立面图　立面图采用半剖，主要表达拱桥的外形、内部构造、材料要求和主要尺寸。

2. **构件详图**

如图 1-48 所示，桥台详图表达桥台各部分的详细构造和尺寸、台帽配筋情况。横断面图表达拱圈和拱上结构的详细构造、尺寸以及拱圈和檐石望柱的配筋情况。在拱桥工程图中，栏杆望柱、抱鼓石和桥心石等都应画大样图以表达它们的样式。图 1-48 中包含栏杆望柱的大样图。

3. **工程说明**

采用文字注写桥位所在河床的工程地质情况，也可绘制地质断面图，还应注写设计标高、矢跨比、限载吨位，以及各部分的用料要求和施工要求等。

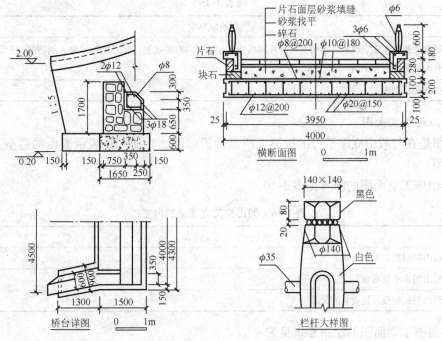

图 1-48 构件详图

三、假山工程施工图

1. 假山施工平面图

① 假山施工平面图的内容见表 1-44。

表 1-44 假山施工平面图的内容

序号	主要内容
1	假山的平面位置、尺寸
2	山峰、制高点、山谷、山洞的平面位置、尺寸和各处高程
3	假山附近地形及建筑物、地下管线与山石的距离
4	植物及其他设施的位置、尺寸
5	图纸的比例尺一般为 1：20～1：50，度量单位为 mm

② 假山施工平面图的绘制要求见表 1-45。

表 1-45 假山施工平面图的绘制要求

序号	绘制要求
1	画出定位轴线。画出定位轴线和直角坐标网格，为绘制各高程位置的水平面形状及大小提供绘图控制基准
2	画出平面形状轮廓线。底面、顶面及其间各高程位置的水平面形状，根据标高投影法绘制，但不注明高程数字
3	检查底图，并描深图形。在描深图形时，对山石的轮廓应根据前面讲述的山石的表示方法加深，其他图线用细实线表示

续表 1-45

序号	绘制要求
4	注写有关数字和文字说明。注明直角坐标网格的尺寸数字和有关高程，注写轴线编号、剖切线、图名、比例及其他有关文字说明和朝向
5	检查并完成全图

2. 假山施工立面图

立面图是在与假山立面平行的投影面所做的投影图。立面图是表示假山的造型及气势最好的施工图。

① 假山施工立面图的内容见表 1-46。

表 1-46　假山施工立面图的内容

序号	主要内容
1	假山的层次、配置形式
2	假山的大小及形状
3	假山与植物及其他设备的关系

② 假山施工立面图的绘制要求见表 1-47。

表 1-47　假山施工立面图的绘制要求

序号	绘制要求
1	画出定位轴线，并画出以长度方向尺寸为横坐标、以高程尺寸为纵坐标的直角坐标网格，作为绘图的控制基准
2	画假山的基本轮廓。绘制假山的整体轮廓线，并利用切割或垒叠的方法，逐渐画出各部分基本轮廓
3	依廓加坡、描深线条。根据假山的形状特征、前后层次、阴阳背向，依廓加坡，描深线条，体现假山的气势和质感
4	注写数字和文字。注写出坐标数字、轴线编号、图名、比例及有关文字说明
5	检查并完成全图

3. 假山施工剖面图

① 假山施工剖面图的内容见表 1-48。

表 1-48　假山施工剖面图的内容

序号	主要内容
1	假山各山峰的控制高程
2	假山的基础结构
3	管线位置、管径
4	植物种植池的做法、尺寸、位置

② 假山施工剖面图的绘制步骤与要求见表 1-49。

表 1-49　假山施工剖面图的绘制步骤与要求

序号	绘制步骤	绘制要求
1	画出图表控制线	图中如有定位轴线则先画出定位轴线，再画出直角坐标网格
2	画出截面轮廓线	—
3	画出其他细部结构	—
4	检查底图并加深图线	在加深图线时，截面轮廓线用粗实线表示，其他用细实线画出
5	标注尺寸，注写标高及文字说明	注写出直角坐标值和必要的尺寸及标高，注写出轴线编号、图名、比例及有关文字说明
6	检查并完成全图	—

四、水景工程施工图

1. 水景工程图的表达方法

(1) 视图的配置　水景工程图的基本图样仍然是平面图、立面图和剖面图。水景工程构筑物，如基础、驳岸、水闸和水池等许多部分被土层覆盖，因此，剖面图和断面图的应用较多。如图 1-49 所示的水闸结构图是采用平面图、侧立面图和 A—A 剖面图来表达的。平面图形对称，只画了一半。侧立面图为上游立面图和下游立面图合并而成。人站在上游面向建筑物所得的视图称为上游立面图，人站在下游面向建筑物所得的视图称为下游立面图。为看图方便，每个视图都应在图形下方标出名称。各视图应尽量按投影关系配置。布置图形时，习惯使水流方向由左向右或自上而下。

(2) 其他表示方法　水景工程图的其他表示方法见表 1-50。

表 1-50　水景工程图的其他表示方法

序号	表示方法	内容
1	局部放大图	物体的局部结构用较大比例画出的图样称为局部放大图或详图。放大的详图必须标注索引标志和详图标志。如图 1-50 所示是护坡剖面及结构的局部放大图，原图上可用细实线圈表示需要放大的部位，也可采用注写名称的方法
2	展开剖面图	当构筑物的轴线是曲线或折线时，可沿轴线剖开物体并向剖切面投影，然后将所得剖面图展开在一个平面上，这种剖面图称为展开剖面图，在图名后应标注"展开"二字。如图 1-51 所示，选沿干渠中心线的圆柱面为剖切面，剖切面后的部分按法线方向向剖切面投影后再展开
3	分层表示法	当构筑物有几层结构时，在同一视图内可按其结构层次分层绘制。相邻层次用波浪线分界，并用文字在图形下方标注各层名称。如图 1-52 所示，码头的平面图采用分层表示法
4	掀土表示法	被土层覆盖的结构，在平面图中不可见。为表示这部分结构，可假想将土层掀开后再画出视图。如图 1-53 所示是墩台的掀土表示

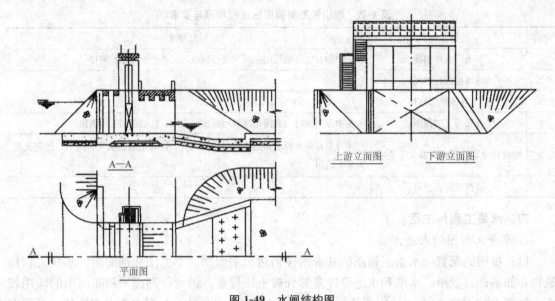

图 1-49 水闸结构图

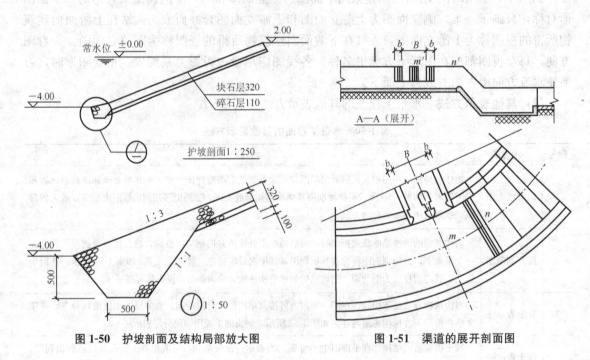

图 1-50 护坡剖面及结构局部放大图

图 1-51 渠道的展开剖面图

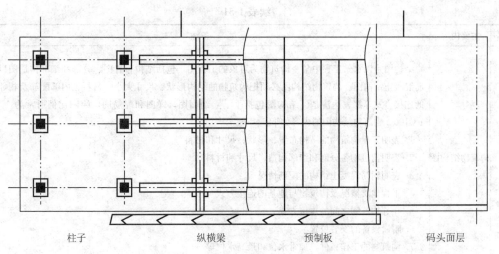

柱子　　　　　纵横梁　　　　　预制板　　　　码头面层

图 1-52　码头平面图的分层表示法

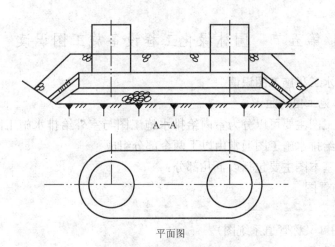

A—A

平面图

图 1-53　墩台的掀土表示

2. 水景工程图的内容

水景工程图主要包括总体布置图和构筑物结构图，见表 1-51。

表 1-51　水景工程图的内容

序号	主要内容	备注
1	总体布置图	总体布置图主要表示整体水景工程各构筑物在平面和里面的布置情况。总体布置图以平面布置图为主，必要时配置立面图。平面布置图一般画在地形图上。为了使图形主次分明，结构上的次要轮廓线和细节部分构造均省略不画，或用图例或用示意图表示这些构造的位置和作用。图中通常只注写构筑物的外轮廓尺寸和主要定位尺寸、主要部位的高程和填挖方坡度。总体布置图的绘制比例通常为 1∶200～1∶500。总体布置图的内容如下： 1. 工程设施所在地区的地形现状、河流及流向、水面、地理方位（指北针）等 2. 各工程构筑物的相互位置、主要外形尺寸、主要高程 3. 工程构筑物与地面的交线、填、挖方的边坡线

序号	主要内容	备注
2	构筑物结构图	结构图是以水景工程中某一构筑物为对象的工程图，包括结构布置图、分部和细部构造图以及钢筋混凝土结构图。构筑物结构图必须把构筑物的结构形状、尺寸大小、材料、内部配筋及相邻结构的连接方式等都表达清楚。结构图包括平、立剖面图，详图和配筋图，绘图比例通常为 1：5～1：100。构筑物结构图的内容如下： 1. 表明工程构筑物的结构布置、形状、尺寸和材料 2. 表明构筑物各分部和细部构造、尺寸和材料 3. 表明钢筋混凝土结构的配筋情况 4. 工程地质情况及构筑物与地基的连接方式 5. 相邻构筑物之间的连接方式 6. 附属设备的安装位置 7. 构筑物的工作条件，如常水位和最高水位等

第五节　园林绿化工程设备施工图识读

一、园林给排水工程施工图识读

1. 园林给排水施工图的组成

园林给排水施工图主要可以分为室内给排水施工图与室外给排水施工图两大类。室内给排水施工图与室外给排水施工图通常由以下两个部分组成。

(1) 基本图　基本图主要包括以下几部分：

① 管道平面布置图。

② 剖面图。

③ 系统轴测图（又称管道系统图）。

④ 原理图及说明等。

(2) 详图　详图要求表明各局部的详细尺寸及施工要求。

2. 园林给排水施工图的特点

园林给排水施工图的特点见表 1-52。

表 1-52　园林给排水施工图的特点

序号	主要特点	内容
1	常用的给排水图例	园林给排水管道断面与长度之比以及各种设备等构配件尺寸偏小，当采用较小比例（如 1：100）绘制时，很难把管道和各种设备表达清楚，因此一般用图形符号和图例来表示。通常管道都用单线来表示，线宽宜用 0.7mm 或 1.0mm 常用给排水工程施工图例见表 1-53
2	标高标注	平面图、系统图中，管道标高应按如图 1-54 (a) 所示的方式标注；沟渠标高应按如图 1-54 (b)所示的方式标注；剖面图中，管道及水位的标高应按如图 1-54 (c) 所示的方式标注

序号	主要特点	内容
3	管径	管径的单位通常用"mm"表示。水输送钢管（镀锌或水镀锌）、铸铁管等材料以公称直径 DN 表示（如 $DN50$）；焊接钢管、无缝钢管等以外径 $D×$壁厚表示（如 $D108×4$）；钢筋混凝土管、混凝土管、陶土管等以内径 d 表示（如 $d230$）。 　管径的标注方法应符合图 1-55 中的规定
4	管线综合表示	园林中管线种类较少，密度也小，为了合理安排各种管线，综合解决各种管线在平面和竖向上的相互关系，通常采用管线综合平面图来表示，遇到管线交叉处可用垂距简表表示，如图 1-56所示

表 1-53　常用给排水工程施工图例

序号	名称	图例	说明
1	喷泉		仅表示位置，不表示具体形态
2	阀门（通用）、截止阀		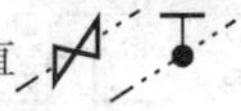 1. 没有说明时，表示螺纹连接 法兰连接时——  焊接时——  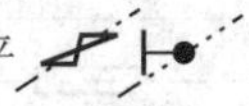
3	闸阀		2. 轴测图画法 阀杆为垂直
4	手动调节阀		阀杆为水平
5	球阀、转心阀		—
6	蝶阀		—
7	角阀	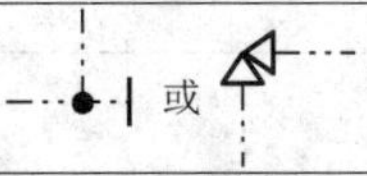 或	—
8	平衡阀		—
9	三通阀	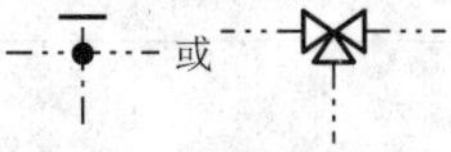 或	—
10	四通阀	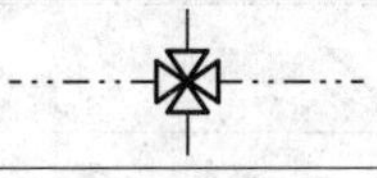	—
11	节流阀		—
12	膨胀阀	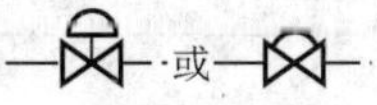 或	也称"隔膜阀"
13	旋塞阀		—
14	快放阀		也称"快速排污阀"
15	止回阀		左图、中图为通用画法，流法均由空白三角形至非空白三角形；中图代表升降式止回阀；右图代表旋启式止回阀

续表 1-53

序号	名称	图例	说明
16	减压阀	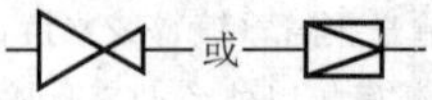 ▷◁—或—▷	左图小三角为高压端,右图右侧为高压端。其余同阀门类推
17	安全阀		左图为通用,中图为弹簧安全阀,右图为重锤安全阀
18	疏水阀	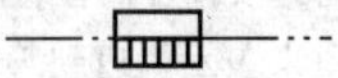	在不致引起误解时,也可用—●—表示,也称"疏水器" 
19	浮球阀	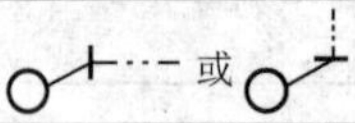 或	—
20	集气罐、排气装置	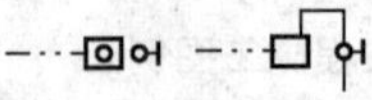	左图为平面图
21	自动排气阀		—
22	除污器(过滤器)	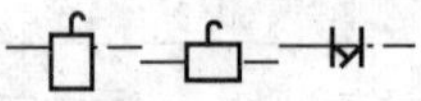	左图为立式除污器,中图为卧式除污器,右图为 Y 型过滤器
23	节流孔板、减压孔板	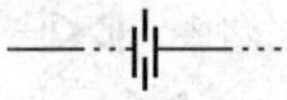	在不致引起误解时,也可用—‖—表示 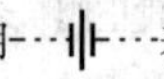
24	补偿器(通用)		也称"伸缩器"
25	矩形补偿器	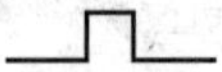	—
26	套管补偿器		—
27	波纹管补偿器		—
28	弧形补偿器		—
29	球形补偿器	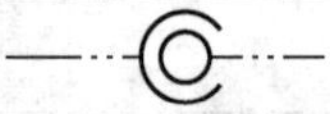	—
30	变径管异径管	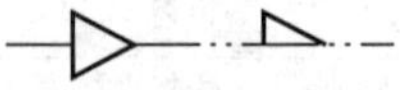	左图为同心异径管,右图为偏心异径管
31	活接头	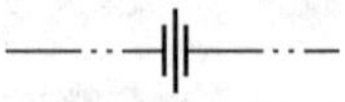	—
32	法兰	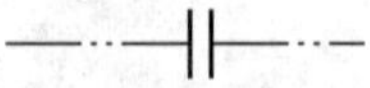	—
33	法兰盖	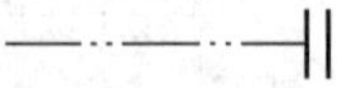	—
34	丝堵	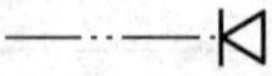	也可表示为:—‖ 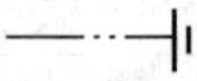
35	可曲挠橡胶软接头	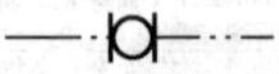	—
36	金属软管		也可表示为:—〰— 
37	绝热管	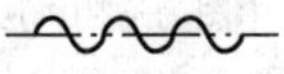	—

续表 1-53

序号	名称	图例	说明
38	保护套管		—
39	伴热管		—
40	固定支架		—
41	介质流向	→ 或 ⇒	在管道断开处，流向符号宜标注在管道中心线上，其余可同管径标注位置
42	坡度及坡向	$i=0.003$ 或 → $i=0.003$	坡度数值不宜与管道起、止点标高同时标注。标注位置同管径标注位置
43	套管伸缩器		—
44	方形伸缩器		—
45	刚性防水套管		—
46	柔性防水套管		—
47	波纹管		—
48	可曲挠橡胶接头		—
49	管道固定支架		—
50	管道滑动支架		—
51	立管检查口		—
52	水泵	平面 系统	—
53	潜水泵		—
54	定量泵		—
55	管道泵		—
56	清扫口	平面 系统	
57	通气帽	成品 铅丝球	—

续表 1-53

序号	名称	图例	说明
58	雨水斗	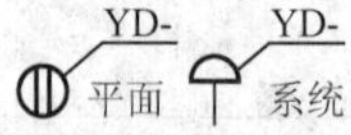 YD-平面 YD-系统	—
59	排水漏斗	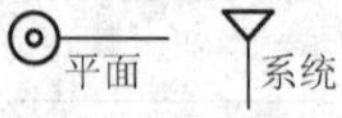 平面 系统	—
60	圆形地漏		通用。若为无水封，则地漏应加存水弯
61	方形地漏	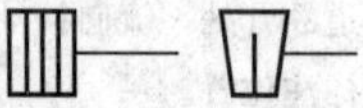	—
62	自动冲洗水箱	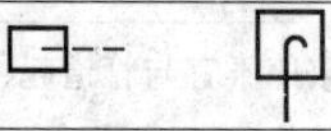	—
63	挡墩	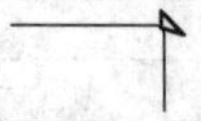	—
64	减压孔板	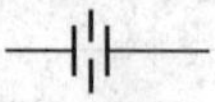	—
65	除垢器		—
66	水锤消除器	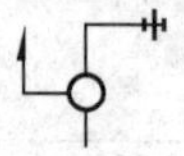	—
67	浮球液位器		—
68	搅拌器	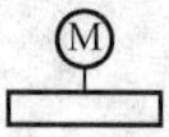 M	—

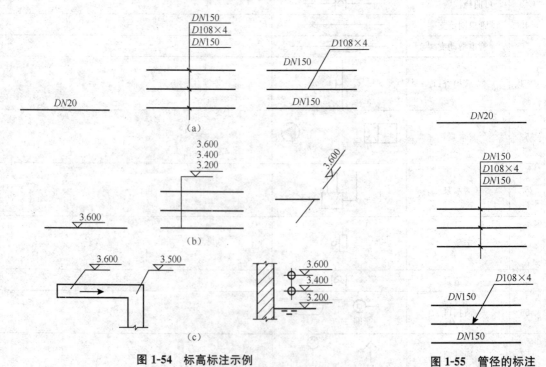

图 1-54 标高标注示例

（a）管道标高标注法 （b）沟渠标高标注法 （c）剖面及水位标高标注法

图 1-55 管径的标注

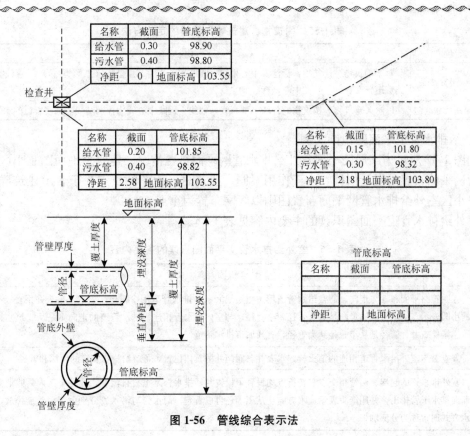

图 1-56　管线综合表示法

3. 园林给排水工程平面图

① 园林给排水工程平面图的内容与要点见表 1-54。

表 1-54　园林给排水工程平面图的内容与要点

序号	表达内容	要点
1	建筑物、构筑物及各种附属设施	厂区或小区内的各种建筑物、构筑物、道路、广场、绿地、围墙等，均按建筑总平面的图例根据其相对位置关系用细实线绘出其外形轮廓线。多层或高层建筑在左上角用小黑点数表示其层数，用文字注明各部分的名称
2	管线及附属设备	厂区或小区内各种类型的管线是本图表述的重点内容，以不同类型的线型表达相应的管线，并标注相关尺寸，以满足水平定位要求。水表井、检查井、消火栓、化粪池等附属设备的布置情况以专用图例绘出，并标注其位置

② 园林给排水工程平面图的绘制要求。建筑物、构筑物、道路、广场、绿地和围墙等应与总图保持一致。给水、排水、雨水、热水、消防、中水和工艺管道等应绘制在同一张图上。若管线种类繁多，地形复杂，使之在同　图上表达出现困难，则可按不同管道种类分别绘制。各类管线及附属设备应用专用图例绘制，并按规定的编号方法进行编号，注明同厂（小区）外进水、出水、排水和雨水等相关管道的连接点位置、连接方式、分界井号、管径、标高、定位尺寸和水流方向。绘制厂（小区）各构筑物、建筑物的进水管、出水管、供水管、排泥管、加药管，并标注管径和定位尺寸。图上应绘制风玫瑰图，无污染时可用指北针代替。构筑物、建筑物和管线的定位主要应采用表 1-55 中的两种方法。

表 1-55　构筑物、建筑物和管线的定位方法

序号	定位方法	内容
1	坐标法	对于构筑物、建筑物，标注其中心坐标（圆形类）或两对角坐标（方形类）；对于管线类，标注其管道转弯点（井）的中心坐标
2	控制尺寸线法	以永久建筑物、构筑物的外墙（壁）线、轴线、道路中心线为控制基线，标注管道的水平位置

③ 给排水管道平面图识读实例。

如图 1-57 所示为某居民小区室外给排水管网平面布置情况。建筑总平面图是小区室外给排水管网平面布置的设计依据，由于作用不同，建筑总平面图的重点在于表示建筑群的总体布置，小区室外给排水管网平面布置图则以管网布置为重点。

室外给排水管道平面图识读的主要内容见表 1-56。

表 1-56　室外给排水管道平面图识读的主要内容

序号	识读内容
1	查明管路平面布置与走向。通常给水管道用中粗实线表示，排水管道用中粗虚线表示，检查井用直径 2～3mm 的小圆表示。给水管道的走向是从大管径到小管径，与室内引水管相连；排水管道的走向则是从建筑物排出污水管连接检查井，管径是从小管径到大管径，直通城市排水管道
2	要查看与室外给水管道相连的消火栓、水表井、阀门井的具体位置，了解给排水管道的埋深和管径
3	室外排水管的起端、两管相交点和转折点均设置了检查井，排水管是重力自流管，故在小区内只能汇集于一点而向排水干管排出，并用箭头表示流水方向。从图中还可以看到，雨水管与污水管分别由 2 根管道排放，这种排水方式通常称为分流制

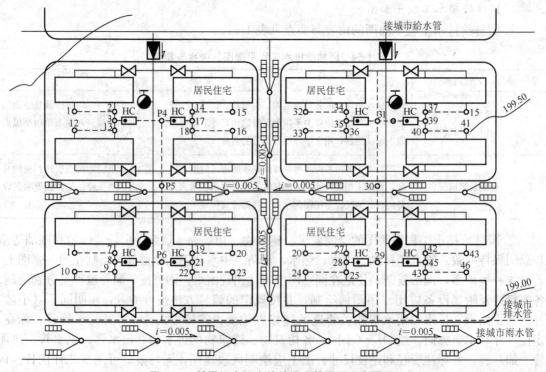

图 1-57　某居民小区室外给排水管网平面布置图

4. 园林给排水工程纵断面图

① 园林给排水工程纵断面图的内容与要点见表 1-57。

表 1-57　园林给排水工程纵断面图的内容与要点

序号	表达内容	要点
1	原始地形、地貌与原有管道、其他设施等	给水及排水管道纵断面图中，应标注原始地平线、设计地面线、道路、铁路、排水沟、河谷及与本管道相关的各种地下管道、地沟、电缆沟等的相对距离和各自的标高
2	设计地面、管线及相关的建筑物、构筑物	绘出管线纵断面以及与之相关的设计地面、构筑物、建筑物，并进行编号。标明管道结构（管材、接口形式、基础形式）、管线长度、坡度与坡向、地面标高、管线标高（重力流标注内底、压力流标注管道中心线）、管道埋深、井号以及交叉管线的性质、大小与位置
3	标高标尺	通常在图的左前方绘制一标高标尺，表达地面与管线等的标高及其变化

② 园林给排水工程纵断面图的绘图要求见表 1-58。

表 1-58　园林给排水工程纵断面图的绘图要求

序号	绘图要求
1	压力流管道用单粗实线表示，重力流管道用双中粗实线表示。在对应的平面图中均采用单中粗实线表示。当管道直径大于 400mm 时，纵断面图可用双中粗实线表示
2	设计地面线、阀门井、检查井、相交的管线、道路、河流、竖向定位线等均采用细实线绘制，自然地面线用细虚线绘制

③ 给水排水管道纵断面图识读实例。

从如图 1-57 所示的平面布置图中可读到检查井的编号 P4、P5、P6，与之相对应的如图 1-58 所示的排水管道纵断面图中的检查井编号 P4 是从西北角出发，向南经编号 P5 到编号 P6，再与城市排水管道相连接。

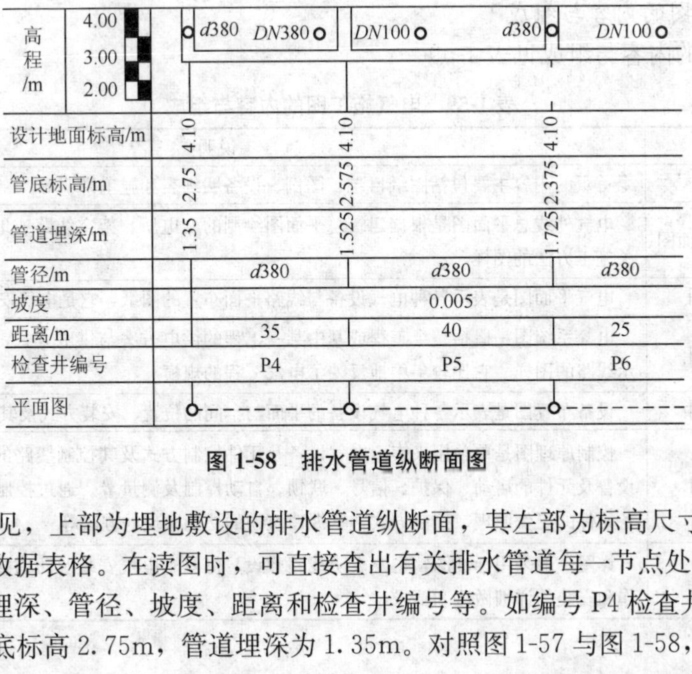

图 1-58　排水管道纵断面图

由图 1-58 可见，上部为埋地敷设的排水管道纵断面，其左部为标高尺寸，而下部为有关排水管道的设计数据表格。在读图时，可直接查出有关排水管道每一节点处的设计地面标高、管底标高、管道埋深、管径、坡度、距离和检查井编号等。如编号 P4 检查井处的设计地面标高为 4.10m，管底标高 2.75m，管道埋深为 1.35m。对照图 1-57 与图 1-58，就可以了解排水管道与给水管、雨水管的交叉情况。

5. 园林给排水工程安装详图

园林给排水管道安装详图是用来表明给排水工程中某些设备或管道节点的详细构造与安装要求的大样图。

如图 1-59 所示为该给水引入管穿过基础的施工详图。图样以剖面的方法表明引入管穿越墙基础时，应预留洞口，管道安装好后，洞口空隙内应使用油麻和黏土填实，外抹 M5 号水泥砂浆以防止室外雨水渗入。

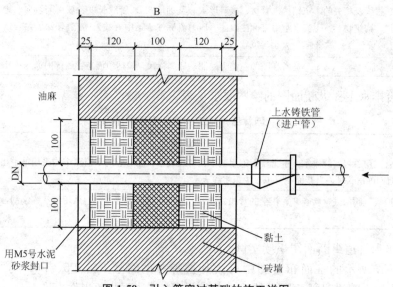

图 1-59　引入管穿过基础的施工详图

二、园林电气工程施工图

1. 电气施工图的内容与组成

电气施工图的内容与组成见表 1-59。

表 1-59　电气施工图的内容与组成

序号	项目	说明
1	首页	首页的内容主要包括图纸目录、图例、设备明细表和施工说明等
2	电气外线总平面图	电气外线总平面图是根据建筑总平面图绘制的变电所、架空线路或地下电缆位置并注明有关施工方法的图样
3	电气平面图	电气平面图是表示各种电气设备与线路平面布置的图纸，它是电气安装的重要依据
4	电气系统图	电气系统图是概括整个工程或其中某一工程的供电方案与供电方式，并用单线连接形式表示线路的图样。它比较集中地反映了电气工程的规模
5	设备布置图	设备布置图是表示各种电气设备的平面与空间的位置、安装方式及其相互关系的图纸
6	控制原理图	控制原理图是单独用来表示电气设备及元件控制方式及其控制线路的图样，主要表示电气设备及元件的启动、保护、信号、联锁、自动控制及测量等。通过控制原理图可以了解各设备元件的工作原理、控制方式，掌握建筑物的功能实现的方法等
7	详图	详图一般采用标准图，主要表示线路敷设、灯具、电气安装及防雷接地、配电箱（板）制作和安装的详细做法和要求

2. 电气平面图

电气平面图是电气安装的重要依据，它是将同一层内不同高度的电器设备及线路都投影到同一平面上来表示的。平面图主要包括变配电平面图、动力平面图、照明平面图、防雷接地平面图和弱电平面图等。如图 1-60 所示为某屋顶花园的供电、照明平面图，图中穿线钢管预埋，管口距地 10cm，用防水橡胶封口；XRM19C309 的安装高度为 2.00m，插座留在配电盘上。图中灯具的代号、名称、型号和数量见表 1-60。

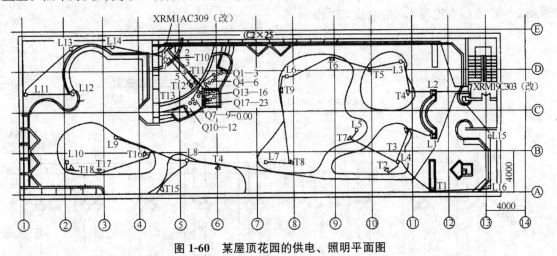

图 1-60　某屋顶花园的供电、照明平面图

表 1-60　灯具的代号、名称、型号和数量

代号	名称	型号	数量	备注
□Lx	庭院灯	SD-L014/100W	16	
△Tx	授光灯	SD-G002/100W	18	
○Qx	潜水灯	SD-G026/80W	21	红 4 绿 4 蓝 6 黄 7
Cx	串珠灯	2×25m　60W/m 2×16m　60W/m	—	

3. 电气系统图

电气系统图主要可分为电力系统图、照明系统图和弱电系统图。电气系统图上标有整个建筑物内的配电系统和容量分配情况、配电装置、导线型号、截面、敷设方式和管径等。

如图 1-61 所示为某居民区环境景观照明配电系统图。图中标注了配电系统的主回路和各分支回路的配电装置及其用途，开关电器与导线的型号规格、导线的敷设方式、相序等。

如图 1-61 所示，电源进线选用聚氯乙烯绝缘铠装铜芯电缆（型号 VV22-1000，$3×16mm^2+2×10mm^2$），耐压 1000V，5 芯电缆，长度 70m，线径：3 芯线为 $16mm^2$，其余 2 芯为 $10mm^2$，其中线径为 $16mm^2$ 的 3 芯为相线（标注为 L1、L2、L3），其余 1 芯为零线（标注为 N），1 芯为保护线（PE 线，图中的虚线，连接到专用接地线）。配电箱（型号为 E4FC18D）中共安装 1 个总开关和 9 个分支回路断路器。总开关选用 DZX2-6050/3P，50A 三相断路器（断路器又名自动空气开关）进行过流保护，额定电流 50A（60 表示断路器壳架电流，即为该型断路器可选择的最大额定电流，400 代表电压等级，意为三相电路使用）。包括 4 个路灯回路、3 个草坪灯回路和 2 个备用回路等 9 个分支回路均选用 DZX2-60/220（60 表示断路器壳架电流，220 代表电压等级，意为单相电路使用）单相漏电断路器进行过流和漏电保护，额定电流（脱扣器电流）见图中的表格（例如，脱扣器电流 25A30mA，表示额定电流 25A，漏电保护动作电流 30mA），各分支回路选用的电缆的型号规格及使用说明同电源进线电缆。需要说明的是，为了保证三相电流平衡，分支回路 1、4、7 接在电源 L1 相，分支回路 2、5、8 接在电源 L2 相，分支回路 3、6、9 接在电源 L3 相。

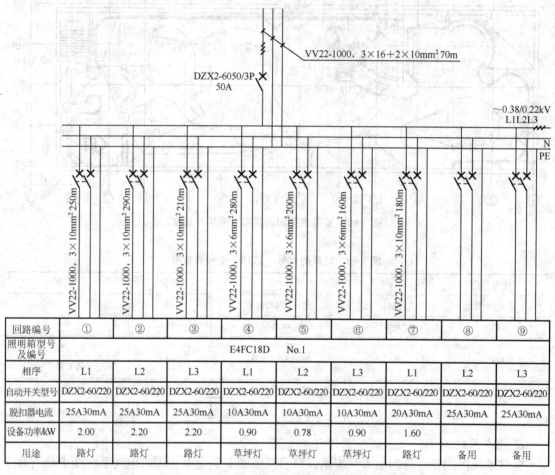

回路编号	①	②	③	④	⑤	⑥	⑦	⑧	⑨
照明箱型号及编号				E4FC18D　　No.1					
相序	L1	L2	L3	L1	L2	L3	L1	L2	L3
自动开关型号	DZX2-60/220	DZX2-60/220	DZX2-60/220	DZX2-60/220	DZX2-60/220	DZX2-60/220	DZX2-60/220	DZX2-60/220	DZX2-60/220
脱扣器电流	25A30mA	25A30mA	25A30mA	10A30mA	10A30mA	10A30mA	20A30mA	25A30mA	25A30mA
设备功率/kW	2.00	2.20	2.20	0.90	0.78	0.90	1.60		
用途	路灯	路灯	路灯	草坪灯	草坪灯	草坪灯	路灯	备用	备用

图 1-61　某居民区环境景观照明配电系统图

4. 电气详图

电气安装工程的局部安装大样、配件构造等均要用电气详图表示才能施工。通常施工图不绘制电气详图，电气详图与一些具体工程的做法均参考标准图或通用图册施工。有些设计单位为避免重复作图，提高设计速度，还自行编绘了通用图集供安装施工使用。

第二章　园林绿化工程施工工艺

内容提要：

1. 了解土方工程、砌筑工程、种植工程、园林铺装工程、园林绿化设备工程施工工艺的适用范围和施工准备。

2. 掌握土方工程、砌筑工程、种植工程、园林铺装工程、园林绿化设备工程的操作工艺。

第一节　园林土建工程施工工艺

一、土方工程施工工艺

1. 人工挖土工艺

(1) 适用范围　人工挖土工艺适用于各种园林建（构）筑物的基坑（槽）、园路路基和管沟土方工程。

(2) 施工准备

① 土方开挖前，应摸清地下管线等障碍物，并应根据施工方案的要求，将施工区域内的地上、地下障碍物清除和处理完毕。

② 建（构）筑物、道路的位置或管沟的定位控制线（桩），标准水平桩和基槽的灰线尺寸，必须经过检验合格，并办完预检手续。

③ 场地表面要清理平整，做好排水坡度，在施工区域内，要挖临时性排水沟。

④ 夜间施工时，应合理安排工序，防止错挖或超挖。施工场地应根据需要安装照明设施，在危险地段应设置明显标志。

⑤ 开挖低于地下水位的基坑（槽）、管沟时，应根据当地工程地质资料，采取措施降低地下水位，一般要降至低于开挖底面 50cm，然后再开挖。

⑥ 熟悉图纸，做好技术交底。

(3) 操作工艺

① 坡度的确定：

a. 在天然湿度的土中，开挖基坑（槽）和管沟时，当挖土深度不超过下列数值的规定时，可不放坡，不加支撑。

密实、中密的砂土和碎石类土（充填物为砂土）：1.0m。

硬塑、可塑的黏质粉土及粉质黏土：1.25m。

硬塑、可塑的黏土和碎石类土（充填物为黏性土）：1.5m。

坚硬的黏土：2.0m。

　　b. 超过上述规定深度，在 5m 以内时，若土具有天然湿度、构造均匀、水文地质条件好，且无地下水，则不加支撑的基坑（槽）和管沟，必须放坡。边坡最陡坡度（高宽比）应符合下列规定：碎石土为 1∶1，黏性土为 1∶1.25，砂土为 1∶1.5。

　　② 根据基础和土质，以及现场出土等条件，要合理确定开挖顺序，然后再分段分层平均开挖。

　　a. 开挖各种浅基础，当不放坡时，应先沿灰线直边切出槽边的轮廓线。

　　b. 开挖各种槽坑：

　　浅条形基础。一般黏性土可自上而下分层开挖，每层深度以 60cm 为宜，从开挖端逆向倒退按踏步形挖掘。碎石类土先用镐翻松，正向挖掘，每层深度，视翻土厚度而定，每层应清底和出土，然后逐步挖掘。

　　浅管沟。与浅的条形基础开挖基本相同，仅沟帮不切直修平。标高按龙门板上平往下返出沟底尺寸，当挖土接近设计标高时，再从两端龙门板下面的沟底标高上返 50cm 为基准点，拉小线用尺检查沟底标高，最后修整沟底。

　　开挖放坡的坑（槽）和管沟时，应先按施工方案规定的坡度，粗略开挖，再分层按坡度要求做出坡度线，每隔 3m 左右做出一条，以此线为准进行铲坡。深管沟挖土时，应在沟帮中间留出宽度 80cm 左右的倒土台。

　　开挖大面积浅基坑时，沿坑三面同时开挖，挖出的土方装入手推车或翻斗车中，由未开挖的一面运至弃土地点。

　　③ 开挖基坑（槽）或管沟，当接近地下水位时，应先完成标高最低处的挖方，以便在该处集中排水。开挖后，在挖到距槽底 50cm 以内时，测量放线人员应配合抄出距槽底 50cm 的平线；自每条槽端部 20cm 处每隔 2～3m，在槽帮上钉水平标高小木橛。在挖至接近槽底标高时，用尺或事先量好的 50cm 标准尺杆，随时以小木橛上平，校核槽底标高。最后由两端轴线（中心线）引桩拉通线，检查距槽边尺寸，确定槽宽标准，据此修整槽帮，最后清除槽底土方，修底铲平。

　　④ 基坑（槽）管沟的直立帮和坡度，在开挖过程和敞露期间应防止塌方，必要时应加以保护。

　　在开挖槽边弃土时，应保证边坡和直立帮的稳定。当土质良好时，抛于槽边的土方（或材料）应距槽（沟）边缘 0.8m 以外，高度不宜超过 1.5m。在柱基周围、墙基或围墙一侧，不得堆土过高。

　　⑤ 开挖基坑（槽）的土方，在场地有条件堆放时，一定要留足回填需用的好土，多余的土方应一次运至弃土处，避免二次搬运。

　　⑥ 土方开挖一般不宜在雨期进行，或者工作面不宜过大，应分段、逐片地分期完成。

　　雨期开挖基坑（槽）或管沟时，应注意边坡稳定。必要时可适当放缓边坡或设置支撑。同时应在坑（槽）外侧围以土堤或开挖水沟，防止地面水流入。施工时，应加强对边坡、支撑、土堤等的检查。

　　⑦ 土方开挖不宜在冬期施工。当必须在冬期施工时，其施工方法应按冬期施工方案进行。

　　采用防止冻结法开挖土方时，可在冻结前用保温材料覆盖或将表层土翻耕耙松，其翻耕深度应根据当地气候条件确定，一般不小于0.3m。

开挖基坑（槽）或管沟时，必须防止基础下的基土遭受冻结。如基坑（槽）开挖完毕后，有较长的停歇时间，应在基底标高以上预留适当厚度的松土，或用其他保温材料覆盖，地基不得受冻。如遇开挖土方引起邻近建筑物（构筑物）的地基和基础暴露，应采用防冻措施，以防产生冻结破坏。

2. 机械挖土工艺

(1) 适用范围　机械挖土工艺适用于各种园林建（构）筑物的基坑（槽）、园路路基和管沟土方工程，以及大面积平整场地等。

(2) 施工准备

① 土方开挖前，应根据施工方案的要求，将施工区域内的地下、地上障碍物清除和处理完毕。

② 建筑物（构筑物）的位置或场地的定位控制线（桩）、标准水平桩及开槽的灰线尺寸，必须经过检验合格并办完预检手续。

③ 夜间施工时，应有足够的照明设施；在危险地段应设置明显标志，并要合理安排开挖顺序，防止错挖或超挖。

④ 开挖有地下水位的基坑（槽）、管沟时，应根据当地的工程地质资料，采取措施降低地下水位。一般要降至开挖面以下0.5m，然后才能开挖。

⑤ 施工机械进入现场所经过的道路、桥梁和卸车设施等，应事先经过检查，必要时要进行加固或加宽等准备工作。

⑥ 选择土方机械，应根据施工区域的地形与作业条件、土的类别与厚度、总工程量和工期综合考虑，以能发挥施工机械的效率来确定，编好施工方案。

⑦ 施工区域运行路线的布置，应根据作业区域工程的大小、机械的性能、运距和地形起伏等情况确定。

⑧ 在机械施工无法作业的部位和修整边坡坡度、清理槽底时，均应配备人工进行施工。

⑨ 熟悉图纸，做好技术交底。

(3) 操作工艺

① 坡度的确定：

a. 在天然湿度的土中，开挖基坑（槽）、管沟时，当挖土深度不超过下列数值规定时，可不放坡，不加支撑。

密实、中密的砂土和碎石类土（充填物为砂土）：1.0m。

硬塑、可塑的黏质粉土及粉质黏土：1.25m。

硬塑、可塑的黏土和碎石类土（充填物为黏性土）：1.5m。

坚硬性黏土：2.0m。

b. 超过上述规定深度，在5m以内时，若土具有天然湿度、构造均匀、水文地质条件好，且无地下水，则不加支撑的基坑（槽）和管沟，必须放坡。边坡最陡坡度（高宽比）应符合下列规定：碎石土为1：1，黏性土为1：1.25，砂土为1：1.5。

② 开挖基坑（槽）或管沟时，应合理确定开挖顺序、路线和开挖深度。

a. 采用推土机开挖大型基坑（槽）时，一般应从两端或顶端开始（纵向）推土，把土推向中部或顶端，暂时堆积，然后再横向将土推离基坑（槽）的两侧。

b. 采用反铲挖土机开挖基坑（槽）或管沟时，其施工方法有以下两种。

端头挖土法：挖土机从基坑（槽）或管沟的端头以倒退行驶的方法进行开挖。自卸汽车配置在挖土机的两侧装运土。

侧向挖土法：挖土机沿着基坑（槽）或管沟的一侧移动，自卸汽车在另一侧装运土。

c. 挖土机沿挖方边缘移动时，机器距离边坡上缘的宽度不得小于基坑（槽）或管沟深度的 1/2。如挖土深度超过 5m，应按专业性施工方案来确定。

③ 土方开挖宜从上到下分层分段依次进行。随时做成一定坡势，以利泄水。

a. 在开挖过程中，应随时检查槽壁和边坡的状态。深度大于 1.5m 时，根据土质变化情况，应做好基坑（槽）或管沟的支撑准备，以防坍陷。

b. 开挖基坑（槽）和管沟时，不得挖至设计标高以下，如不能准确地挖至设计基底标高，则可在设计标高以上暂留一层土不挖，以便在抄平后，由人工挖出。

暂留土层：一般推土机挖土时，为 20cm 左右；挖土机用反铲、正铲挖土时，以 30cm 左右为宜。

c. 在机械施工挖不到的土方，应配合人工随时进行挖掘，并用手推车把土运到机械能挖到的地方，以便及时用机械挖走。

④ 修边和清底。在距槽底设计标高 50cm 槽帮处，抄出水平线，钉上小木橛，然后用人工将暂留土层挖走。同时，由两端轴线（中心线）引桩拉通线（用小线或镀锌钢丝），检查距槽边尺寸，确定槽宽标准，以此修整槽边。最后清除槽底土方。

a. 槽底修理铲平后，进行质量检查验收。

b. 开挖基坑（槽）的土方，在场地有条件堆放时，一定留足回填需用的好土；多余的土方，应一次运走，避免二次搬运。

⑤ 雨期、冬期施工：

a. 土方开挖一般不宜在雨期进行，或者工作面不宜过大，应逐段、逐片分期完成。

b. 雨期施工在开挖基坑（槽）或管沟时，应注意边坡稳定。必要时可适当放缓边坡坡度，或设置支撑。同时，应在坑（槽）外侧围以土堤或开挖水沟，防止地面水流入。经常对边坡、支撑、土堤进行检查，发现问题要及时处理。

c. 土方开挖不宜在冬期施工。如必须在冬期施工，则其施工方法应按冬期施工方案进行。

d. 采用防止冻结法开挖土方时，可在冻结前，用保温材料覆盖或将表层土翻耕耙松，其翻耕深度应根据当地气温条件确定，一般不小于 30cm。

e. 开挖基坑（槽）或管沟时，必须防止基础下的基土受冻。应在基底标高以上预留适当厚度的松土，或用其他保温材料覆盖。如遇开挖土方引起邻近建筑物或构筑物的地基和基础暴露，应采取防冻措施，以防产生冻结破坏。

3. 人工回填土工艺

(1) 适用范围　人工回填土工艺适用于各种园林建（构）筑物中的基坑、基槽、室内地坪、管沟、室外肥槽和散水等人工回填土。

(2) 施工准备

① 施工前应根据工程特点、填方土料种类、密实度要求、施工条件等，合理地确定填方土料含水率控制范围、虚铺厚度和压实遍数等参数；重要回填土方工程，其参数应通过压实试验确定。

② 回填前应对基础、基础墙或地下防水层、保护层等进行检查验收，并且要办好隐检手续。其基础混凝土强度应达到规定的要求，方可进行回填土。

③ 房心和管沟的回填，应在完成水电管道安装和管沟墙间加固后进行。并将沟槽、地坪上的积水和有机物等清理干净。

④ 施工前，应做好水平标志，以控制回填土的高度或厚度。如在基坑（槽）或管沟边坡上，每隔3m钉上水平板；室内和散水的边墙上弹上水平线或在地坪上钉上标高控制木桩。

(3) 操作工艺

① 填土前应将基坑（槽）底或地坪上的垃圾等杂物清理干净；肥槽回填前，必须清理到基础底面标高，将回落的松散垃圾、砂浆、石子等杂物清除干净。

② 检验回填土的质量有无杂物，粒径是否符合规定，以及回填土的含水量是否在控制的范围内；土料含水量一般以手握成团、落地开花为宜；如含水量偏高，可采用翻松、晾晒或均匀掺入干土等措施；如遇回填土的含水量偏低，可采用预先洒水润湿等措施。

③ 回填土应分层铺摊。每层铺土厚度应根据土质、密实度要求和机具性能确定。一般蛙式打夯机每层铺土厚度为200～250mm；人工打夯不大于200mm。每层铺摊后，随之耙平。

④ 回填土每层至少夯打三遍。打夯应一夯压半夯，夯夯相接，行行相连，纵横交叉。并且严禁采用水浇使土下沉的"水夯"法。

⑤ 深浅两基坑（槽）相连时，应先填夯深基础；填至浅基坑相同的标高时，再与浅基础一起填夯。当必须分段填夯时，交接处应填成阶梯形，梯形的高宽比一般为1∶2。上下层错缝距离不小于1.0m。

⑥ 基坑（槽）回填应在相对的两侧或四周同时进行。基础墙两侧标高不可相差太多，以免把墙挤歪；较长的管沟墙，应采用内部加支撑的措施，然后再在外侧回填土方。

⑦ 回填房心及管沟时，为防止管道中心线位移或损坏管道，应用人工先在管子两侧填土夯实；并应由管道两侧同时进行，直至管顶0.5m以上时，在不损坏管道的情况下，方可采用蛙式打夯机夯实。在抹带接口处，防腐绝缘层或电缆周围，应回填细粒料。

⑧ 回填土每层填土夯实后，应按规范规定进行环刀取样，测出干土的质量密度，达到要求后，再进行上一层的铺土。

⑨ 修整找平：填土全部完成后，应进行表面拉线找平，凡超过标准高程的地方，及时依线铲平；凡低于标准高程的地方，应补土夯实。

4. 机械回填土工艺

(1) 适用范围　机械回填土工艺适用于各种园林建（构）筑物中的基坑、基槽、管沟、大面积平整场地等。

(2) 施工准备

① 施工前应根据工程特点、填方土料种类、密实度要求、施工条件等，合理地确定填方土料含水量控制范围、虚铺厚度和压实遍数等参数；重要回填土方工程，其参数应通过压实

试验确定。

②填土前应对填方基底和已完工程进行检查和中间验收,合格后要做好隐蔽检查和验收手续。

③施工前,应做好水平高程标志布置。大型基坑或沟边上每隔 1m 钉上水平桩橛或在邻近的固定建筑物上抄上标准高程点。大面积场地上或地坪每隔一定距离钉上水平桩。

④确定好土方机械、车辆的行走路线,应事先经过检查,必要时要进行加固加宽等准备工作。同时,要编好施工方案。

(3) 操作工艺

①基底清理:填土前,应将基土上的洞穴或基底表面上的树根、垃圾等杂物都处理完,清除干净。

②检验土质:检验回填土料的种类、粒径,有无杂物,是否符合规定,以及土料的含水量是否在控制范围内;土料含水量一般以手握成团、落地开花为宜;如含水量偏高,可采用翻松、晾晒或均匀掺入干土等措施;如填料含水量偏低,可采用预先洒水润湿等措施。

③分层铺土:填土应分层铺摊。每层铺土的厚度应根据土质、密实度要求和机具性能确定。若无试验数据,则应符合表 2-1 的规定。

表 2-1　填土每层的铺土厚度和压实遍数

压实机具	每层铺土厚度/mm	每层压实变数/遍
平碾	250~300	6~8
振动平碾	250~300	3~4
蛙式、柴油打夯机	200~250	3~4
人工打夯	<200	3~4

④碾压机械压实填方时,应控制行驶速度,一般不应超过以下规定:

平碾:2km/h;振动碾:2km/h。

⑤碾压时,轮(夯)迹应相互搭接,防止漏压或漏夯。长宽比较大时,填土应分段进行。每层接缝处应做成斜坡形,碾迹重叠。重叠 0.5~1.0m,上下层错缝距离不应小于 1m。

⑥填方超出基底表面时,应保证边缘部位的压实质量。填土后,如设计不要求边坡修整,则宜将填方边缘宽填 0.5m;如设计要求边坡修平拍实,则宽填可为 0.2m。

⑦在机械施工碾压不到的填土部位,应配合人工推土填充,用蛙式或柴油打夯机分层夯打密实。

⑧回填土方每层压实后,应按规范规定进行环刀取样,测出干土的质量密度,达到要求后,再进行上一层的铺土。

⑨填方全部完成后,表面应进行拉线找平,凡超过标准高程的地方,及时依线铲平;凡低于标准高程的地方,应补土找平夯实。

二、砌筑工程施工工艺

1. 砖砌体砌筑工艺

(1) 适用范围　砖砌体砌筑工艺适用于各种园林建(构)筑物的砖砌体施工。

(2) 施工准备

① 完成室外及房心回填土，安装好沟盖板。

② 办完地基、基础工程隐检手续。

③ 按标高抹好水泥砂浆防潮层。

④ 弹好轴线墙身线，根据进场砖的实际规格尺寸，弹出门窗洞口位置线，经验线符合设计要求，办完预检手续。

⑤ 按设计标高要求立好皮数杆，皮数杆的间距以15~20m为宜。

⑥ 砂浆由实验室做好试配，准备好砂浆试模（6块为一组）。

(3) 操作工艺

① 砖浇水：黏土砖必须在砌筑前一天浇水湿润，一般以水浸入砖四边1.5m为宜，含水率为10%~15%，常温施工不得采用干砖上墙；雨期不得使用含水率达饱和状态的砖砌墙；冬期浇水有困难，必须适当增大砂浆稠度。

② 砂浆搅拌：砂浆配合比应采用重量比，计量精度水泥为±2%，砂、灰膏控制在±5%以内。宜用机械搅拌，搅拌时间不少于1.5min。

③ 砌砖墙：

a. 组砌方法：砌体一般采用一顺一丁（满丁、满条）、梅花丁或三顺一丁砌法。砖柱不得采用先砌四周后填心的包心砌法。

b. 排砖撂底（干摆砖）：一般外墙第一层砖撂底时，两山墙排丁砖，前后檐纵墙排条砖。根据弹好的门窗洞口位置线，认真核对窗间墙、垛尺寸，其长度是否符合排砖模数，如不符合模数，可将门窗口的位置左右移动。若有破活，七分头或丁砖应排在窗口中间，附墙垛或其他不明显的部位。移动门窗口位置时，应注意暖卫立管安装及门窗开启时不受影响。另外，在排砖时还要考虑在门窗口上边的砖墙合拢时也不出现破活。所以排砖时必须作全盘考虑，前后檐墙排第一皮砖时，要考虑甩窗口后砌条砖，窗角上必须是七分头才好活。

c. 选砖：砌清水墙应选择棱角整齐，无弯曲、裂纹，颜色均匀，规格基本一致的砖。敲击时声音响亮，因焙烧过火而变色、变形的砖可用在基础及不影响外观的内墙上。

d. 盘角：砌砖前应先盘角，每次盘角不要超过五层，新盘的大角，及时进行吊、靠。如有偏差要及时修整。盘角时要仔细对照皮数杆的砖层和标高，控制好灰缝大小，使水平灰缝均匀一致。大角盘好后再复查一次，平整和垂直完全符合要求后，再挂线砌墙。

e. 挂线：砌筑一砖半墙必须双面挂线，如果长墙几个人均使用一根通线，中间应设几个支线点，小线要拉紧，每层砖都要穿线看平，使水平缝均匀一致，平直通顺；砌一砖厚混水墙时宜采用外手挂线，可照顾砖墙两面平整，为下道工序控制抹灰厚度奠定基础。

f. 砌砖：砌砖宜采用一铲灰、一块砖、一挤揉的"三一"砌砖法，即满铺、满挤操作法。砌砖时砖要放平。里手高，墙面就要张；里手低，墙面就要背。砌砖一定要跟线，"上跟线，下跟棱，左右相邻要对平"。水平灰缝厚度和竖向灰缝宽度一般为10mm，但不应小于8mm，也不应大于12mm。为保证清水墙面主缝垂直，不游丁走缝，当砌完一步架高时，宜每隔2m水平间距，在丁砖立棱位置弹两道垂直立线，可以分段控制游丁走缝。在操作过程中，要认真进行自检，如出现偏差，应随时纠正。严禁事后砸墙。清水墙不允许有三分头，不得在上部任意变活、乱缝。砌筑砂浆应随搅拌、随使用，一般水泥砂浆必须在3h内用完，水泥混合砂浆必须在 4h 内用完，不得使用过夜砂浆。砌清水墙应随砌、随划缝，划缝深度为 8～10mm，深浅一致，墙面清扫干净。混水墙应随砌、随将舌头灰刮尽。

　　g. 留槎：外墙转角处应同时砌筑。内外墙交接处必须留斜槎，槎子长度不应小于墙体高度的 2/3，槎子必须平直、通顺。分段位置应在变形缝或门窗口角处，遇隔墙与墙或柱不同时，可留阳槎加预埋拉结筋。沿墙高按设计要求每 500mm 预埋 $\phi6$ 钢筋 2 根，其埋入长度从墙的留槎处算起，一般每边均不小于 500mm，末端应加 180°弯钩。施工洞口也应按以上要求留水平拉结筋。隔墙顶应用立砖斜砌挤紧。

　　h. 木砖预留孔洞和墙体拉结筋：木砖预埋时应小头在外，大头在内，数量按洞口高度决定。洞口高在 1.2m 以内，每边放 2 块；高 1.2～2m，每边放 3 块；高 2～3m，每边放 4 块，预埋木砖的部位一般在洞口上边或下边四皮砖，中间均匀分布。木砖要提前做好防腐处理。门窗安装的预留孔、硬架支模、暖卫管道，均应按设计要求预留，不得事后剔凿。墙体拉结筋的位置、规格、数量、间距均应按设计要求留置，不应错放、漏放。

　　i. 安装过梁、梁垫：安装过梁、梁垫时，其标高、位置及型号必须准确，坐灰饱满。当坐灰厚度超过 20mm 时，要用豆石混凝土铺垫，过梁安装时，两端支承点的长度应一致。

　　j. 构造柱做法：凡设有构造柱的工程，在砌砖前，先根据设计图纸将构造柱位置进行弹线，并把构造柱插筋处理顺直。砌砖墙时，与构造柱连接处砌成马牙槎。每一个马牙槎沿高度方向的尺寸不宜超过 300mm（即五皮砖）。马牙槎应先退后进。拉结筋按设计要求放置，设计无要求时，一般沿墙高 500mm 设置 2 根 $\phi6$ 水平拉结筋，每边深入墙内不应小于 1m。

　　k. 砖平拱做法：砖平拱的跨度不得超过 1.2m；砖平拱应用整砖侧砌，平拱高度不小于砖长（240mm）；拱脚下面应深入墙内不小于 20mm；砖平拱砌筑时应在其底部支设模板，模板中央应有 1% 的起拱；砖平拱的砖数应为单数，砌筑时应从平拱两端同时向中间进行；砖平拱的灰缝应砌成楔形，灰缝下口宽度不应小于 5mm，上口宽度不应大于 15mm；砖平拱底部的模板在砂浆强度超过设计强度的 50% 时方可拆除。

　　l. 钢筋砖过梁做法：钢筋砖过梁的跨度不得超过 1.5m；钢筋砖过梁的底面为砂浆层，砂浆层的厚度不宜小于 30mm；砂浆层中配置的钢筋直径不小于 5mm，间距不低于 120mm，钢筋两端伸入墙体的长度不小于 200mm，并有向上的直角弯钩；钢筋砖过梁砌筑时应在其底部支设模板，模板中央应有 1% 的起拱；砌筑时先铺 15mm 厚的砂浆，把钢筋放在砂浆层上，再铺 15mm 厚的砂浆；钢筋砖过梁底部的模板在砂浆强度超过设计强度的 50% 时方可拆除。

　　④ 冬期施工：在预计连续 5 天由平均气温低于 5℃或当日最低温度低于 0℃时即进入冬期施工，应采取冬期施工措施。当室外日平均气温连续 5 天高于 5℃时，应解除冬期施工。

　　a. 冬期使用的砖，要求在砌筑前清除冰霜。水泥宜用普通硅酸盐水泥，灰膏要防冻，砂中不得含有大于 10mm 的冻块，如已受冻要融化后方能使用。

　　b. 材料加热时，水加热温度不超过 80℃，砂加热温度不超过 40℃。砖表面温度达到正温度时适当浇水，负温度时应立即停止。砌砖一般采用掺防冻剂砂浆的方法，其掺量、材料加热温度均按冬施方案规定执行。砂浆使用时的温度不应低于 5℃。

　　⑤ 雨期施工：应防止基槽灌水和雨水冲刷砂浆；砂浆的稠度应适当减小。每天的砌筑高度不宜超过 1.2m，收工时覆盖砌体上表面。

2. 石砌体砌筑工艺

(1) 适用范围　石砌体砌筑工艺适用于各种园林建（构）筑物的外墙勒脚、台阶、坡道、围墙、挡土墙、水池、花池等砌料石工程。

(2) 施工准备

① 基础、垫层已施工完毕，并已办完隐检手续。

② 基础、垫层表面已弹好轴线及墙身线，立好皮数杆，其间距以约 15mm 为宜。转角处应设皮数杆，皮数杆上应注明砌筑皮数及砌筑高度等。

③ 砌筑前拉线检查基础、垫层表面以及标高尺寸是否符合设计要求，第一皮水平灰缝厚度超过 20mm 时，应用细石混凝土找平，不得用砂浆掺石子代替。

④ 砂浆配合比由实验室确定，计量设备经检验合格，砂浆试模已经备好。

(3) 操作工艺

① 作业准备：砌筑前，应对弹好的线进行复查，位置、尺寸应符合设计要求。

② 试排摞底：根据进场石料的规格、尺寸、颜色进行试排、摞底，确定组砌方法。

③ 砂浆搅拌：

a. 砂浆配合比应用重量比，水泥计量精度在 ±2% 以内。

b. 宜采用机械搅拌，投料顺序为砂子→水泥→掺合料→水。搅拌时间不少于 90s。

c. 应随拌随用，拌制后应在 3h 内使用完毕，如气温超过 30℃，应在 2h 内用完，严禁用过夜砂浆。

d. 砂浆试块：基础按每台搅拌机配 250m³ 砌体做一组试块（每组 6 块），当材料配合比有变更时，还应做试块。

④ 毛石砌体砌筑：

a. 砌筑毛石墙应根据基础中心线放出墙身里外边线，挂线分皮卧砌，砌筑方法采用铺浆法。先用较大的平毛石砌转角处、交接处和门洞处，再向中间砌筑。砌前应先试摆，使石料大小搭配，大面平放朝下，外露表面要平齐，斜口朝内，逐块卧砌坐浆，使砂浆饱满，石块间有较大空隙时应先填塞砂浆，后用碎石嵌实。严禁先填塞小石块后灌浆的做法。灰缝宽度一般控制在 20～30mm，铺灰厚度 40～50mm。

b. 砌筑时，石块上下皮应互相错缝，内外交错搭接砌，避免出现通缝和孔洞，每砌 3～4 层应大致找平一次，同时为增强墙身的横向力，毛石墙每 0.7m² 墙面至少应设置一块拉结石，并应均匀分布，相互错开，在同皮内的中距不应大于 2m。拉结石长度，如墙厚等于或小于 400mm，应等于墙厚；墙厚大于 400mm，可用两块拉结石内外搭接，搭接长度不应小于 150mm，且其中一块的长度不应小于墙厚的 2/3。

c. 在转角及两墙交接处应用较大和较规整的垛石相互搭砌，并同时砌筑，必要时设置钢筋拉结条。如不能同时砌筑，则应留阶梯形斜槎，其高度不应超过 1.2m，不得留锯齿形直槎。

d. 毛石墙每日砌筑高度不应超过 1.2m。

⑤ 料石砌体砌筑：

a. 砌筑料石墙应双面挂线，分皮卧砌，砌筑方法采用铺浆法。

b. 组砌方法宜采用"两顺一丁"或"满丁满条"的组砌形式。料石砌体应上、下错缝，内外搭砌。

　　c. 料石基础第一皮应用丁砌。坐浆砌筑，踏步形基础，上级料石应压下级料石至少 1/3。

　　d. 料石砌体水平灰缝厚度，应按料石种类确定，细料石砌体长度不宜大于 5mm；半细料石砌体长度不宜大于 10mm；粗料石砌体长度不宜大于 20mm。

　　e. 料石墙长度超过设计规定时，应按设计要求设置变形缝，料石墙分段砌筑时，其砌筑高低差不得超过 1.2m。

　　⑥ 冬期施工：在预计连续 5 天由平均气温低于 5℃或当日最低温度低于 0℃时即进入冬期施工，应采取冬期施工措施。当室外日平均气温连续高于 5℃时应解除冬期施工。

　　a. 冬期使用的砖，要求在砌筑前清除冰霜。水泥宜用普通硅酸盐水泥，灰膏要防冻，砂中不得含有大于 10mm 的冻块，如已受冻需融化后方能使用。

　　b. 材料加热时，水加热温度不超过 80℃，砂加热温度不超过 40℃。砌石一般采用掺防冻剂砂浆的方法，其掺量、材料加热温度均按冬施方案规定执行。砂浆使用时的温度不应低于 5℃。

　　⑦ 雨期施工：应防止基槽灌水和雨水冲刷砂浆；砂浆的稠度应适当减小。每天的砌筑高度不应超过 1.2m，收工时应用遮雨布覆盖砌体上表面。

第二节　种植工程施工工艺

一、苗木种植工艺

1. 适用范围

苗木种植工艺适用于木本苗木的种植施工。

2. 施工准备

① 施工现场各类地下管线已了解清楚，并在地面做出明显标识。

② 根据施工图纸放线完毕后，再在树穴中心点栽好标明树种、规格的木桩。

③ 施工现场道路畅通，并具备回车场地。

④ 喷灌系统具备使用条件或临时水源已接至现场。

3. 操作工艺

(1) 挖掘树坑（穴）

① 树坑（穴）规格要求。树坑的大小应根据苗木根系、土球大小和土质情况确定，乔木的树坑直径一般应比根系直径大 40～60cm，树坑的深度一般是坑径的 3/4～4/5，坑壁要上下垂直，即坑的上口下底一样大小。

② 人工挖掘树坑的操作工艺。以定点标记为圆心，以规定的坑径为直径，先在地上画圆，沿圆的四周向内向下直挖，掘到规定的深度，然后将坑底土刨松、铲平。栽植裸根苗木的坑底土刨松后，要堆一个小土丘以使栽树时树根舒展。如果是原有耕作土，上层熟土放在一侧，下层生土放在另一侧，为栽植时分别备用（熟土回填，生土围堰）。刨完后将定点用的木桩仍放在坑内，以备散苗时核对。

③ 挖掘机挖掘树穴的操作工艺。挖掘机的型号很多，一般宜选择小型挖掘机，斗容量在 0.3m³ 以下，操作时一定要注意挖土位置准确，必须位于树坑边线范围内，树坑大小、深度均不得超挖，树坑大致挖好后，由人工辅助进行坑壁、坑底修整。务必注意对作业面范围内

的地下设施、管线的保护以及作业人员的安全。

(2) 散苗　将苗木按设计要求，分散放置在种植穴边的过程称为"散苗"。操作要求如下：

① 爱护苗木轻拿轻放，不得损伤土球、树根、根皮和枝干。

② 散苗速度与栽苗速度相适应，边散边栽，散毕栽完，尽量减少树根的暴露时间。

③ 假植沟内剩余的苗木，要随时用土埋严树根。

④ 行道树散苗时应事先量好分枝点高度、冠幅、干粗度等，保证邻近苗木规格大体一致。绿篱散苗时应事先量好高度，分级栽植。

⑤ 大于 60cm 的土球苗应用机械吊放，直接入坑定位，不进行散苗，避免二次吊运。

(3) 栽苗

① 将裸根苗木轻轻放入坑中，一人扶直，其他人将坑边的好土填入，填土到坑的一半时，用手将苗木轻轻往上提起，使根茎部分与地面相平，让根系自然地向下舒展，然后用脚踏实土壤，并继续填入好土，直到填满后再用力踏实或夯实一遍，用土在坑的外缘做好围堰。

② 土球苗木入穴前要踏实穴底松土，树干直立、土球放稳后将包装剪开，尽量取出或脱至坑底。随即填好土至坑的一半，用木棍夯实，再继续填满、夯实，注意夯实不要砸碎土球，随后开堰。大土球苗木可开双堰：即土球本身做第一道围堰，树坑外沿做第二道围堰。

③ 栽苗时要保证树身上下垂直，如果树干有弯曲，弯应朝西北方向。常绿树树形最好的一面应朝向主要的观赏面。

④ 栽植深度：裸根栽植的乔木应比原土痕深 5~10cm，灌木应与原土痕齐平。一般土球苗木的栽植深度应略低于地面 5cm。松树类土球苗应高出地面 5cm，忌栽深，影响根系发育。

⑤ 路树等行列树的栽植要求：应事先栽好"标杆树"，方法是每隔 20 棵先栽一株，标定好后再栽两株之间树，行列式栽植必须保持横平竖直，左右相差最多不超过半个树干。

⑥ 绿篱苗，按苗木高度顺序排列，相差不超过 20cm，三行以上绿篱选苗一般可以外高内低些。色块、色带宽度超过 2m 的，中间应留 20~30cm 作业道。

⑦ 围堰做好后，将捆绕树冠的草绳解开，以便枝条舒展。

(4) 立支柱

① 单支柱：用坚固的木棍或竹竿，斜立于下风方向，埋深 30cm，支柱与树干之间用麻绳或草绳隔开，然后用麻绳捆紧。对枝干较细的小树，在侧方埋一较粗壮的木柱，作为依托。

② 双支柱：用两根支柱垂直立于树干两侧与树干平齐，支柱上部捆一横担，用草绳将树干与横担捆紧，捆前先用草绳将树干与横担隔开，以免擦伤树皮。行道树立支柱不要影响交通。

③ 三（四）支柱：将三（四）根支柱组成三角形（正方形），将树干围在中间，用草绳或麻绳把树和支柱隔开，然后用麻绳捆紧。

④ 软牵拉：先用镀锌钢丝穿过胶皮管做一个套环把树干围住，然后在树坑三（四）角顶点砸下钢筋地锚，将三（四）根镀锌钢丝（钢丝绳）一端与地锚绑紧，将它们的另一端集中拉向套环，最后摽紧镀锌钢丝（钢丝绳）。

⑤ 选用立柱支撑因苗而异，但均应保证支撑（牵拉）牢固，同种、同规格苗木支撑方式一致，高度一致。落叶乔木支撑高度为树干高的 1/2。

（5）灌水

① 栽植灌水不仅有保证根区湿度的作用，还有夯实栽植土壤的作用。灌水要有专人实时看护，水的流速要适中，不得猛冲猛灌，防止冲毁围堰。

② 开堰：苗木栽好后且灌水之前，先用土在原树坑的外缘培起高约 15cm 的圆形土堰，并用铁锹将土堰拍打牢固，以防跑水。

③ 灌水：苗木栽好后 24h 之内必须浇上头遍水，栽植密度较大的树丛，可开片堰进行大水漫灌。三天后浇第二遍水，苗木栽植后 7～10 天必须连灌第三遍水，第三遍水应浇足。水浇透的目的主要是使土壤填实，与树根紧密结合。

（6）扶直封堰

① 扶直：第一遍水浇透后的次日，应检查树苗是否有歪倒现象，发现后及时扶直，并用细土将堰内缝隙填严，将苗木稳定好。

② 封堰：三遍水浇完，待水分渗透后，用细土将围堰填平。封堰土堆应稍高于地面。秋季植树应在树干基部堆成 30cm 高的土堆，有保墒、防寒、防风作用。

二、木箱苗木移植工艺

1. 适用范围

木箱苗木移植工艺适用于移植干径在 25cm 以上的乔木，采用木箱移植施工。

2. 施工准备

① 大树移植前应对移植大树的生长情况、立地条件、周围环境等进行调查研究，制订移植的技术方案和安全措施。施工现场各类地下管线已了解清楚，并在地面做出明显标识。

② 移植大树的上岗人员必须是有经验的技术人员或经园林部门培训合格的高级工。

③ 对需要移植的树木，应根据有关规定办好所有权的转移和必要的手续，并做好施工所需工具、材料、机械设备的准备工作。施工前要与交通、市政、公用、电信等有关部门配合排除施工障碍，并办理必要手续。车辆行驶线路勘察完毕，对影响车辆通行的树枝、电线等高处障碍物已进行可靠处理。施工现场道路畅通，并具备回车场地。

④ 选定移植树木后，应在树干南侧做出明显标记，标明树木的朝阳面，同时建立树木卡片，内容包括：树木编号、树木品种、规格（高度、分枝点、干径、冠幅）、树龄、生长状况、树木所在地、拟移植的地点。如需要还可保留照片或影像。

⑤ 喷灌系统具备使用条件或临时水源已接至现场。

⑥ 当需移植大树时，宜在移植前 1～2 年分期断根、修剪，做好移植准备。

3. 操作工艺

（1）挖掘土台　木箱土台要在保证移植成活的前提下，尽量减小规格。确定土台大小应根据树木品种、株行距等因素综合考虑，一般土台上口边长可按树木胸径的 8～10 倍，下口边长比上口边长小 1/10。土台高度不小于土台上口边长的 2/3。

① 画线：开挖前以树干为正中心，比规定各边长多 5cm 画成正方形，作为开挖土台的标记，画线尺寸一定要正确无误。

② 挖作业沟：沿画线的外缘开沟挖掘，沟的宽度要方便工人在沟内操作，一般要达 60～80cm，土台四边比预定规格最多不得超过 5cm，中央应稍大于四角，一直挖到规定的土台高度。

③ 铲除表土：根据实地情况，将表土铲去一层，到树根较多之处，再开始计算土台高度，铲出的表面四角要水平。

④ 土台修整：修整时遇有粗根，要用手锯锯断，不可用铁锹硬砍，造成土台破损。粗根的断口应稍低陷于土台表面，修平的土台尺寸应稍大于边板长度，以保证箱板与土台紧密靠紧。土台形状与边板一致，呈上口稍宽、底口稍窄的倒梯形。

(2) 安装箱板

① 立边板：贴立边板，如有不紧之处应随之修平，边板中心要与树干成一条直线，不得偏斜。土台四角用蒲包片包严，边板上口要比土台上顶低 1～2cm，以备吊装时土台下沉之余地。如果边板高低规格不一致，则必须保证下端整齐一致，对齐后用棍将箱板顶住，经过仔细检查认为满意后，用上下两道钢丝绳将钉有竖带的边板绑好。

② 上紧线器：先在距箱板上、下边 15～20cm 处横拉两条钢丝绳，于绳头接头处相对方向（东对西或南对北）的带板上安装紧线器，收紧紧线器时应上下两个同时用力，还要掌握收紧下线的速度稍快于收紧上线的速度。收紧到一定程度时，用木槌锤打钢丝绳，直至发出嘣嘣的弦音，表示已经收紧了，可立即钉镀锌薄钢板。

③ 钉箱板：最上、最下的两道镀锌薄钢板各距箱板上、下口 5cm。1.5m×1.5m 的木箱每个箱角钉镀锌薄钢板 7～8 道；1.8～2m 的木箱钉 8～9 道；2.2m×2.2m 的木箱钉 9～10 道，每条铁腰子要有两对以上的钉子钉在带板上。镀锌薄钢板必须拉紧，用小铁锤轻敲镀锌薄钢板，发出当当的绷紧弦音则证明已经钉牢，即可松开紧线器，取下钢丝绳。

④ 掏底与上底板：装好边板后将箱底土台挖空，安装上封底箱板，称"掏底上箱板"。

a. 加深边沟：钉完箱板以后沿木箱四周继续将边沟挖深 30～40cm，以备掏底操作。

b. 四方支撑：在掏挖中间底以前，为保障操作人员的安全，应将四面箱板上部，用四根横木顶牢。

c. 上底板时，先将一端紧贴边板钉牢在木箱带板上，固定后用圆木墩垫实，另一头用油压千斤顶顶起，与边板贴紧，随即用镀锌薄钢板钉牢。撤去千斤顶，用木墩垫实。两边底板上完后再继续向内掏挖。底板间距基本一致，在 10～15cm 之间。

d. 掏底和上底板作业时，严禁将身体伸入箱底。

⑤ 上盖板：先修整土台上表面，使中间部分稍高于四周，表层有缺土处用潮湿细土填实，土台应高出边板上口 1～2cm，土台表面铺一层蒲包后，在上面钉盖板。

(3) 吊装运输

① 用钢丝绳在木箱下部 1/3 处左右将木箱拦腰围住。注意树干的角度，使树头稍向上倾斜即可。缓缓吊起，在吊杆下面不准站人。

② 树身躺倒后，应在分枝处挂一根小绳，以便在装车时牵引方向。

③ 装车时树梢向后，木箱上口与卡车后轮轴垂直成一线，车厢板与木箱之间垫两块 10cm×10cm 的方木，长度较木箱稍长但不超过车厢，分放于钢丝绳前后。木箱落实后用紧线器和钢丝绳将木箱与车厢刹紧，树干捆在车厢后的尾钩上。在车厢尾部用两根木棍交成支架，将树干支稳，支架与树干间垫蒲包，保护树皮防止擦伤。

④ 装车后、开车前，押运人员必须仔细检查苗木的装车情况，要保证刹车绳索牢固，树梢不得拖地，树皮与刹车绳索、支架木棍及汽车槽箱接触的地方，必须垫上蒲包等，防止损

伤树皮。对于超长、超宽、超高的情况，要事先办理好行车手续，还要有关部门（如电管部门、交管部门等）派技术人员随车协作。押运人员必须随车带有挑电线用的绝缘竹竿，以备途中使用。

⑤ 木箱苗木卸车时应事先设计好卸车场地和停车位置。木箱落地前，在地面上横放一根长度大于边板上口、40cm×40cm 的大方木，其位置应使木箱落地后，边板上口正好枕在方木上，注意落地时操作要轻，不可猛然触地，振伤土台。用方木顶住木箱落地的一边，以防止立直时木箱滑动，在箱底落地处按 80～100cm 的间距平行地垫好两根 10cm×10cm×200cm 的方木，让木箱立于方木上，以便栽苗时穿绳操作。此时即可缓缓松动吊绳，按立起的方向轻轻摆动吊臂，使树身徐徐立直，稳稳地立在平行垫好的两根方木上，到此卸车就顺利完成了。

注意：当摆动吊臂，木箱不再滑动时，应立即去掉防滑方木。

（4）木箱苗木假植

① 掘苗后，如不能入坑栽植，则应找适宜的场地进行假植。

② 原坑假植：在掘苗一个月之内不能运走，则应将原土填回，并随时灌水养护，如一个月之内能运走，则可不填回坑土，但必须经常在土台上和树冠上喷水养护。

③ 工地假植：苗木运到工地后半个月内如不能栽植则需假植。

④ 假植地点应选择在交通方便、水源充足、排水良好、便于栽植之处。

⑤ 假植苗木数量较多时，应集中假植，苗木株行距以树冠互不干扰、便于随时出苗栽植为原则，为了方便随时吊装栽植，每 2～4 行苗木之间应留出 6～8m 的汽车通行道路。

⑥ 工地假植的具体操作方法：在木箱四周培土高度至木箱约 1/2 处，去掉上板和盖面蒲包，在木箱四周起土堰以备灌水用，树干用杉槁支稳即可。

（5）木箱苗木栽植

① 栽植位置检查：必须用设计图细致核实，保证无误，地形标高要用仪器复测，因大树入坑以后再想改动就很困难了。

② 刨坑：定植坑刨成正方形，每边比木箱宽出 50～60cm，土质不好的地方还要加大，需要换土的应事先准备好客土（以沙质壤土为宜），需要施肥的，则应事先准备好腐熟的优质有机肥料，并与回填土充分拌和均匀，栽植时填入坑内。坑的深度应比木箱深 15～20cm，坑中央用细土堆一个高 15～20cm、宽 70～80cm 的长方形土台备落地时用，纵向与底板方向一致。控制栽植深度的要求，同土球苗。

③ 在吊树入坑时，树干上包好麻包、草袋，以防擦伤树皮，入坑时用两根钢丝绳兜住箱底，将钢丝绳的两头扣在吊钩上。起吊过程中注意吊钩不要碰伤树木枝干，木箱内土台如果坚硬、完好无损，可以在入坑前，先拆除中间底板，如果土质松散就不要拆底板了。

④ 大树入坑前要注意调整树冠观赏面，以发挥更好的景观效果。如为大树则应保持原生态方向。

⑤ 树木入坑前，坑边和吊臂下不准站人，入坑后为了校正位置，可由四个人坐在坑沿的四边用脚蹬木箱的上口，保证树木定位于树坑中心，坑边还要有专人负责瞄准照直，掌握好植树位置和高程，落实并经检查后方可拆除两侧底板。

⑥ 树木落稳后，即可摘掉钢丝绳，慢慢从底部抽出，并用三根杉槁或长竹竿捆在树干的

分枝点以上，将树木撑牢固。

　　⑦ 拆除木箱的上板及所覆盖的蒲包，然后开始填土，当填至坑深度的 1/3 处时，方可拆除四周边板，否则会引起塌坨，每填 20～30cm 厚的一层土，作一次夯实，保证栽植牢固，直到填满。

　　⑧ 填土以后应及时灌水，一般应开双层灌水堰，外层开在树坑外缘，内层开在苗的土台四周。植树当日浇灌第一次水，三日内浇灌第二次水，十日内浇灌第三次水，浇足、浇透，三水后应及时封堰。

三、竹类种植工艺

1. 适用范围

竹类种植工艺适用于园林竹类种植。

2. 施工准备

　　① 移植竹类以春季 3 月中旬至 4 月上旬和雨季 7 月中下旬为宜，该期间为竹子的年生长休眠期，春季竹笋尚未萌发拔节，雨季竹竿、叶已经成形，地面上部暂缓生长，空气湿度大，移植成活率高。

　　② 施工现场各类地下管线已了解清楚，并在地面做出明显标识。

　　③ 车辆行驶线路勘察完毕，对影响车辆通行的树枝、电线等高处障碍物已进行可靠处理。施工现场道路畅通，并具备回车场地。

　　④ 喷灌系统具备使用条件或临时水源已接至现场。

3. 操作工艺

　　(1) 母竹挖掘　首先确定竹鞭的方向，一般情况下竹鞭走向和第一层枝盘方向一致。挖竹时，在距母竹 40cm 处用锄轻轻挖开土层，找到竹鞭，按来鞭留 30cm、去鞭留 40cm 截断竹鞭，再沿母竹来去鞭方向呈椭圆形挖好土坨，厚度一般为 20～25cm，土坨可视竹笋的位置适当加厚。

　　(2) 竹苗移植修剪　干旱条件下，春季移植，常规要求必须打尖修剪，留枝 4～5 盘去梢。雨季移植、近距离移植可以不打尖。竹苗修剪的切口应平滑。打尖的目的是控制母株的蒸腾量，如果为了保持景观，现场又具备遮阴和喷水保湿的养护条件，也可以不进行打尖修剪。

　　(3) 包装运输　常用蒲包片、草绳对土坨进行包扎，并向包装好的土坨喷水保湿。长途运输竹苗必须用篷布遮盖，中途要适时喷水。装卸搬运必须采用双手抱起竹蔸（土坨）或多人抬的方法，严禁拉扯竹竿。

　　(4) 挖掘种植穴　栽植穴的规格长宽不宜统一，可由竹蔸大小而定，也可按设计图的丛植范围决定，但深度应达到 40cm 并换成耕作土，宜多掺有机肥、草炭、腐叶土等。散生竹（坨）的种植间距视竹竿多少、蔸坨大小而定，大型散生竹间距为 3～4m，小型散生竹间距为 2～3m。可自然式种植，不一定都等距离栽植。注意不要定植过密，给成活以后行鞭留下适当的空间。

　　(5) 种植　栽竹成活的关键在于竹鞭，竹鞭是地下茎，在土中横向生长，故不宜种深，否则影响竹鞭的生长行鞭。移栽时注意竹鞭的保护，切忌损伤鞭根、芽，也不可损伤竹鞭与竹竿连接处。种竹的深度一般以竹鞭在土中 20～25cm 为宜，覆土深度比母竹原土部分高

3~5cm。四周踏实，浇足"定蔸水"后，再行覆土。覆土要求下层宜紧，上层宜松。

四、花卉种植工艺

1. 适用范围

花卉种植工艺适用于园林花卉种植。

2. 施工准备

① 地栽花卉应按照设计图定点放线，在地面准确划出位置、轮廓线。面积较大的花坛，可用方格线法，按比例放大到地面。

② 栽种带花的一、二年生花卉、球根和宿根花卉应使用容器苗。当气温高于 25℃ 时，应避开中午高温时间，宜在傍晚栽植。

③ 裸根苗应随起苗随种植；带土球苗，应提前在圃地灌水渗透后起苗，保持土球完整不散。

④ 种植花苗的株行距，应按植株高低、分蘖多少、冠丛大小决定，以成苗后覆盖住地面为宜。

⑤ 种植深度应为原种植深度，不得损伤茎叶，并保持根系完整。球茎花卉种植深度宜为球茎的 1~2 倍。块根、块茎、根茎类可覆土 3cm。

⑥ 喷灌系统具备使用条件或临时水源已接至现场。

3. 操作工艺

地栽花卉的栽植方法分可为种子直播、裸根移植、钵苗移植和球茎种植四种基本方法。水生花卉主要利用种植槽、缸盆等种植，根据品种不同确定种植深度。

(1) 种子直播 种子直播大都用于草本花卉。

① 首先要做好播种床的准备。在预先深翻、粉碎和耙平的种植地面上铺设 8~10cm 厚的配制营养土或成品泥炭土，然后稍压实，用板刮平。用细喷壶在播种床面浇水，浇水要一次性浇透。

② 小粒种子可撒播，大、中粒种子可采取点播或条播。如果种子较贵或较少，应点播，这样出苗后花苗长势好。点播要先横竖画线，在线交叉处播种。大面积播种也可采用喷播。

③ 播种后除少数微小种子外，一般都要用细沙性土或草炭土将种子覆盖。覆土的厚度原则上是种子粒径的 2~3 倍。为便于实际操作，可将直径与覆土厚度相当的木棍横放在床面上，横竖间距 1m，覆土时以厚度恰好覆盖木棍为宜。

④ 秋播花种，应注意采取保湿保温措施，一般可在播种床上覆盖地膜解决；若在晚春或夏季播种，为了降温和保湿，就应薄薄盖上一层稻草，或者用竹帘、苇帘等架空设置，形成荫棚遮阴。待出苗后立即撤掉覆盖物和遮挡物。

⑤ 为培养壮苗，对床面撒播的密植花苗应进行间苗处理，间密留稀，间小留大，间弱留强。

(2) 裸根移植 花卉移栽可以扩大幼苗的间距，促进根系发达，防止徒长，对于比较强健的花卉品种，可采用裸根移植的方法定植。

① 花卉裸根移植前两天应充分灌水一次，使土壤保持一定的湿度，起苗时容易带土而不至于伤根。

② 移植应选择阴天或傍晚时间，便于移植缓苗。起苗时应尽量保持花苗的根系完整，用

花铲尽可能带土坨掘出，并随起随栽。

③ 对于模纹式花坛，栽种时应先栽中心部分，然后向四周退栽；若属于倾斜式花坛，则可按照先上后下的顺序栽植；宿根、球根花卉与一、二年生草花混栽者，应先栽培宿根、球根花卉，后栽种一、二年生草花；对大型花坛可分区、分块栽植，尽量做到栽种高矮一致，自然匀称。

④ 栽植后，应稍镇压花苗根际，使根部与土壤充分密合；浇透水使基质沉降至实。

⑤ 如遇高温炎热天气，应对花卉采取遮阴措施并适时喷水，保湿降温。

(3) 钵苗移植 草花繁殖常用穴盘播种，长到 4～5 片叶后移栽钵中，成品或半成品苗下地栽植。这种工艺移植成活率较高，而且无须经过缓苗期，养护管理也比较容易。钵苗的移植方法与裸根苗相似，具体移栽时还应注意以下几点：

① 栽植前要选择规格统一、生长健壮、花蕾已经吐色的营养钵培育苗，运输必须采用专用的钵苗架。

② 栽植可采用点植，也可选择条植；挖穴（沟）深度应比花钵略深；栽植距离则视不同种类植株的大小和用途而定。

③ 钵苗移植时，要小心脱去营养钵，植入预先挖好的种植穴内，尽量保持土坨不散，用细土堆于根部，轻轻压实。

④ 栽植完毕后，应用喷壶浇透定根水。保持栽植基质湿度，进行正常养护。

(4) 球茎种植

① 种植球茎类花卉，基质应松散而有较好的持水性，常用加有 1/3 以上草炭土的砂土或砂壤土，提前施好有机肥，可适当加施磷、钾肥。栽植密度应符合设计要求，按点播的方式放样挖穴，深度宜为球茎高的 1～2 倍。

② 种球埋入土中，围土压实，种球芽口必须朝上，覆土厚度为球茎高的 1～2 倍。浇透水，使土壤和种球充分接触。

③ 球茎类花卉生根部位在种球底部，因此种植后水分的控制必须适中，基质不能过湿。

④ 如属秋栽品种，在寒冬季节应覆盖地膜、稻草等保温材料防冻。

(5) 水生花卉栽植 水生花卉应根据不同种类、习性进行种植。为适合水深的要求，可砌筑种植槽或将缸盆架设于水中，种植时根部应牢固地埋入泥中，防止浮起。主要水生花卉的最适深度，应符合表 2-2 的规定。

表 2-2 水生花卉的最适深度表

类别	代表种类	最适水深/cm	备注
沼生类	菖蒲、千屈菜	0.5～10	千屈菜可盆栽
挺水类	荷、宽叶香蒲	100 以内	
浮水类	芡实、睡莲	50～300	睡莲可水中盆栽
漂浮类	浮萍、凤眼莲	浮于水面	根不生于泥土中

五、草坪种植工艺

1. 适用范围

草坪种植工艺适用于园林绿地中的草坪种植。

2. 施工准备

① 播种时期。暖季型草坪播种宜在 5～6 月；冷季型草坪播种宜在 3～4 月或 8～9 月；二月兰播种宜在 4～5 月或 8～9 月；崂峪苔草播种宜在 4～5 月；白三叶播种宜在 4～5 月或 8～9 月。

② 分栽时期。常用此法栽植的有野牛草、大羊胡子、小羊胡子、白三叶、麦冬、崂峪苔草等。暖季型草宜在 5～6 月，冷季型草宜在 4～9 月，白三叶、麦冬、崂峪苔草宜在 4～9 月。

③ 坪床土壤经检验符合《园林绿化工程施工及验收规范》（CJJ 82—2012）的要求，对于不符合规范要求的土壤，应采取土壤改良或客土措施。

④ 草块、草卷运输时应用垫层相隔，分层放置，运输和装卸时，应防止破碎。运输时不宜堆放，以草叶挺拔鲜绿为准。

⑤ 草种应进行发芽率试验，对于发芽困难的草种应采取措施进行催芽处理。混播草坪应计算好混播播种量。

⑥ 喷灌系统具备使用条件或临时水源已接至现场。

3. 操作工艺

(1) 坪床清理

① 土壤过筛。植草的土壤要求疏松、肥沃、表面平整。对于妨碍草坪建植和影响草坪养护的各种杂物，如建筑垃圾、生活垃圾、园林垃圾必须清除，坪床应采取过筛处理，翻筛深度为 30cm，筛子孔径为 2cm。

② 土壤平整。对翻筛过的坪床土壤要根据设计高程进行平整，按 10m×10m 的方格网将坪床分成小块逐块粗平，然后用耙子进行细平，要做到耙透、耙匀、耙细、耙平，保证坪床坡度和平整度符合设计要求。

③ 土壤压实。镇压时的土壤湿度以手握成团、落地即散为最佳。一般用 60～200kg 的人力辊子或 80～500kg 的机械辊子进行适度镇压，其密实度应以达到人进入踏不出脚窝、小型作业车辆进入压不出车道沟为宜。

(2) 草坪种子建植

① 草坪种子播种量：应根据千粒重、纯净度、发芽率、单位面积留苗量等条件和指标用数学公式进行计算（表 2-3、表 2-4）。

$$G = (M \times L) / (C \times I) \tag{2-1}$$

式中　G——种子用量（g）；

　　　M——种子千粒重（g/千粒）；

　　　L——每平方米植株数量（千株/m²）；

　　　C——种子发芽率（%）；

　　　I——种子纯净度（%）。

表 2-3　常用草坪草种播种量

名称	播种量/（g/m²）		名称	播种量/（g/m²）	
	正常	加密		正常	加密
早熟禾	8～10	10～15	结缕草	8～12	12～18
高羊茅	25～35	35～40	野牛草	20～25	25～30
多年生黑麦草	25～35	35～40	狗牙草	8～12	12～15
剪股颖	5～8	8～10	假俭草	15～20	20～25

表 2-4　常用草坪草种克重粒数

名称	粒/g（约）	名称	粒/g（约）
早熟禾	2780	结缕草	2941
高羊茅	500	野牛草	53
多年生黑麦草	541	狗牙草	2326
剪股颖	15 384	假俭草	4762

② 播种：首先将坪床划分出若干区域，计算出该区域的播种量；然后沿同一方向退着将表土用耙子耙松 1～2cm，在松动的表土上按播种量用手工或简单的手摇式、手推式播种机播种，播种宜分两次横纵交叉撒播种子，可以实现均匀撒播。播种完毕，采取正向作业，向前用耙子平耢，目的是将土和撒播的种子在地表 1cm 厚的土壤中混合，然后用 50～60kg 的压辊进行压实，使种子和土壤紧密接触，同时避免浇水冲走种子。播种后一定注意及时喷水养护，水点宜细密均匀，浸透土层 8～10cm，保持土壤的持续湿润是提高发芽率的关键。

(3) 草坪分栽建植

① 分栽密度：野牛草（15～20）cm×（15～20）cm 穴栽；羊胡子草（12～15）cm×（12～15）cm 穴栽；结缕草 15cm 行距条栽；草地早熟禾 10cm×10cm 穴栽；匍匐剪股颖 20cm×20cm 穴栽；白三叶 10cm×10cm 穴栽；麦冬 10cm×10cm 穴栽；崂峪苔草 10cm×10cm 穴栽。

② 每穴或每条的草量视草源和达到全面覆盖日期的长短而定。将原草坪三五株一撮拉开，连同匍匐茎一起挖穴（沟）栽下，穴（沟）深约 5cm，栽植后地面随即平整，利用压辊进行镇压。

③ 栽后应及时浇透水。

(4) 草坪卷建植

① 草坪卷出圃前应进行一次修剪。铲取草坪卷之前 2～3 天应灌水，保证草卷带土湿润。

② 草坪卷应薄厚一致，厚度要求为 1.8～2.5cm。运距长、掘草到铺设间隔时间长的可适当加厚。草卷基质和根系应致密不散。

③ 草坪卷装卸应轻拿轻放，铺草坪卷应铺平、铺实，相邻草坪卷接缝间隙应留 1cm，严防边沿重叠，并用木抹子将接缝处拍严实，然后将缝隙用细砂填平。

④ 清场后进行滚压，使根系与土壤密切接触。

⑤ 灌水后出现坑洼不平处应立即填土找平。

第三节　园林铺装工程施工工艺

一、混凝土地面施工工艺

1. 适用范围

混凝土地面施工工艺适用于园林道路、广场现浇混凝土面层的施工。

2. 施工准备

① 室外地下各种管道，如污水、雨水、电缆、煤气等均已施工完毕，并经检查验收。

② 道路或广场已抄平放线，标高、尺寸、伸缩缝位置已按设计要求确定好。

③ 基层符合设计要求，清扫干净并已经进行质量检查验收。

④ 侧模板已经过预检验收合格。

⑤ 混凝土运输道路保持畅通。

3. 操作工艺

(1) 找标高、挂水平线　根据设计要求，测量出混凝土面层的水平线，标记在木桩上，木桩间距不宜大于 10m。

(2) 基层处理　将基层上的树叶、土块等杂物清扫干净。

(3) 混凝土运输　现场拌制的混凝土自搅拌机卸出后，应及时用翻斗车、手推车或吊斗运至浇筑地点。运送混凝土时，应防止水泥浆流失。若有离析现象，应在浇筑地点进行人工二次拌和。预拌混凝土采用罐车进行场外运输，预拌混凝土罐车应有运输途中和现场等候时的二次搅拌功能。要求每辆罐车的运输、浇筑和间歇时间不得超过初凝时间。混凝土自搅拌机中卸出到浇筑完毕的时间不宜超过 1.5h。

(4) 浇筑混凝土　将搅拌好的混凝土倾倒在地面基层上，紧接着用铁锹将混凝土初步摊平（略高于设计标高），并用平板振捣器振捣密实，然后用辊筒（常用的为直径 100mm、长度 3～4m 的镀锌钢管）往返、纵横滚压，如有凹处应用同配合比的混凝土填平，直到面层出现泌水现象，最后用 2m 长的刮杠顺着标线刮平。

(5) 抹面层

① 设计要求面层为压光时，先将 1：1 的干拌水泥砂拌和料均匀地洒在混凝土表面，面层灰面吸水后，用木抹子用力搓打、抹平，使面层达到结合紧密；第一遍抹压：用铁抹子轻轻抹压一遍直到出浆；第二遍抹压：当面层砂浆初凝后，地面面层上有脚印但走上去不下陷时，用铁抹子进行第二遍抹压，把凹坑、砂眼填实抹平，注意不得漏压；第三遍抹压：当面层砂浆终凝前，即人踩上去稍有脚印，用铁抹子压光无抹痕时，可用铁抹子进行第三遍压光，此遍要用力抹压，把所有抹纹压平压光，达到面层表面密实光洁。

② 设计要求面层为扫毛时，要在混凝土初凝前，用粗毛笤帚在混凝土表面沿一个方向扫出纹路，注意用力均匀，使纹路宽窄、深浅一致。

(6) 养护　面层抹压完 24h 后（有条件时可覆盖塑料薄膜养护）进行浇水养护，每天不少于 2 次，养护时间一般不少于 7d。

(7) 锯切伸缩缝　在保证混凝土不会崩棱掉角的情况下，采用切割机锯切出混凝土伸缩缝。

(8) 填缝 填缝材料应符合设计要求并填压密实。

二、石板地面施工工艺

1. 适用范围

石板地面施工工艺适用于园林道路、广场花岗石板、青石板和碎拼青石板（大理石板）地面面层的施工。

2. 施工准备

① 花岗石、大理石、青石板进场后，应上表面相对侧立码放，背面垫松木条，并在板下加垫木方。拆箱后详细核对品种、规格、数量等是否符合设计要求，有裂纹、缺棱、掉角、翘曲和表面有缺陷的，应予剔除。铺装前要浇水浸湿。

② 搭设好加工棚，安装好台式云石机，并接通水、电源。

③ 地面垫层、预埋在垫层内的管线均已完成。

④ 边线、标高已测设在控制桩上。

⑤ 有图案要求的，施工操作前应画出铺设地面的施工大样图。

⑥ 冬期施工时操作温度不得低于5℃。

3. 操作工艺

(1) 找标高、拉线 根据设计要求，测量出石板面层的水平线，标记在木桩上，木桩间距不宜大于10m。

(2) 基层清理 将基层上的树叶、土块等杂物清扫干净。

(3) 安装道牙 测量出路面宽度，在道路两侧根据已拉好的水平标高线，进行混凝土道牙（路缘石）安装。先挖槽量好底标高，再进行埋设，上口找平、找直，灌缝后两侧用1∶3的水泥砂浆掩实。

(4) 冲筋 根据场地面积大小可分段（用于道路）、分块（用于广场）进行铺砌，道路冲筋可在每段的两端头各铺一排石板，以此作为标准进行铺砌；广场冲筋可在每块场地中横纵各铺一排石板，以此作为标准进行铺砌。排砖时应注意尽量减少半块（破活），并将半块（破活）均匀地排在道路、广场的两侧或边缘。碎拼石板要先在碎石板的外边线冲筋，由外向内铺石板。

(5) 铺砌石板 铺砌前将垫层清理干净后，先铺一层干硬性砂浆结合层（厚度、配合比按设计要求，一般采用1∶3的干硬性水泥砂浆，干硬程度以手捏成团、落地即散为宜），厚度控制在放上大理石（或花岗石）板块时高出面层水平线3～4mm为宜。铺好后用大杠刮平，再用抹子拍实找平（铺摊面积不得过大）。将石板对好纵横控制线铺在已铺好的干硬性砂浆结合层上，用橡皮锤敲击，振实砂浆至铺设高度后，将砖掀起检查砂浆表面与砖之间是否相吻合，如发现有空虚之处，应用砂浆填补，才能正式镶铺，先在水泥砂浆结合层上满浇一层水灰比为0.5的素水泥浆（用浆壶浇均匀），然后将砖铺在砂浆上，并用橡皮锤敲击、振实。铺砖应随铺浆随砌，板块铺上时略高于面层水平线，然后用橡皮锤将板块敲实，使面层与水平线相平。板块缝隙应符合设计要求，并及时拉线检查缝格平直度，用2m靠尺检查面层铺砌的平整度。碎拼石板由于外形不规则，每块石板都要经过试拼、画线、切割，保证板缝均匀一致，到达设计要求后，才能正式镶铺。

(6) 补边 在大面积铺砌完成后，对道路（广场）两侧与道牙之间的缝隙进行补边，首先根据补砖的形状在石板上画线，然后用云石机仔细切割，保证嵌入缝隙后四边严丝合缝；井盖周围的石板应尽量用角磨机将石板边缘打磨成弧形，按井圈的弧度拼装。

(7) 灌缝、擦缝　在板块铺砌后 1~2 天进行灌浆擦缝。根据石板颜色，选择相同颜色的矿物颜料和水泥（或白水泥）拌和均匀，调成 1:1 的稀水泥浆，用浆壶徐徐灌入板块之间的缝隙中（可分几次进行），并用长把刮板把流出的水泥浆刮向缝隙内，直至基本灌满。灌浆 1~2h 后，用棉纱团蘸原稀水泥浆擦缝，与板面擦平，同时将板面上的水泥浆擦净，使石板面层的表面洁净、平整、坚实。碎拼石板通常缝隙较宽，为 10~20mm，勾缝时应使用溜子将配合比为 1:1 的水泥砂浆送入缝中，使溜子在缝中前后移动，将缝内的砂浆压实，且注意用力均匀，使灰缝的深浅一致。如设计无要求，一般勾凹缝，深度为 4~5mm。

以上工序完成后，面层应覆盖保护。浇水养护时间不少于 7 天，待结合层达到强度后，将面层清理干净，方可上人行走。

(8) 冬期施工　冬期施工时应编制专项施工方案，采取有效的防冻、保温措施，确保铺装质量。

三、料石地面施工工艺

1. 适用范围

料石地面施工工艺适用于园林道路、广场料石地面面层的施工。

2. 施工准备

① 料石进场后，应侧立码放，中间垫松木条，并在板下加垫木方。检查料石品种、规格、数量等是否符合设计要求，有裂纹、缺棱、掉角、翘曲和表面有缺陷的，应予剔除。

② 搭设好加工棚，安装好台式云石机，并接通水、电源。

③ 地面垫层、预埋在垫层内的管线均已完成。

④ 边线、标高已测设在控制桩上。

⑤ 有图案要求的，施工操作前应画出铺设地面的施工大样图。

⑥ 冬期施工时操作温度不得低于 5℃。

3. 操作工艺

(1) 找标高、拉线　根据设计要求，测量出石板面层的水平线，标记在木桩上，木桩间距不宜大于 10m。

(2) 基层清理　将基层上的树叶、土块等杂物清扫干净。

(3) 安装道牙　测量出路面宽度，在道路两侧根据已拉好的水平标高线，进行混凝土道牙（路缘石）安装。先挖槽量好底标高，再进行埋设，上口找平、找直，灌缝后两侧用 1:3 的水泥砂浆掩实。

(4) 冲筋　根据场地面积大小可分段（用于道路）、分块（用于广场）进行铺砌，道路冲筋可在每段的两端头各铺一排料石，以此作为标准进行铺砌；广场冲筋可在每块场地中横纵各铺一排料石，以此为标准进行铺砌。排料石时应注意尽量减少半块（破活），并将半块（破活）均匀地排在道路、广场的两侧或边缘。

(5) 铺砌料石　铺砌前将垫层清理干净后，先铺一层干硬性砂浆结合层（厚度、配合比按设计要求，一般采用 1:3 的干硬性水泥砂浆，干硬程度以手捏成团、落地即散为宜），厚度控制在放上料石板块时高出面层水平线 3~4mm 为宜。铺好后用大杠刮平，再用抹子拍实找平，并在水泥砂浆结合层上满浇一层水灰比为 1：2 的素水泥浆（用浆壶浇均匀），将料石对好纵横控制线铺在已铺好的干硬性砂浆结合层上，用木夯敲击、振实砂浆至铺设高度，使面层与水平线相平。板块缝隙应符合设计要求，并及时拉线检查缝格平直度，用 2m 靠尺检查面层铺砌的平整度。

(6) 补边　在大面积铺砌完成后，对道路（广场）两侧与道牙之间的缝隙进行补边，首先根据补砖的形状在石板上画线，然后用云石机仔细切割，保证嵌入缝隙后四边严丝合缝；井盖周围的石板应尽量用角磨机将料石边缘打磨呈弧形，按井圈的弧度拼装。

(7) 灌缝、擦缝　在板块铺砌后 1～2 天进行灌浆擦缝。根据料石颜色，选择相同颜色的矿物颜料和水泥（或白水泥）拌和均匀，调成 1：1 的稀水泥浆，用浆壶徐徐灌入板块之间的缝隙中（可分几次进行），并用长把刮板把流出的水泥浆刮向缝隙内，直至基本灌满。灌浆 1～2h 后，用棉纱团蘸原稀水泥浆擦缝，与板面擦平，同时将板面上的水泥浆擦净，使石板面层的表面洁净、平整、坚实。

以上工序完成后，对面层加以覆盖保护。浇水养护时间不少于 7 天，待结合层达到强度后，将面层清理干净，方可上人行走。

(8) 冬期施工　冬期施工时应编制专项施工方案，采取有效的防冻、保温措施，确保铺装质量。

四、混凝土砖地面施工工艺

1. 适用范围

混凝土砖地面施工工艺适用于园林道路、广场混凝土砖、嵌草砖地面面层的施工。

2. 施工准备

① 施工现场的各种地下管道，如污水、雨水、电缆、煤气等均已施工完毕，并经检查验收。

② 道路或广场已抄平放线，标高、尺寸、伸缩缝位置已按设计要求确定好。

③ 基层符合设计要求，清扫干净并已经进行质量检查验收。

④ 施工现场运输道路保持畅通。

⑤ 砖铺装前要浇水浸湿。

3. 操作工艺

(1) 找标高、拉线　根据设计要求，测量出砖面层的水平线，标记在木桩上，木桩间距不宜大于 10m。

(2) 基层清理　将基层上的树叶、土块等杂物清扫干净。

(3) 安装道牙　测量出路面宽度，在道路两侧根据已拉好的水平标高线，进行混凝土道牙安装。先挖槽量好底标高，再进行埋设，上口找平、找直，灌缝后两侧用 1：3 的水泥砂浆掩实。

(4) 排砖冲筋　根据场地面积大小可分段（用于道路）、分块（用于广场）进行铺砌，道路冲筋可在每段的两端头各铺一排混凝土砖，以此作为标准进行铺砌；广场冲筋可在每块场地中横纵各铺一排混凝土砖，以此作为标准进行铺砌。排砖时应注意尽量减少半砖（破活），并将半砖（破活）均匀地排在道路、广场的两侧或边缘。

(5) 铺砌混凝土砖　铺砌前将垫层清理干净后，先铺一层干硬性砂浆结合层（厚度、配合比按设计要求，一般采用 1∶3 的干硬性水泥砂浆，干硬程度以手捏成团、落地即散为宜），铺的面积不宜过大，将砖对好纵横控制线铺在已铺好的干硬性砂浆结合层上，用橡皮锤敲击、振实砂浆至铺设高度后，将砖掀起检查砂浆表面与砖之间是否相吻合，如发现有空虚之处，应用砂浆填补，然后正式镶铺，先在水泥砂浆结合层上满浇一层水灰比为 1∶2 的素水泥浆（用浆壶浇均匀），然后将砖铺在砂浆上，并用橡皮锤敲击、振实。铺砖应随铺浆随砌，板块铺上时略高于面层水平线，然后用橡皮锤将板块敲实，使面层与水平线相平。板块缝隙应符合设计要求，并及时拉线检查缝格平直度，用 2m 靠尺检查面层铺砌的平整度。

铺嵌草砖结合层采用砂子或砂壤土，厚度应符合设计要求，设计无要求时，不得低于 50mm。嵌草砖穴内应填种植土。

(6) 补砖　在大面积铺砌完成后，对道路（广场）两侧与道牙之间的缝隙进行补砖，首先根据补砖的形状在整砖上画线，然后用云石机仔细切割，保证嵌入缝隙后四边严丝合缝；井盖周围的缝隙应尽量选用与砖同种材料的现浇混凝土补齐，其强度等级不应低于砖的强度等级。

(7) 扫缝　混凝土砖铺砌后应覆盖砂子，浇水养护时间不少于 7 天，待结合层达到强度后，根据设计要求的材料（砂或砂浆）进行扫缝，填实灌满后，将面层清理干净，方可上人行走。

(8) 冬期施工　冬期施工时应编制专项施工方案，采取有效的防冻、保温措施，确保铺装质量。

五、卵石地面施工工艺

1. 适用范围

卵石地面施工工艺适用于园林道路、广场卵石地面面层的施工。

2. 施工准备

① 施工现场的各种地下管道，如污水、雨水、电缆、煤气等均已施工完毕，并经检查验收。

② 道路或广场已抄平放线，标高、尺寸、伸缩缝位置已按设计要求确定好。

③ 基层符合设计要求，清扫干净并已经进行质量检查验收。

④ 卵石已用水彻底冲洗干净。

3. 操作工艺

(1) 抄平放线　根据设计要求，测量出卵石面层的水平线，标记在木桩上，木桩间距不宜大于 5m。带状卵石铺装长度大于 6m 时应设伸缩缝。

(2) 基层清理　将基层上的树叶、土块等杂物清扫干净。

(2) 铺砂浆　根据场地面积大小可分段（用于道路）、分块（用于广场）进行铺砌。水泥砂浆的配合比按设计要求（一般采用水泥∶砂＝1∶2.5），但强度不得低于 M10。铺砂浆的厚度宜大于卵石高度，且不低于 40mm；砂浆表面标高宜低于卵石面层设计标高 10～20mm，并用抹子抹平。

(4) 栽卵石　将卵石大头朝上、小头朝下垂直压入水泥砂浆中，石子上表面略高于设计标高 3～5mm，要注意相邻卵石粒径大小应搭配合适，使相邻石子间的灰缝保持在 5～15mm，石子镶嵌深度应大于石子竖向粒径的 1/2。

(5) 找平　每铺完一排石子（长度不宜大于 1m），将木杠尺平放在石子上，用橡皮锤敲击木杠尺，振实砂浆并使卵石表面达到设计标高。栽卵石应边铺浆、边栽卵石、边找平。

(6) 冲洗　待水泥砂浆表面初凝后，用喷壶喷水冲洗掉卵石表面的水泥浆，并用海绵将水泥浆吸干。

(7) 覆盖　已完工的卵石表面应立即封闭交通并覆盖保护，防止卵石面层被踩踏或污染。

(8) 养护　卵石地面竣工后常温应浇水养护时间不少于 7 天。

第四节　园林绿化设备工程施工工艺

一、喷灌工程施工工艺

1. 适用范围

喷灌工程工艺适用于各种园林绿地喷灌的施工。

2. 施工准备

① 施工现场地下障碍物已妥善处理完毕或做标识。

② 施工现场测量放线工作已完成，在管道中心线上每 30～50m 设置控制桩，并在转弯处、出水口、闸阀等处加桩，桩上应标明开挖深度和宽度。

③ 管材及胶黏剂经验收合格。

④ 施工现场的环境温度宜在 5～35℃。

3. 操作工艺

(1) 管沟开挖　管道沟槽应按施工放样中心线和槽底设计标高开挖。如局部超挖，则应用相同的土料填补夯实至接近天然密度。沟槽底宽应根据管道直径及施工方法确定，接口处槽坑应满足施工要求。沟槽经过岩石、卵石等容易损坏管道的地段应挖至槽底下 15cm 处，并用砂或细土回填至设计槽底标高处。

(2) 管道安装　管道安装前应将管与管件按施工要求摆放，摆放位置应便于下管及运送，并应再次进行外观复验。

① 管道下入沟槽后，应将管道的中心对正，并校验管道标高和坡度。管道底部和侧面用细土填实、稳固。

② 硬聚氯乙烯管宜采用承插式橡胶圈止水连接、承插连接或套管粘接。

③ 采用粘接法安装时，应按设计要求选择合适的胶黏剂，并按粘接技术要求对管与管件进行去污、打毛等预加工处理。粘接时胶黏剂涂抹应均匀，涂抹长度应符合设计规定，周围配合间隙应相等，并用胶黏剂填满，且有少量挤出，胶黏剂固化前管道不得移动。

④ 喷头安装：喷头安装前应进行外观检查，竖管外螺纹无碰伤。支管与竖管、竖管与喷头的连接应密封牢固。埋藏式喷头的竖管宜采用铰接接头（千秋架）。

(3) 水压试验　管道安装完毕填土定位后，应进行管道水压试验并填写水压试验报告。管道试验段长度宜为 500～600m，不宜大于 1000m。对于长度大于 1000m 的喷灌工程，应分段进行管道水压试验。

① 打压前检查充水、排水和进排气设施应可靠，试压泵及压力表安装应到位，与试验管道无关的系统应封堵隔开。

② 管道应冲洗干净。管道所有接头处应显露并能清楚观察渗水情况。

③ 试验管道充水时，应缓慢灌入，管道内的气体应排净。试验管道充满水后，应浸泡一段时间，一般经 48h，方可进行耐水压试验。

④ 硬聚氯乙烯管材的管道试验压力不应小于管道设计工作压力的 1.5 倍，但不得小于 0.6MPa。

⑤ 试验时升压应缓慢。达到试验压力后稳压 1h，管道压力下降不大于 0.05MPa。然后降至工作压力进行检查，压力保持不变，管道无渗漏即为合格。

(4) 阀门箱安装　阀门箱安装前应再次检查管道泄水坡度。按照设计要求制作阀门箱基础（一般为砖基础），挖集水坑并填砂，然后安放阀门箱。

(5) 管沟回填　管道安装完毕应填土定位，经试压合格后回填。回填必须在管道两侧同时进行，管顶 200mm 范围内的填土应选用砂子或细土分层夯实，填土不得有直径大于 2.5cm 的石子和直径大于 5cm 的硬土块。为保护管道，填土应人工用木夯夯实。

二、直埋电缆施工工艺

1. 适用范围

直埋电缆工艺适用于园林庭院照明中直埋电缆的施工。

2. 施工准备

① 电缆沟开挖前，应摸清地下管线等障碍物，并应根据施工方案的要求，将施工区域内的地上、地下障碍物清除和处理完毕。

② 电缆沟的定位控制线（桩），应经过检验合格，并办完预检手续。

③ 夜间施工时，应合理安排工序，防止错挖或超挖。施工场地应根据需要安装照明设施，在危险地段应设置明显标志。

④ 电缆在敷设前应进行外观检查，电缆应无绞拧、压扁、保护层断裂和表面严重划伤等现象。

⑤ 电缆敷设前应对整盘电缆进行绝缘电阻测试，电缆敷设后还应对每根电缆进行绝缘电阻测试。电缆额定电压为 500V 及以下的，应采用 500V 摇表摇测，绝缘电阻值应大于 0.5MΩ。

3. 操作工艺

(1) 挖电缆沟　直埋电缆沟必须符合设计要求，设计无要求时深度不应小于 700mm；沟底必须平整，无坚硬物质，并应在沟底铺一层 10cm 厚的细砂或软土。

(2) 直埋敷设　敷设电缆时，电缆应从电缆盘上方引出，用滚筒架起，防止在地面摩擦。严格防止电力电缆扭伤和弯曲。敷设转弯时弯曲半径一般根据电缆外径的倍数而定，如外径 40mm 以下为 25 倍、外径 40mm 以上为 30 倍。电缆敷设时不要拉得过紧、过直，应为波浪形，其展放长度约比沟的长度长 0.5%～1%，防止气候和地层的变化使电缆受到拉力而损坏。

(3) 穿保护管　电力电缆穿越园路和建筑物引出地面时，均应穿套保护管。一根保护管只准穿一根电缆线，电缆保护管内径不应小于电缆外径的 1.5 倍；保护管的弯曲半径一般为管外径的 10 倍。

(4) 铺砂盖砖　埋地电缆在回填土前，需作隐检验收，验收通过后方可覆土。回填土时，上面先覆盖一层 100mm 厚的细砂或软土，然后覆盖混凝土保护板或砖，保护盖板的宽度应大于电缆两侧各 50mm。回填土必须分层夯实。

(5) 埋标桩　埋地电缆在直线段每隔 50～100m 处、中间接头处、转角处、进入建筑物处，应设置明显的电缆标志桩。

三、灯具安装施工工艺

1. 适用范围

灯具安装工艺适用于园林庭院照明中灯具安装的施工。

2. 施工准备

① 灯具基础预制完毕并验收合格。

② 灯具经过检验并试装合格。

3. 操作工艺

(1) 灯架（杆）安装　灯架（杆）的连接件和配件必须是镀锌件或经过防腐处理；灯架（杆）安装必须垂直于地面且重心稳定、安装牢固；灯架（杆）应有保护接地线。

(2) 灯具接线　配电线路导线经绝缘检验合格后才能与灯具连接；穿入灯具的导线不得有中间接头，不得承受挤压和摩擦；导线与灯具的端子螺栓要拧紧、牢固。水中敷设电缆宜穿保护钢管，管内不得有接头。电缆头与灯具连接处需严格密封（用专用胶充填）；水中电缆如需连接时，必须使用专用的连接头、接线盒，并需做好封闭。

(3) 灯具安装　每套灯具应在相线上安装熔断器；每套灯具的导线部分的对地绝缘电阻必须大于 $2M\Omega$。

(4) 通电试运行　照明系统安装完毕应进行系统相序和绝缘测试，合格后进行通电巡视检查，通电运行时间为 24h，每 2h 记录运行状态一次，连续 24h 无故障为合格。

第二部分　园林绿化工程计价基础知识

第三章　园林绿化工程造价基础知识

内容提要：

1. 了解工程造价的概念、计价特征和职能。

2. 了解建设项目总投资的构成，熟悉园林绿化工程造价的组成，掌握园林绿化工程造价的计算方法。

3. 熟悉园林绿化工程分部分项工程的划分。

第一节　工程造价概述

一、工程造价的概念

工程造价是指进行一个工程项目的建造所需要花费的全部费用，即从工程项目确定建设意向直至建成、竣工验收的整个建设期间所支出的总费用。工程造价是保证工程项目建造正常进行的必要资金，是建设项目投资中的最主要的部分。

对于任何一项园林工程，都可以根据设计图纸在施工前确定工程所需要的人工、机械和材料的数量、规格和费用，预先计算出该项工程的全部造价。

园林工程不同于一般的工业、民用建筑等工程。由于每项工程各具特色，风格各异，工艺要求也不尽相同，且项目零星，地点分散，工程量小，工作面大，花样繁多，又受气候条件的影响较大，因此，不可能用简单、统一的价格对园林产品进行精确的核算，必须根据设计文件的要求和园林绿化产品的特点，对园林工程应先从经济上计算，以便获得合理的工程造价，保证工程质量。

二、工程造价的计价特征

1. 计价的单件性

建设工程在生产上的单件性决定了其在造价计算上的单件性，它不像一般工业产品那样，可以按品种、规格成批地生产，统一定价，只能按照单件计价。国家或地区有关部门不能按各个工程逐件控制价格，只能就工程造价中各项费用项目的划分、工程造价构成的一般程序、概预算的编制方法、各种概预算定额以及费用标准等做出统一性的规定，以进行宏观性的价格控制。

2. 计价的多次性

建设工程的生产过程是一个要经过可行性研究、设计、施工和竣工验收等多个阶段，周期较长的生产消费过程。为了适应工程建设过程中各方经济关系的建立、方便进行工程项目管理、适应工程造价控制与管理的要求，需要对建设工程进行多次性计价。

总体来说，从投资估算、设计概算和施工图预算到招标承包合同价，再到各项工程的结算价和最后在结算价基础上编制的竣工决算，整个计价过程是一个由粗到细、由浅到深，经过多次计价最后达到工程实际造价的过程，计价过程中各环节之间相互衔接，前者制约后者，后者补充前者。

3. 计价的组合性

一个建设项目的总造价是由各个单项工程造价组成的，而各个单项工程造价又是由各个单位工程造价所组成的。各单位工程造价又是按分部工程、分项工程，相应定额、费用标准等进行计算得出的。可见，为确定一个建设项目的总造价，应首先计算各单位工程造价，再计算各单项工程造价，然后汇总成总造价。计价的过程充分体现了分部组合计价的特点。

4. 计价方法的多样性

工程造价多次性计价有各不相同的计价依据，对造价的精确度要求也不相同，这就决定了计价方法的多样性。计算概、预算造价的方法有单价法和实物法等。计算投资估算的方法有设备系数法、生产能力指数估算法等。不同的方法利弊不同，适应条件也不同，计价时要根据具体情况进行选择。

5. 计价依据的复杂性

由于影响造价的因素多，所以计价依据复杂，种类繁多。主要可分为以下7大类。

① 计算设备和工程量的依据：项目建议书、可行性研究报告和设计文件等。

② 计算人工、材料、机械等实物消耗量的依据：投资估算指标、概算定额、预算定额等。

③ 计算工程单价的价格依据：人工单价、材料价格、材料运杂费和机械台班费等。

④ 计算设备单价的价格依据：设备原价、设备运杂费和进口设备关税等。

⑤ 计算措施费、间接费和工程建设其他费用的依据，主要是相关的费用定额和指标。

⑥ 政府规定的税费。

⑦ 物价指数和工程造价指数。

三、工程造价的职能

工程造价除一般商品价格职能以外，还具有自己特殊的职能，如预测职能、控制职能、评价职能和调节职能等。

1. 预测职能

工程造价具有大额性和多变性，无论投资者还是承包商都要对拟建工程进行预先测算。投资者预先测算工程造价不仅是项目决策依据，同时也是筹集资金和控制造价的依据。承包商对工程造价的测算，既为投标决策提供依据，也为投标报价和成本管理提供依据。

2. 控制职能

工程造价的控制职能表现在两方面：一方面是它对投资的控制，即在投资的各个阶段，根据对造价的多次性预估，对造价进行全过程、多层次的控制；另一方面是对以承包商为代表的商品和劳务供应企业的成本控制。在价格一定的条件下，企业实际成本开支决定企业的盈利水平。成本越高，盈利越低。成本高于价格，就会危及企业的生存。因此，企业要以工程造价来控制成本，利用工程造价提供的信息资料作为控制成本的依据。

3. 评价职能

工程造价是评价总投资和分项投资合理性和投资效益的主要依据之一。在评价土地价格、建筑安装产品和设备价格的合理性时，必须利用工程造价资料；在评价建设项目偿贷能力、获利能力和宏观效益时，也要依据工程造价。工程造价也是评价建筑安装企业管理水平和经营成果的重要依据。

4. 调节职能

工程建设直接关系到经济增长，也直接关系到国家重要资源分配和资金流向，对国计民生都有着重大的影响。因此，国家对建设规模、结构进行宏观调节是在任何条件下都不可缺少的，对政府投资项目进行直接调控和管理也是非常必需的。这些都要通过工程造价来对工程建设中的物质消耗水平、建设规模、投资方向等进行调节。

第二节　园林绿化工程造价组成及计算

一、建设项目总投资的构成

建设项目总投资含固定资产投资和流动资产投资两部分，建设项目总投资中的固定资产投资与建设项目的工程造价在量上相等。工程造价的构成按工程项目建设过程中各类费用支出或花费的性质、途径等确定，工程造价的费用分解结构是通过费用划分和汇集所形成的。工程造价是工程项目按照确定的建设内容、建设规模、建设标准、功能要求和使用要求等全部建成并验收合格交付使用所需的全部费用。

我国建设项目总投资的构成内容如图 3-1 所示。

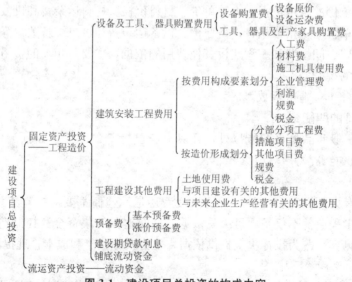

图 3-1　建设项目总投资的构成内容

二、设备购置费的构成及计算

设备购置费是指达到固定资产标准，为建设工程项目购置或自制的各种国产或进口设备及工具、器具的费用。设备购置费由设备原价和设备运杂费构成。

$$设备购置费＝设备原价＋设备运杂费 \qquad (3-1)$$

设备原价是国产设备或进口设备的原价；设备运杂费是指除设备原价之外的关于设备采购、运输、途中包装和仓库保管等方面支出费用的总和。

1. 国产设备原价的构成及计算

国产设备原价通常指的是设备制造厂的交货价或订货合同价。它通常根据生产厂或供应商的询价、报价、合同价确定，或采用一定的方法计算确定包括国产标准设备原价和国产非标准设备原价。

(1) 国产标准设备原价　国产标准设备是指按照主管部门颁布的标准图纸和技术要求，由设备生产厂批量生产的，符合国家质量检验标准的设备。国产标准设备原价一般指的是设备制造厂的交货价，即出厂价。如设备是由设备成套公司供应的，则以订货合同价为设备原价。有的设备有两种出厂价，即带有备件的出厂价和不带有备件的出厂价。在计算设备原价时，一般按带有备件的出厂价计算。

(2) 国产非标准设备原价　国产非标准设备是国家尚无定型标准，各设备生产厂不能在工艺过程中采用批量生产，只能按订货要求并根据具体的设计图纸制造的设备。非标准设备因为单件生产、无定型标准，所以无法获取市场交易价格，只能按其成本构成或者相关技术参数估算其价格。非标准设备原价有多种不同的计算方法，例如，定额估价法、成本计算估价法、分部组合估价法和系列设备插入估价法等。

估算非标准设备原价常用的方法是成本计算估价法。按此方法，非标准设备原价的组成与计算见表 3-1。

表 3-1　非标准设备原价的组成与计算

序号	组成项目	具体内容
1	材料费	材料费＝材料净重×（1＋加工损耗系数）×每吨材料综合价　　(3-2)
2	加工费	包括生产工人工资和工资附加费、燃料动力费、设备折旧费、车间经费等 加工费＝设备总重量（t）×设备每吨加工费　　(3-3)
3	辅助材料费（简称辅材费）	包括焊条、焊丝、氧气、氩气、氮气、油漆、电石等费用 辅助材料费＝设备总重量×辅助材料费指标　　(3-4)
4	专用工具费	按本表 1～3 项之和乘以一定百分比计算
5	废品损失费	按本表 1～4 项之和乘以一定百分比计算
6	外购配套件费	按设备设计图纸所列的外购配套件的名称、型号、规格、数量、重量，根据相应的价格加运杂费计算
7	包装费	按本表 1～6 项之和乘以一定百分比计算
8	利润	按本表 1～5 项加第 7 项之和乘以一定利润率计算
9	税金	主要指增值税 增值税＝当期销项税额－进项税额　　(3-5) 当期销项税额＝销售额×适用增值税率（％）　　(3-6) 销售额为本表 1～8 项之和

续表 3-1

序号	组成项目	具体内容
10	非标准设备设计费	按国家规定的设计费收费标准计算

注：根据表 3-1，单台非标准设备原价可用下面的公式表达：

单台非标准设备原价＝｛［（材料费＋加工费＋辅助材料费）×（1＋专用工具费率）
　　　　×（1＋废品损失费率）＋外购配套件费］×（1＋包装费率）
　　　　－外购配套件费｝×（1＋利润率）＋销项税额
　　　　＋非标准设备设计费＋外购配套件费　　　　　　　　　　（3-7）

2. 进口设备原价的构成及计算

进口设备的原价是进口设备的抵岸价，一般是由进口设备到岸价（CIF）和进口从属费构成的。进口设备的到岸价，即抵达买方边境港口或者边境车站的价格。进口设备抵岸价的构成与进口设备的交货方式有关。

进口设备采用最多的是装运港船上交货价（FOB），其抵岸价的构成可概括为

进口设备原价＝货价＋国际运费＋运输保险费＋银行财务费＋外贸手续费＋关税＋增值税

（3-8）

3. 设备运杂费的构成及计算

(1) 设备运杂费的构成（表 3-2）

表 3-2　设备运杂费的构成

序号	组成项目	具体内容
1	运费和装卸费	国产设备由设备制造厂交货地点起至工地仓库（或施工组织设计指定的需要安装设备的堆放地点）止所发生的运费和装卸费；进口设备则由我国到岸港口或边境车站起至工地仓库（或施工组织设计指定的需安装设备的堆放地点）止所发生的运费和装卸费
2	包装费	在设备原价中没有包含的，为运输而进行的包装支出的各种费用
3	设备供销部门的手续费	按有关部门规定的统一费率计算
4	采购与仓库保管费	指采购、验收、保管和收发设备所发生的各种费用，包括设备采购人员、保管人员和管理人员的工资、工资附加费、办公费、差旅交通费、设备供应部门办公和仓库所占固定资产使用费、工具用具使用费、劳动保护费、检验试验费等。这些费用可按照主管部门规定的采购与保管费费率计算

(2) 设备运杂费的计算　设备运杂费的计算公式为

设备运杂费＝设备原价×设备运杂费率（%）　　　　（3-9）

三、工具、器具及生产家具购置费的构成及计算

工具、器具及生产家具购置费是指新建或扩建项目初步设计规定的，保证初期正常生产必须购置的没有达到固定资产标准的设备、仪器、工卡模具、器具、生产家具和备品备件等的购置费用。一般以设备购置费为计算基数，按照部门或行业规定的工具、器具及生产家具费率计算。计算公式为

$$工具、器具及生产家具购置费＝设备购置费×定额费率 \qquad (3\text{-}10)$$

四、建筑安装工程费的构成与计算

为适应深化工程计价改革的需要，根据国家有关法规及相关政策，中华人民共和国住房城乡建设部、财政部修订了《建筑安装工程费用项目组成》建标〔2013〕44 号文件，其对建筑安装工程费用项目组成做了详细介绍。

1. 建筑安装工程费用——按费用构成要素划分

建筑安装工程费按照费用构成要素划分，由人工费、材料（包含工程设备，下同）费、施工机具使用费、企业管理费、利润、规费和税金组成。其中人工费、材料费、施工机具使用费、企业管理费和利润包含在分部分项工程费、措施项目费和其他项目费中，如图 3-2 所示。

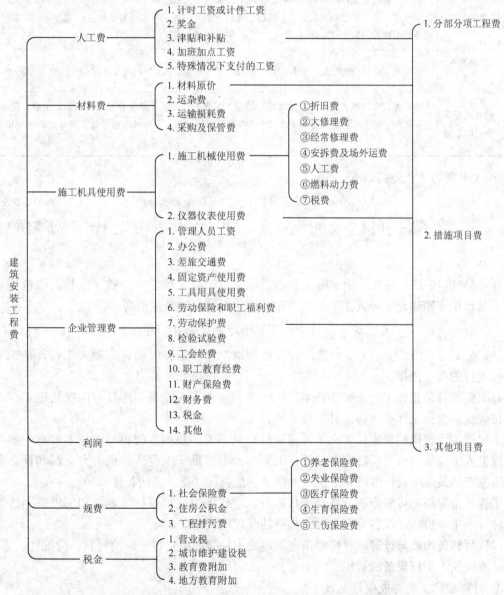

图 3-2 建筑安装工程费用项目组成（按费用构成要素划分）

(1) 人工费构成与计算　人工费指按工资总额构成规定，支付给从事建筑安装工程施工的生产工人和附属生产单位工人的各项费用。

① 人工费的主要构成项目见表 3-3。

表 3-3　人工费的主要构成项目

序号	组成项目	具体内容
1	计时工资或计件工资	指按计时工资标准和工作时间或对已做工作按计件单价支付给个人的劳动报酬
2	奖金	指对超额劳动和增收节支支付给个人的劳动报酬。如节约奖、劳动竞赛奖等
3	津贴补贴	指为了补偿职工特殊或额外的劳动消耗和因其他特殊原因支付给个人的津贴，以及为了保证职工工资水平不受物价影响支付给个人的物价补贴，如流动施工津贴、特殊地区施工津贴、高温（寒）作业临时津贴、高空津贴等
4	加班加点工资	指按规定支付的在法定节假日工作的加班工资和在法定日工作时间外延时工作的加点工资
5	特殊情况下支付的工资	指根据国家法律、法规和政策规定，因病、工伤、产假、计划生育假、婚丧假、事假、探亲假、定期休假、停工学习、执行国家或社会义务等原因按计时工资标准或按计时工资标准的一定比例支付的工资

② 人工费的计算公式如下：

$$人工费 = \sum (工日消耗量 \times 日工资单价) \tag{3-11}$$

$$日工资单价 = \frac{生产工人平均月工资（计时计件）+平均月（奖金+津贴补贴+特殊情况下支付的工资）}{年平均每月法定工作日}$$

$$\tag{3-12}$$

注：公式（3-11）主要适用于施工企业投标报价时自主确定人工费，也是工程造价管理机构编制计价定额确定定额人工单价或发布人工成本信息的参考依据。

$$人工费 = \sum (工程工日消耗量 \times 日工资单价) \tag{3-13}$$

注：公式（3-13）适用于工程造价管理机构编制计价定额时确定定额人工费，是施工企业投标报价的参考依据。

日工资单价是指施工企业平均技术熟练程度的生产工人在每工作日（国家法定工作时间内）按规定从事施工作业应得的日工资总额。

工程造价管理机构确定日工资单价应通过市场调查、根据工程项目的技术要求，参考实物工程量人工单价综合分析确定，最低日工资单价不得低于工程所在地人力资源和社会保障部门所发布的最低工资标准的：普工 1.3 倍、一般技工 2 倍、高级技工 3 倍。

工程计价定额不可只列一个综合工日单价，应根据工程项目技术要求和工种差别适当划分多种日人工单价，确保各分部工程人工费的合理构成。

(2) 材料费构成与计算　材料费指施工过程中耗费的原材料、辅助材料、构配件、零件、半成品或成品、工程设备的费用。

① 材料费的主要构成项目见表 3-4。

表 3-4 材料费的主要构成项目

序号	组成项目	具体内容
1	材料原价	指材料、工程设备的出厂价格或商家供应价格
2	运杂费	指材料、工程设备自来源地运至工地仓库或指定堆放地点所发生的全部费用
3	运输损耗费	指材料在运输装卸过程中不可避免的损耗
4	采购及保管费	指为组织采购、供应和保管材料、工程设备的过程中所需要的各项费用。包括采购费、仓储费、工地保管费、仓储损耗 工程设备是指构成或计划构成永久工程一部分的机电设备、金属结构设备、仪器装置及其他类似的设备和装置

② 材料费的计算公式如下：.

a. 材料费：

$$材料费 = \sum (材料消耗量 \times 材料单价) \tag{3-14}$$

$$材料单价 = \{(材料原价 + 运杂费) \times [1 + 运输损耗率（\%）]\} \times [1 + 采购保管费率（\%）] \tag{3-15}$$

b. 工程设备费：

$$工程设备费 = \sum (工程设备量 \times 工程设备单价) \tag{3-16}$$

$$工程设备单价 = (设备原价 + 运杂费) \times [1 + 采购保管费率（\%）] \tag{3-17}$$

(3) 施工机具使用费构成与计算 施工机具使用费指施工作业所发生的施工机械、仪器仪表使用费或其租赁费。

① 施工机具使用费的主要构成项目见表 3-5。

表 3-5 施工机具使用费的主要构成项目

序号	组成项目			具体内容
1	施工机械使用费	折旧费		指施工机械在规定的使用年限内，陆续收回其原值的费用
		大修理费		指施工机械按规定的大修理间隔台班进行必要的大修理，以恢复其正常功能所需的费用
		经常修理费		指施工机械除大修理以外的各级保养和临时故障排除所需的费用。包括为保障机械正常运转所需替换设备与随机配备工具附具的摊销和维护费用，机械运转中日常保养所需润滑与擦拭的材料费用及机械停滞期间的维护和保养费用等
		安拆费及场外运费	安拆费	指施工机械（大型机械除外）在现场进行安装与拆卸所需的人工、材料、机械和试运转费用，以及机械辅助设施的折旧、搭设、拆除等费用
			场外运费	指施工机械整体或分体自停放地点运至施工现场或由一施工地点运至另一施工地点的运输、装卸、辅助材料和架线等费用
		人工费		指机上司机（司炉）和其他操作人员的人工费
		燃料动力费		指施工机械在运转作业中所消耗的各种燃料、水、电等
		税费		指施工机械按照国家规定应缴纳的车船使用税、保险费和年检费等
2	仪器仪表使用费			指工程施工所需使用的仪器仪表的摊销和维修费用

注：施工机械使用费以施工机械台班耗用量乘以施工机械台班单价表示。

② 施工机具使用费的计算公式如下：

a. 施工机械使用费：

$$施工机械使用费 = \sum (施工机械台班消耗量 \times 机械台班单价) \tag{3-18}$$

$$机械台班单价 = 台班折旧费 + 台班大修费 + 台班经常修理费 + 台班安拆费及场外运费$$
$$+ 台班人工费 + 台班燃料动力费 + 台班车船税费 \tag{3-19}$$

注：工程造价管理机构在确定计价定额中的施工机械使用费时，应根据《建筑施工机械台班费用计算规则》结合市场调查编制施工机械台班单价。施工企业可以参考工程造价管理机构发布的台班单价，自主确定施工机械使用费的报价，如租赁施工机械，公式为

$$施工机械使用费 = \sum (施工机械台班消耗量 \times 机械台班租赁单价) \tag{3-20}$$

b. 仪器仪表使用费：

$$仪器仪表使用费 = 工程使用的仪器仪表摊销费 + 维修费 \tag{3-21}$$

(4) 企业管理费构成与计算　企业管理费指建筑安装企业组织施工生产和经营管理所需费用。

① 企业管理费的主要构成项目见表 3-6。

表 3-6　企业管理费的主要构成项目

序号	组成项目	具体内容
1	管理人员工资	指按规定支付给管理人员的计时工资、奖金、津贴补贴、加班加点工资及特殊情况下支付的工资等
2	办公费	指企业管理办公用的文具、纸张、账表、印刷、邮电、书报、办公软件、现场监控、会议、水电、烧水和集体取暖降温（包括现场临时宿舍取暖降温）等费用
3	差旅交通费	指职工因公出差、调动工作的差旅费、住勤补助费，市内交通费和误餐补助费，职工探亲路费，劳动力招募费，职工退休、退职一次性路费，工伤人员就医路费，工地转移费，以及管理部门使用的交通工具的油料、燃料等费用
4	固定资产使用费	指管理和试验部门及附属生产单位使用的属于固定资产的房屋、设备、仪器等的折旧、大修、维修或租赁费
5	工具用具使用费	指企业施工生产和管理使用的不属于固定资产的工具、器具、家具、交通工具和检验、试验、测绘、消防用具等的购置、维修和摊销费
6	劳动保险和职工福利费	指由企业支付的职工退职金、按规定支付给离休干部的经费，集体福利费、夏季防暑降温、冬季取暖补贴、上下班交通补贴等
7	劳动保护费	指企业按规定发放的劳动保护用品的支出。如工作服、手套、防暑降温饮料，以及在有碍身体健康的环境中施工的保健费用等
8	检验试验费	指施工企业按照有关标准规定，对建筑、材料、构件和建筑安装物进行一般鉴定、检查所发生的费用，包括自设实验室进行试验所耗用的材料等费用。不包括新结构、新材料的试验费，对构件做破坏性试验及其他特殊要求检验试验的费用和建设单位委托检测机构进行检测的费用。对此类检测发生的费用，由建设单位在工程建设其他费用中列支。但对施工企业提供的具有合格证明的材料进行检测不合格的，该检测费用由施工企业支付

续表 3-6

序号	组成项目	具体内容
9	工会经费	指企业按《工会法》规定的全部职工工资总额比例计提的工会经费
10	职工教育经费	指按职工工资总额的规定比例计提，企业为职工进行专业技术和职业技能培训，专业技术人员继续教育、职工职业技能鉴定、职业资格认定，以及根据需要对职工进行各类文化教育所发生的费用
11	财产保险费	指施工管理用财产、车辆等的保险费用
12	财务费	指企业为施工生产筹集资金或提供预付款担保、履约担保、职工工资支付担保等所发生的各种费用
13	税金	指企业按规定缴纳的房产税、车船使用税、土地使用税、印花税等
14	其他	包括技术转让费、技术开发费、投标费、业务招待费、绿化费、广告费、公证费、法律顾问费、审计费、咨询费、保险费等

② 企业管理费的计算公式如下：

a. 以分部分项工程费为计算基础：

$$企业管理费费率（\%）=\frac{生产工人年平均管理费}{年有效施工天数×人工单价}×人工费占分部分项目工程费比例（\%）$$

(3-22)

b. 以人工费和机械费合计为计算基础：

$$企业管理费费率（\%）=\frac{生产工人年平均管理费}{年有效施工天数×（人工单价＋每工日机械使用费）}×100\%$$

(3-23)

c. 以人工费为计算基础：

$$企业管理费费率（\%）=\frac{生产工人年平均管理费}{年有效施工天数×人工单价}×100\%$$

(3-24)

注：上述公式适用于施工企业投标报价时自主确定管理费，是工程造价管理机构编制计价定额确定企业管理费的参考依据。

工程造价管理机构在确定计价定额中企业管理费时，应以定额人工费或（定额人工费＋定额机械费）作为计算基数，其费率根据历年工程造价积累的资料，辅以调查数据确定，列入分部分项工程和措施项目中。

(5) 利润的计算　利润指施工企业完成所承包工程获得的盈利。

① 施工企业根据企业自身需求并结合建筑市场实际自主确定，列入报价中。

② 工程造价管理机构在确定计价定额中利润时，应以定额人工费或（定额人工费＋定额机械费）作为计算基数，其费率根据历年工程造价积累的资料，并结合建筑市场实际确定，以单位（单项）工程测算，利润在税前建筑安装工程费的比重可按不低于 5% 且不高于 7% 的费率计算。利润应列入分部分项工程和措施项目中。

(6) 规费的组成与计算　规费指按国家法律、法规规定，由省级政府和省级有关权力部门规定必须缴纳或计取的费用。其中包括：

① 规费的主要构成项目见表 3-7。

表 3-7　规费的主要构成项目

序号	组成项目		具体内容
1	社会保险费	养老保险费	指企业按照规定标准为职工缴纳的基本养老保险费
		失业保险费	指企业按照规定标准为职工缴纳的失业保险费
		医疗保险费	指企业按照规定标准为职工缴纳的基本医疗保险费
		生育保险费	指企业按照规定标准为职工缴纳的生育保险费
		工伤保险费	指企业按照规定标准为职工缴纳的工伤保险费
2	住房公积金		指企业按照规定标准为职工缴纳的住房公积金
3	工程排污费		指按照规定缴纳的施工现场工程排污费

注：其他应列而未列入的规费，按实际发生计取。

(7) 税金的构成与计算　税金指国家税法规定的应计入建筑安装工程造价内的营业税、城市维护建设税、教育费附加和地方教育附加。

税金计算公式如下：

$$税金＝税前造价×综合税率（\%）\tag{3-25}$$

综合税率：

① 纳税地点在市区的企业：

$$综合税率（\%）=\frac{1}{1-3\%-(3\%×7\%)-(3\%×3\%)-(3\%×2\%)}-1\tag{3-26}$$

② 纳税地点在县城、镇的企业：

$$综合税率（\%）=\frac{1}{1-3\%-(3\%×5\%)-(3\%×3\%)-(3\%×2\%)}-1\tag{3-27}$$

③ 纳税地点不在市区、县城、镇的企业：

$$综合税率（\%）=\frac{1}{1-3\%-(3\%×1\%)-(3\%×3\%)-(3\%×2\%)}-1\tag{3-28}$$

④ 实行营业税改增值税的，按纳税地点现行税率计算。

2. 建筑安装工程费用——按造价形式划分

建筑安装工程费按照工程造价形式由分部分项工程费、措施项目费、其他项目费、规费、税金组成，分部分项工程费、措施项目费、其他项目费包含人工费、材料费、施工机具使用费、企业管理费和利润，如图 3-3 所示。

(1) 分部分项工程费的过程与计算　分部分项工程费指各专业工程的分部分项工程应予列支的各项费用。

① 分部分项工程项目的构成见表 3-8。

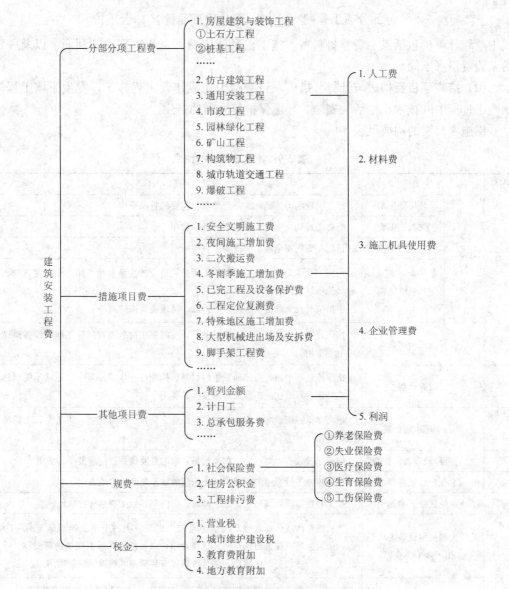

图 3-3　建筑安装工程费用项目组成（按造价形式划分）

表 3-8　分部分项工程项目的构成

序号	组成项目	具体内容
1	专业工程	指按现行国家计量规范划分的房屋建筑与装饰工程、仿古建筑工程、通用安装工程、市政工程、园林绿化工程、矿山工程、构筑物工程、城市轨道交通工程、爆破工程等各类工程
2	分部分项工程	指按现行国家计量规范对各专业工程划分的项目

注：各类专业工程的分部分项工程划分见现行国家或行业计量规范。

② 分部分项工程费的计算公式如下：

$$\text{分部分项工程费} = \sum (\text{分部分项工程量} \times \text{综合单价}) \tag{3-29}$$

式中　综合单价包括人工费、材料费、施工机具使用费、企业管理费和利润，以及一定范围的风险费用（下同）。

（2）措施项目费构成与计算　措施项目费指为完成建设工程施工，发生于该工程施工前和施工过程中的技术、生活、安全、环境保护等方面的费用。

措施项目费的构成见表 3-9。

表 3-9　措施项目费的构成

序号	组成项目		具体内容
1	安全文明施工费	环境保护费	指施工现场为达到环保部门要求所需要的各项费用
		文明施工费	指施工现场文明施工所需要的各项费用
		安全施工费	指施工现场安全施工所需要的各项费用
		临时设施费	指施工企业为进行建设工程施工所必须搭设的生活和生产用的临时建筑物、构筑物和其他临时设施费用 包括临时设施的搭设、维修、拆除、清理费或摊销费等
2	夜间施工增加费		指因夜间施工所发生的夜班补助费、夜间施工降效、夜间施工照明设备摊销及照明用电等费用
3	二次搬运费		指因施工场地条件限制而发生的材料、构配件、半成品等一次运输不能到达堆放地点，必须进行二次或多次搬运所发生的费用
4	冬雨季施工增加费		指在冬季或雨季施工需增加的临时设施、防滑、排除雨雪，人工及施工机械效率降低等费用
5	已完工程及设备保护费		指竣工验收前，对已完工程及设备采取的必要保护措施所发生的费用
6	工程定位复测费		指工程施工过程中进行全部施工测量放线和复测工作的费用
7	特殊地区施工增加费		指工程在沙漠或其边缘地区、高海拔、高寒、原始森林等特殊地区施工增加的费用
8	大型机械设备进出场及安拆费		指机械整体或分体自停放场地运至施工现场或由一个施工地点运至另一个施工地点，所发生的机械进出场运输和转移费用，以及机械在施工现场进行安装、拆卸所需的人工费、材料费、机械费、试运转费和安装所需的辅助设施的费用
9	脚手架工程费		指施工需要的各种脚手架搭、拆、运输费用，以及脚手架购置费的摊销（或租赁）费用

注：措施项目及其包含的内容详见各类专业工程的现行国家或行业计量规范。

措施项目费的计算公式如下：

① 国家计量规范规定应予计量的措施项目，其计算公式为

$$\text{措施项目费} = \sum (\text{措施项目工程量} \times \text{综合单价}) \tag{3-30}$$

② 国家计量规范规定不宜计量的措施项目计算方法如下：

a. 安全文明施工费：

$$\text{安全文明施工费} = \text{计算基数} \times \text{安全文明施工费费率}（\%） \tag{3-31}$$

计算基数应为定额基价（定额分部分项工程费＋定额中可以计量的措施项目费）、定额人

工费或（定额人工费＋定额机械费），其费率由工程造价管理机构根据各专业工程的特点综合确定。

　　b. 夜间施工增加费：

$$夜间施工增加费＝计算基数×夜间施工增加费费率（\%）\qquad(3-32)$$

　　c. 二次搬运费：

$$二次搬运费＝计算基数×二次搬运费费率（\%）\qquad(3-33)$$

　　d. 冬雨季施工增加费：

$$冬雨季施工增加费＝计算基数×冬雨季施工增加费费率（\%）\qquad(3-34)$$

　　e. 已完工程及设备保护费：

$$已完工程及设备保护费＝计算基数×已完工程及设备保护费费率（\%）\qquad(3-35)$$

　　上述 b～e 项措施项目的计费基数应为定额人工费或（定额人工费＋定额机械费），其费率由工程造价管理机构根据各专业工程特点和调查资料综合分析后确定。

　　(3) 其他项目费的构成与计算　其他项目费的构成见表 3-10。

表 3-10　其他项目费的构成

序号	组成项目	具体内容
1	暂列金额	指建设单位在工程量清单中暂定并包括在工程合同价款中的一笔款项。用于施工合同签订时尚未确定或者不可预见的所需材料、工程设备、服务的采购，施工中可能发生的工程变更、合同约定调整因素出现时的工程价款调整，以及发生的索赔、现场签证确认等的费用
2	计日工	指在施工过程中，施工企业完成建设单位提出的施工图纸以外的零星项目或工作所需的费用
3	总承包服务费	指总承包人为配合、协调建设单位进行的专业工程发包，对建设单位自行采购的材料、工程设备等进行保管，以及施工现场管理、竣工资料汇总整理等服务所需的费用

　　① 暂列金额由建设单位根据工程特点，按有关计价规定估算，施工过程中由建设单位掌握使用、扣除合同价款调整后如有余额，归建设单位。

　　② 计日工由建设单位和施工企业按施工过程中的签证计价。

　　③ 总承包服务费由建设单位在招标控制价中根据总包服务范围和有关计价规定编制，施工企业投标时自主报价，施工过程中按签约合同价执行。

　　(4) 规费　规费定义同上述"1. 建筑安装工程费用——按费用构成要素划分"(6)。

　　建设单位和施工企业均应按照省、自治区、直辖市或行业建设主管部门发布标准计算规费，不得作为竞争性费用。

　　(5) 税金　税金定义同上述"1. 建筑安装工程费用——按费用构成要素划分"(7)。

　　建设单位和施工企业均应按照省、自治区、直辖市或行业建设主管部门发布标准计算税金，不得作为竞争性费用。

　　3. 建筑安装工程计价程序

　　建设单位工程招标控制价计价程序见表 3-11。

表 3-11　建设单位工程招标控制价计价程序

工程名称：　　　　　　　　　　　　　　　　标段：

序号	内容	计算方法	金额/元
1	分部分项工程费	按计价规定计算	
1.1			
1.2			
1.3			
1.4			
1.5			
2	措施项目费	按计价规定计算	
2.1	其中：安全文明施工费	按规定标准计算	
3	其他项目费		
3.1	其中：暂列金额	按计价规定估算	
3.2	其中：专业工程暂估价	按计价规定估算	
3.3	其中：计日工	按计价规定估算	
3.4	其中：总承包服务费	按计价规定估算	
4	规费	按规定标准计算	
5	税金（扣除不列入计税范围的工程设备金额）	（1+2+3+4）×规定税率	
招标控制价合计=1+2+3+4+5			

施工企业工程投标报价计价程序见表 3-12。

表 3-12　施工企业工程投标报价计价程序

工程名称：　　　　　　　　　　　　　　　　标段：

序号	内容	计算方法	金额/元
1	分部分项工程费	自主报价	
1.1			
1.2			
1.3			
1.4			
1.5			
2	措施项目费	自主报价	
2.1	其中：安全文明施工费	按规定标准计算	
3	其他项目费		
3.1	其中：暂列金额	按招标文件提供金额列	

续表 3-12

序号	内容	计算方法	金额/元
3.2	其中：专业工程暂估价	按招标文件提供金额计列	
3.3	其中：计日工	自主报价	
3.4	其中：总承包服务费	自主报价	
4	规费	按规定标准计算	
5	税金（扣除不列入计税范围的工程设备金额）	（1＋2＋3＋4）×规定税率	
投标报价合计＝1＋2＋3＋4＋5			

竣工结算计价程序见表 3-13。

表 3-13 竣工结算计价程序

工程名称： 标段：

序号	内容	计算方法	金额/元
1	分部分项工程费	按合同约定计算	
1.1			
1.2			
1.3			
1.4			
1.5			
2	措施项目	按合同约定计算	
2.1	其中：安全文明施工费	按规定标准计算	
3	其他项目		
3.1	其中：专业工程结算价	按合同约定计算	
3.2	其中：计日工	按计日工签证计算	
3.3	其中：总承包服务费	按合同约定计算	
3.4	索赔与现场签证	按发承包双方确认数额计算	
4	规费	按规定标准计算	
5	税金（扣除不列入计税范围的工程设备金额）	（1＋2＋3＋4）×规定税率	
竣工结算总价合计＝1＋2＋3＋4＋5			

4. 相关问题的说明

① 各专业工程计价定额的编制及其计价程序，均按上述计算方法实施。

② 各专业工程计价定额的使用周期原则上为 5 年。

③ 工程造价管理机构在定额使用周期内，应及时发布人工、材料、机械台班价格信息，实行工程造价动态管理，如遇国家法律、法规、规章或相关政策变化，以及建筑市场物价波动较大，应适时调整定额人工费、定额机械费和定额基价或规费费率，使建筑安装工程费能反映建筑市场实际情况。

④ 建设单位在编制招标控制价时，应按照各专业工程的计量规范、计价定额和工程造价信息编制。

⑤ 施工企业在使用计价定额时除不可竞争费用外，其余仅作参考，由施工企业投标时自主报价。

五、工程建设其他费用构成与计算

工程建设其他费用是指从工程筹建到工程竣工验收交付使用的整个建设期间，除建筑安装工程费用和设备、工器具购置费以外，为保证工程建设顺利完成和交付使用后能够正常发挥效用而发生的一些费用。

工程建设其他费用，按其内容大体可分为三类：第一类为土地使用费，由于工程项目固定于一定地点与地面相连接，必须占用一定量的土地，也就必然要发生为获得建设用地而支付的费用；第二类是与项目建设有关的费用；第三类是与未来企业生产和经营活动有关的费用。

1. 土地使用费

任何一个建设项目都固定于一定地点与地面相连接，必须占用一定量的土地，必然就要发生为获得建设用地而支付的费用，这就是土地使用费。土地使用费是指通过划拨方式取得土地使用权而支付的土地征用和迁移补偿费，或者通过土地使用权出让方式取得土地使用权而支付的土地使用权出让金。

(1) 土地征用和迁移补偿费　土地征用和迁移补偿费是指建设项目通过划拨方式取得无限期的土地使用权，依照《中华人民共和国土地管理法》等规定所支付的费用。其总和一般不得超过被征土地年产值的 20 倍，土地年产值则按该地被征用前 3 年的平均产量和国家规定的价格计算。其内容包括：土地补偿费，青苗补偿费和被征用土地上的房屋、水井、树木等附着物补偿费，安置补助费，缴纳的耕地占用税或城镇土地使用税、土地登记费和征地管理费等，征地动迁费，水利水电工程水库淹没处理补偿费。

(2) 取得国有土地使用费　取得国有土地使用费包括土地使用权出让金、城市建设配套费、拆迁补偿与临时安置补助费等。

2. 与项目建设有关的其他费用

根据项目的不同，与项目建设有关的其他费用的构成也不尽相同，通常包括以下几项。在进行工程估算及概算中可根据实际情况进行计算。内容包括：建设单位管理费；勘察设计费；研究试验费；建设单位临时设施费；工程监理费；工程保险费；引进技术和进口设备其他费用；工程承包费。

3. 与未来企业生产经营有关的其他费用

与未来企业生产经营有关的其他费用的构成见表 3-14。

表 3-14　与未来企业生产经营有关的其他费用的构成

序号	构成项目	内容
1	联合试运转费	联合试运转费是指新建企业或改扩建企业在工程竣工验收前，按照设计的生产工艺流程和质量标准对整个企业进行联合试运转所发生的费用支出与联合试运转期间的收入部分的差额部分。一般根据不同性质的项目按需进行试运转的工艺设备购置费的百分比计算

续表 3-14

序号	构成项目	内容
2	生产准备费	生产准备费是指新建企业或新增生产能力的企业，为保证竣工交付使用进行必要的生产准备所发生的费用，一般根据需要培训和提前进厂人员的人数和培训时间，按生产准备费指标进行估算
3	办公和生活家具购置费	办公和生活家具购置费指为保证新建、改建、扩建项目初期正常生产、使用和管理所必须购置的办公和生活家具、用具的费用，按照设计定员人数乘以综合指标计算

六、预备费、建设期贷款利息

1. 预备费

(1) 基本预备费　基本预备费是指在初步设计及概算内难以预料的工程费用。基本预备费按设备及工具、器具购置费，建筑安装工程费用和工程建设其他费用三者之和为计取基础，乘以基本预备费率进行计算。

基本预备费＝（设备及工具、器具购置费＋建筑安装工程费用＋工程建设其他费用）

$$\times 基本预备费率（\%） \tag{3-36}$$

基本预备费率的取值应执行国家及部门的有关规定。

(2) 涨价预备费　涨价预备费是指建设项目在建设期间内由于价格等变化引起工程造价变化的预测留费用。费用内容包括人工、设备、材料、施工机械的价差费，建筑安装工程费及工程建设其他费用调整，利率、汇率调整等增加的费用。

涨价预备的测算方法，通常根据国家规定的投资综合价格指数，按估算年份价格水平的投资额为基数，采用复利方法计算，计算公式为

$$PF = \sum_{t=1}^{n} I_t \left[(1+f)^m (1+f)^{0.5} (1+f)^{n-1} - 1 \right] \tag{3-37}$$

式中　PF——涨价预备费；

　　　n——建设期年份数；

　　　I_t——建设期中第 t 年的投资计划额，包括工程费用、工程建设其他费用和基本预备费，即第 t 年的静态投资；

　　　f——年均投资价格上涨率；

　　　m——建设前期年限（从编制估算到开工建设，单位：年）。

【例 3-1】　某园林工程建设项目建设期拟定为 3 年，初期静态投资为 20 500 万元。投资计划如下：第一年：6000 万元，第二年：10 000 万元，第三年：4500 万元，年均投资价格上涨率为 6%，求该园林工程建设项目建设期间涨价预备费。

【解】

第一年涨价预备费：$PF_1 = I_1 \left[(1+f)(1+f)^{0.5} - 1 \right]$

$$= 6000 \times (1.06^{1.5} - 1) \approx 548.02 （万元）$$

第二年涨价预备费：$PF_2 = I_2 \left[(1+f)(1+f)^{0.5}(1+f) - 1 \right]$

$$= 10\,000 \times (1.06^{2.5} - 1) \approx 1568.17 （万元）$$

第三年涨价预备费：$PF_3 = I_3 \left[(1+f)(1+f)^{0.5}(1+f)^2 - 1 \right]$

$$= 4500 \times (1.06^{3.5} - 1) \approx 1018.02 \ (万元)$$

建设期的涨价预备费：$PF = 548.02 + 1568.17 + 1018.02 = 3134.21$（万元）

2. 建设期贷款利息

为了筹措建设项目资金所发生的各项费用，包括工程建设期间投资贷款利息、企业债券发行费、国外借款手续费和承诺费、汇兑净损失和调整外汇手续费、金融机构手续费、为筹措建设资金发生的其他财务费用等，统称财务费。其中最主要的是在工程项目建设期投资贷款而产生的利息。

建设期投资贷款利息是指建设项目使用银行或其他金融机构的贷款，在建设期应归还的借款的利息，可按下式计算：

$$q_j = \left(P_{j-1} + \frac{1}{2}A_j \right) \cdot i \tag{3-38}$$

式中　q_j——建设期第 j 年应计利息；

　　　P_{j-1}——建设期第 $(j-1)$ 年末贷款累计金额与利息累计金额之和；

　　　A_j——建设期第 j 年贷款金额；

　　　i——年利率。

【例 3-2】　某园林工程建设项目建设期拟定为 3 年，分年均衡进行贷款，第一年贷款 260 万元，第二年贷款 580 万元，第三年贷款 340 万元，年利率为 6.4%，建设期内利息只计息不支付，计算建设期利息。

【解】

在建设期，各年利息计算如下：

$$q_1 = \frac{1}{2}A_1 \times i = \frac{1}{2} \times 260 \times 6.4\% \approx 8.32 \ (万元)$$

$$q_2 = \left(p_1 + \frac{1}{2}A_2 \right) \times i = \left(268.32 + \frac{1}{2} \times 580 \right) \times 6.4\% \approx 35.73 \ (万元)$$

$$q_3 = \left(p_2 + \frac{1}{2}A_3 \right) \times i = \left(268.32 + 615.73 + \frac{1}{2} \times 340 \right) \times 6.4\% \approx 67.46 \ (万元)$$

建设期利息：$q_1 + q_2 + q_3 = 8.32 + 35.73 + 67.46 = 111.51$（万元）

七、铺底流动资金

1. 铺底流动资金的含义

铺底流动资金一般按项目建成后所需全部流动资金的 30% 计算，它是项目投产初期所需，为保证项目建成后进行试运转所必需的流动资金。

铺底流动资金是生产性建设项目总投资的一个组成部分。根据国有商业银行的规定，新上项目或更新改造项目主必须拥有 30% 的自有流动资金，其余部分可申请贷款。另外，流动资金根据生产负荷投入，长期占用，全年计息。

2. 铺底流动资金的估算编制方法

铺底流动资金是保证项目投产后，能进行正常生产经营所需要的最基本的周转资金数额，它是项目总投资中的组成部分之一。其计算公式为

铺底流动资金＝流动资金×30% 　　　　　　　　(3-39)

　　流动资金是指生产性项目投产后，为进行正常生产运营，用于购买原材料、燃料、支付工资福利和其他经费等所需要的周转资金，流动资金估算一般是参照现有同类企业的状况采用分项详细估算法，个别情况或者小型项目可采用扩大指标法。

　　(1) 分项详细估算法　对计算流动资金需要掌握的流动资产和流动负债这两类因素应分别进行估算。在可行性研究中，为简化计算，仅对存货、现金、应收账款这三项流动资产和应付账款这项流动负债进行估算。

　　(2) 扩大指标估算法　扩大指标估算法是指用营运资金的数额估算流动资金，公式如下：

　　　　流动资金额＝各种费用基数×相应的流动资金所占比例（或占营运资金的数额）(3-40)

式中，各种费用基数是指年营业收入、年经营成本或年产量等。

第三节　园林绿化工程分部分项工程划分

　　园林工程产品种类丰富，但是经过层层分解后，都具有许多共同的特征。工程做法虽不尽相同，但有统一的常用模式及方法，一般划分如下。

一、建设工程总项目

　　工程总项目指在一个场地上或数个场地上，按照一个总体设计进行施工的各个工程项目的总和。

二、单项工程

　　单项工程指在一个工程项目中，具有独立的设计文件，竣工后可以独立发挥生产能力或工程效益的工程，它是工程项目的组成部分。一个工程项目中可以有几个单项工程，也可以只有一个单项工程。

三、单位工程

　　单位工程是指具有单列的设计文件，可以进行独立施工，但不能单独发挥作用的工程，它是单项工程的组成部分。

四、分部工程

　　分部工程通常是指按单位工程的各个部位或按照使用不同的工种、材料和施工机械而划分的工程项目，它是单位工程的组成部分。例如，一般土建工程可划分为土石方、砖石、混凝土及钢筋混凝土、木结构及装修、屋面等分部工程。

五、分项工程

　　分项工程是指分部工程中按照不同的施工方法、不同的材料、不同的规格等因素而进一步划分的最基本的工程项目。

　　《园林绿化工程工程量计算规范》（GB 50858—2013）中包含 3 个分部工程和措施项目。3 个分部工程包括：绿化工程；园路、园桥工程；园林景观工程。措施项目包括：脚手架工程、模板工程；树木支撑架、草绳绕树干、搭设遮阴（防寒）棚工程；围堰、排水工程；安全文明施工及其他措施项目。

　　园林工程的分部工程名称、子分部工程名称、分项工程名称见表 3-15。分项工程的项目编码的分项工程量在计算中列出。

表 3-15　园林绿化工程分部分项

分部工程	子分部工程	分项工程
绿化工程	绿地整理	砍伐乔木、挖树根（蔸）砍挖灌木丛及根、砍挖竹及根、砍挖芦苇（或其他水生植物）及根、清除草皮、清除地被植物、屋面清理、种植土回（换）填、整理绿化用地、绿地起坡造型、屋顶花园基底处理
	栽植花木	栽植乔木、栽植灌木、栽植竹类、栽植棕榈类、栽植绿篱、栽植攀缘植物、栽植色带、栽植花卉、栽植水生植物、垂直墙体绿化种植、花卉立体布置、铺种草皮、喷播植草（灌木）籽、植草砖内植草、挂网、箱/钵栽植
	绿地喷灌	喷灌管线安装、喷灌配件安装
园路、园桥工程	园路、园桥工程	园路；踏（蹬）道；路牙铺设；树池围牙、盖板（箅子）；嵌草砖（格）铺装；桥基础；石桥墩、石桥台；拱券石；石券脸；金刚墙砌筑；石桥面铺筑；石桥面檐板；石汀步（步石、飞石）；木制步桥；栈道
	驳岸、护岸	石（卵石）砌驳岸、原木桩驳岸、满（散）铺砂卵石护岸（自然护岸）、点（散）布大卵石、框格花木护坡
园林景观工程	堆塑假山	堆筑土山丘、堆砌石假山、塑假山、石笋、点风景石、池石、盆景山、山（卵）石护角、山坡（卵）石台阶
	原木、竹构件	原木（带树皮）柱、梁、檩、椽；原木（带树皮）墙；树枝吊挂楣子；竹柱、梁、檩、椽；竹编墙；竹吊挂楣子
	亭廊屋面	草屋面、竹屋面、树皮屋面、油毡瓦屋面、预制混凝土穹顶、彩色压型钢板（夹芯板）攒尖亭屋面板、彩色压型钢板（夹芯板）穹顶、玻璃屋面、支（防腐木）屋面
	花架	现浇混凝土花架柱、梁；预制混凝土花架柱、梁；金属花架柱、梁；木花架柱、梁；竹花架柱、梁
	园林桌椅	预制钢筋混凝土飞来椅；水磨石飞来椅；竹制飞来椅；现浇混凝土桌凳；预制混凝土桌凳；石桌石凳；水磨石桌凳；塑树根桌凳；塑树节椅；塑料、铁艺、金属椅
	喷泉安装	喷泉管道、喷泉电缆、水下艺术装饰灯具、电气控制柜、喷泉设备
	杂项	石灯；石球；塑仿石音箱；塑树皮梁、柱；塑竹梁、柱；铁艺栏杆；塑料栏杆；钢筋混凝土艺术围栏；标志牌；景墙；景窗；花饰；博古架；花盆（坛箱）；摆花；花池、垃圾箱、砖石砌小摆设；其他景观小摆设；柔性水池

第四章　园林绿化工程定额计价体系

内容提要：

1. 了解园林绿化工程定额的概念、分类与工程定额计价的特点。

2. 熟悉园林绿化工程投资估算文件的组成，了解投资估算的编制依据，掌握投资估算的编制方法。

3. 熟悉园林绿化工程设计概算的内容，了解设计概算的编制依据，掌握设计概算的编制方法、审查方法和审查步骤。

4. 了解园林绿化工程施工图预算的编制依据、审查内容，掌握施工图预算的编制方法、审查方法和审查步骤。

第一节　园林绿化工程定额计价基本知识

一、园林绿化工程定额的概念及分类

1. 园林绿化工程定额的概念

定额是一种标准，是指规定的额度或限额，一种对事、物、活动在时间、空间上的数量规定或数量尺度。定额反映着生产与生产消费之间的客观数量关系。定额不是某种社会经济形态的产物，不受社会政治、经济、意识形态的影响，不为某种社会制度所专有，它随生产力水平的提高自然地发生、发展、变化，是生产和劳动社会化的客观要求。

在园林工程施工过程中，为了完成每一单位产品的施工（生产）过程，就必须消耗一定数量的人力、物力（材料、工机具）和资金，但这些资源的消耗是随着生产因素和生产条件的变化而变化的。定额是在正常的施工生产条件下，完成单位合格产品所必需的人工、材料、施工机械设备及其资金消耗的数量标准。

园林工程定额，按照传统意义上的定义，是指在正常施工条件下，完成园林工程中各分项工程单位合格产品或完成一定量的工作所必需的，而且是额定的人工、材料、机械设备的数量及其资金消耗（或额度）。

2. 园林绿化工程定额的分类

（1）按不同生产要素分类

① 劳动定额。劳动定额是施工企业内部使用的定额。它规定了在正常施工条件下，某工种某等级的工人或工人小组，生产单位合格产品所需消耗的劳动时间；或是在单位工作时间内生产合格产品的数量标准。前者称为时间定额，后者称为产量定额。

② 材料消耗定额。材料消耗定额是施工企业内部使用的定额。它规定了在正常施工条件下，节约和合理使用条件下，生产单位合格产品所必须消耗的一定品种规格的原材料、半成品、成品和结构构件的数量标准。

③ 机械台班使用定额。机械台班使用定额用于施工企业。它规定了在正常施工条件下，利用某种施工机械，生产单位合格产品所必须消耗的机械工作时间；或者在单位时间内施工机械完成合格产品的数量标准。

(2) 按不同用途分类

① 施工定额。施工定额主要用于编制施工预算，是施工企业管理的基础，施工定额一般由劳动定额、材料消耗定额、机械台班定额组成。

② 预算定额。预算定额主要用于编制施工图预算，是确定一定计量单位的分项工程或结构构件的人工、材料、机械台班耗用量（及货币量）的数量标准。

③ 概算定额。概算定额主要用于编制设计概算，是确定一定计量单位的扩大分项工程的人工、材料、机械台班消耗量（及货币量）的数量标准。

④ 概算指标。概算指标主要用于估算或编制设计概算，是以每个建筑物或构筑物为对象，以"m²"、"m³"或"座"等计量单位规定人工、材料、机械台班耗用量的数量标准。

(3) 按编制单位和执行范围分类

① 全国统一定额。由主管部门根据全国各专业的技术水平与组织管理状况编制，在全国范围内执行的定额。

② 地区定额。参照全国统一定额或根据国家有关规定编制，在本地区使用的定额，如各省、市、自治区的建筑工程预算定额等。

③ 企业定额。根据施工企业生产力水平和管理水平编制供内部使用的定额。

④ 临时定额。当现行的概预算定额不能满足需求时，根据具体情况补充的一次性使用定额。编制补充定额必须按有关规定执行。

二、园林绿化工程定额计价

(1) 园林绿化工程计价概念　园林绿化工程计价是指园林绿化工程项目的建造所需花费的全部费用。

由于园林绿化工程项目受季节性、区域性影响较大，又具有极强的艺术观赏性，每一个项目实物形态不同、构造结构各异，加之需要经历从策划、规划、设计到施工、养护、验收等各个阶段，历时较长、多方参与，这就有必要对每一个园林建设项目的工程计价进行合理规划、严密组织、精心计量、主动控制，即对园林绿化工程的全过程、全方位进行计量和计价管理。

(2) 园林绿化工程定额计价法　定额是造价管理部门根据社会平均水平确定的完成一件合格产品所消耗的各种活劳动和物化劳动的数量标准。根据一个工程的设计图纸、施工组织设计和工程量计算规则等计算工程量，再套用概预算定额和相应的费用定额汇总而成的价格，这种计价方法就是应用定额计价法确定的工程造价。

(3) 园林绿化工程定额计价的程序　在我国，长期以来在园林绿化工程价格形成中采用定额计价模式，即按园林绿化工程预算定额规定的分部分项子目，逐项计算工程量，套用预算定额单价（或单位估价表）确定直接费，然后按规定的取费标准确定措施费、间接费、利润和税金，加上材料调差系数和适当的不可预见费，经汇总后即工程预算或标底，而标底则作为评标定标的主要依据。

以定额单价法确定工程造价，实际上是国家通过颁布统一的估算指标、概算指标，以及概算、预算和有关定额，对工程产品价格进行有计划的管理。国家以假定的工程产品为对象，制定统一的预算和概算定额。计算出每一单元子项的费用后，再综合形成整个工程的价格。工程计价的基本程序如图 4-1 所示。

从定额计价的过程示意图中可以看出，编制园林绿化工程造价最基本的过程主要有：工程量计算和工程计价。为统一口径，工程量的计算均按照统一的项目划分和工程量计算规则计算。工程量确定以后，就可以按照一定的方法确定出工程的成本和盈利，最终就可以确定出园林绿化工程预算造价（或投标报价）。定额计价方法的特点就是一个量与价结合的问题。概预算的单位价格的形成过程，就是依据概预算定额所确定的消耗量乘以定额单价或市场价，经过不同层次的计算达到量与价的最优结合过程。

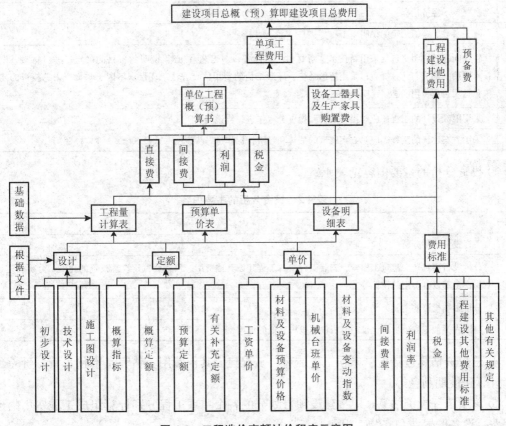

图 4-1　工程造价定额计价程序示意图

第二节　园林绿化工程投资估算

一、园林绿化工程投资估算文件组成

投资估算是指在整个投资决策过程中，依据现有的资料和一定的方法，对建设项目的投资额（包括工程造价和流动资金）进行的估计。投资估算总额是指从筹建、施工直至建成投产的全部建设费用，其包括的内容应视项目的性质和范围而定。

① 投资估算文件一般由封面、签署页、编制说明、投资估算分析、总投资估算表、单项工程估算表、主要技术经济指标等内容组成。

② 投资估算编制说明的内容见表 4-1。

表 4-1　投资估算编制说明的内容

序号	内容
1	工程概况
2	编制范围
3	编制方法
4	编制依据
5	主要技术经济指标
6	有关参数、率值选定的说明
7	特殊问题的说明（包括采用新技术、新材料、新设备、新工艺）；必须说明的价格的确定；进口材料、设备、技术费用的构成与计算参数；采用矩形结构、异形结构的费用估算方法；环保（不限于）投资占总投资的比重；未包括项目或费用的必要说明等
8	采用限额设计的工程还应对投资限额和投资分解作进一步说明
9	采用方案比选的工程还应对方案比选的估算和经济指标作进一步说明

③ 投资分析的主要内容见表 4-2。

表 4-2　投资分析的主要内容

序号	内容
1	工程投资比例分析
2	分析设备购置费、建筑工程费、安装工程费、工程建设其他费用、预备费占建设总投资的比例；分析引进设备费用占全部设备费用的比例等
3	分析影响投资的主要因素
4	与国内类似工程项目的比较，分析说明投资高低的原因

④ 总投资估算包括汇总单项工程估算、工程建设其他费用、估算基本预备费、价差预备费，计算建设期利息等。

⑤ 单项工程投资估算，应按建设项目划分的各个单项工程分别计算组成工程费用的建筑工程费、设备购置费和安装工程费。

⑥ 工程建设其他费用估算，应按预期将要发生的工程建设其他费用种类，逐渐详细估算其费用金额。

⑦ 估算人员应根据项目特点，计算并分析整个建设项目、各单项工程和主要单位工程的主要技术经济指标。

二、园林绿化工程投资估算编制依据

① 投资估算的编制依据是指在编制投资估算时需要计量、确定价格，以及工程计价有关参数、率值确定的基础资料。

② 投资估算的编制依据见表 4-3。

表 4-3 投资估算的编制依据

序号	内容
1	国家、行业和地方政府的有关规定
2	工程勘察与设计文件，图示计量或有关专业提供的主要工程量和主要设备清单
3	行业部门、项目所在地工程造价管理机构或行业协会等编制的投资估算指标、概算指标（定额）、工程建设其他费用定额（规定）、综合单价、价格指数和有关造价文件等
4	类似工程的各种技术经济指标和参数
5	工程所在地的同期的工、料、机市场价格，建筑、工艺及附属设备的市场价格和有关费用
6	政府有关部门、金融机构等部门发布的价格指数、利率、汇率、税率等有关参数
7	与建设项目相关的工程地质资料、设计文件、图纸等
8	委托人提供的其他技术经济资料

三、园林绿化工程投资估算编制方法

1. 一般要求

园林绿化工程投资估算编制的一般要求见表 4-4。

表 4-4 园林绿化工程投资估算编制的一般要求

序号	一般要求
1	建设项目投资估算要根据主体专业设计的阶段和深度，结合各自行业的特点，所采用生产工艺流程的成熟性，以及编制者所掌握的国家及地区、行业或部门相关投资估算基础资料和数据的合理、可靠、完整程度，采用生产能力指数法、系数估算法、比例估算法、混合法和指标估算法进行建设项目投资估算
2	建设项目投资估算无论采用何种办法，应充分考虑拟建项目设计的技术参数和投资估算所采用的估算系数、估算指标，在质和量方面所综合的内容，应遵循口径一致的原则
3	建设项目投资估算无论采用何种办法，应将所采用的估算系数和估算指标价格、费用水平调整到项目建设所在地及投资估算编制年的实际水平。对于建设项目的边界条件，如建设用地费和外部交通、水、电、通信条件，或市政基础设施配套条件等差异所产生的与主要生产内容投资无必然关联的费用，应结合建设项目的实际情况修正

2. 项目建议书阶段投资估算

① 项目建议书阶段的投资估算通常要求编制总投资估算，总投资估算表中工程费用的内容应分解到主要单项工程，工程建设其他费用可在总投资估算表中分项计算。

② 项目建议书阶段建设项目投资估算可采用生产能力指数法、系数估算法、比例估算法、混合法和指标估算法等，详见表 4-5。

表 4-5　建设项目投资估算的方法

序号	方法	内容
1	生产能力指数法	生产能力指数法是根据已建成的类似建设项目生产能力和投资额，进行粗略估算拟建建设项目相关投资额的方法，其计算公式为 $$C = C_1 (Q/Q_1)^X \cdot f \qquad (4\text{-}1)$$ 式中　C——拟建建设项目的投资额； 　　　C_1——已建成类似建设项目的投资额； 　　　Q——拟建建设项目的生产能力； 　　　Q_1——已建成类似建设项目的生产能力； 　　　X——生产能力指数（$0 \leqslant X \leqslant 1$）； 　　　f——不同的建设时期、不同的建设地点而产生的定额水平、设备购置和建筑安装材料价格、费用变更和调整等综合调整系数
2	系数估算法	系数估算法是根据已知的拟建建设项目主体工程费或主要生产工艺设备费为基数，以其他辅助或配套工程费占主体工程费或主要生产工艺设备费的百分比为系数，进行估算拟建建设项目相关投资额的方法，其计算公式为 $$C = E (1 + f_1 P_1 + f_2 P_2 + f_3 P_3 + \cdots) + I \qquad (4\text{-}2)$$ 式中　C——拟建建设项目的投资额； 　　　E——拟建建设项目的主体工程费或主要生产工艺设备费； 　　　P_1、P_2、P_3——已建成类似建设项目的辅助或配套工程费占主体工程费或主要生产工艺设备费的比重； 　　　f_1、f_2、f_3——由于建设时间、地点而产生的定额水平、建筑安装材料价格、费用变更和调整等综合调整系数； 　　　I——根据具体情况计算的拟建建设项目各项其他基本建设费用
3	比例估算法	比例估算法是根据已知的同类建设项目主要生产工艺设备投资占整个建设项目的投资比例，先逐项估算出拟建建设项目主要生产工艺设备投资，再按比例进行估算拟建建设项目相关投资额的方法，其计算公式为 $$C = \sum_{i=1}^{n} Q_i P_i / k \qquad (4\text{-}3)$$ 式中　C——拟建建设项目的投资额； 　　　k——主要生产工艺设备费占拟建建设项目投资的比例； 　　　n——主要生产工艺设备的种类； 　　　Q_i——第 i 种主要生产工艺设备的数量； 　　　P_i——第 i 种主要生产工艺设备购置费（到厂价格）
4	混合法	混合法是根据主体专业设计的阶段和深度，投资估算编制者所掌握的国家及地区、行业或部门相关投资估算基础资料和数据（包括造价咨询机构自身统计和积累的相关造价基础资料），对一个拟建建设项目采用生产能力指数法与比例估算法或系数估算法与比例估算法混合进行估算其相关投资额的方法

续表 4-5

序号	方法	内容
5	指标估算法	指标估算法是把拟建建设项目以单项目工程或单位工程，按建设内容纵向划分为各个主要生产设施、辅助及公用设施、行政和福利设施，以及各项其他基本建设费用，按费用性质横向划分为建筑工程、设备购置、安装工程等，根据各种具体的投资估算指标，进行各单位工程或单项工程投资的估算，在此基础上汇集编制成拟建建设项目的各个单项工程费用和拟建建设项目的工程费用投资估算。再按相关规定估算工程建设其他费用、预备费、建设期贷款利息等，形成拟建建设项目总投资

3. 可行性研究阶段投资估算

① 可行性研究阶段建设项目投资估算原则上应采用指标估算法，对于对投资有重大影响的主体工程应估算出分部分项工程量，参考相关综合定额或概算定额编制主要单项工程的投资估算。

② 预可行性研究阶段、方案设计阶段项目建设投资估算视设计深度，宜参照可行性研究阶段的编制办法进行。

③ 在通常的设计条件下，可行性研究投资估算深度内容上应达到本节"一、园林绿化工程投资估算文件组成"的要求。对于子项单一的大型民用公共建筑，主要单项工程估算应细化到单位工程估算书。可行性研究投资估算深度应满足项目的可行性研究与评估，并最终满足国家和地方相关部门批复或备案的要求。

4. 投资估算过程中的方案比选、优化设计和限额设计

① 工程建设项目由于受资源、市场和建设条件等因素的限制，为了提高工程建设投资效果，拟建项目可能存在建设场址、建设规模、产品方案和所选用的工艺流程不同等多个整体设计方案。而在一个整体设计方案中亦可存在厂区总平面布置、建筑结构形式等不同的多个设计方案。当出现多个设计方案时，工程造价咨询机构和注册造价工程师有义务与工程设计者配合，为建设项目投资决策者提供方案比选的意见。

② 建设项目设计方案比选应遵循表 4-6 中的几项原则。

表 4-6　建设项目设计方案比选的原则

序号	一般要求
1	建设项目设计方案比选要协调好技术选进性和经济合理性的关系，即在满足设计功能和采用合理先进技术的条件下，尽可能降低投入
2	建设项目设计方案比选除考虑一次性建设投资的比选，还应考虑项目运营过程中的费用比选，即项目寿命期的总费用比选
3	建设项目设计方案比选要兼顾近期与远期的要求，即建设项目的功能和规模应根据国家和地区远景发展规划，适当留有发展余地

③ 建设项目设计方案比选的主要内容见表 4-7。

表 4-7　建设项目设计方案比选的主要内容

序号	主要内容
1	在宏观方面有建设规模、建设场址、产品方案等
2	对于建设项目本身有厂区（或居住小区）总平面布置、主体工艺流程选择、主要设备选型等
3	小的方面有工程设计标准、工业与民用建筑的结构形式、建筑安装材料的选择等

④ 建设项目设计方案比选的方法见表 4-8。

表 4-8　建设项目设计方案比选的方法

序号	方法
1	在建设项目多方案整体宏观方面的比选，通常采用投资回收期法、计算费用法、净现值法、净年值法、内部收益率法，以及同时使用上述几种方法等
2	在建设项目本身局部多方案的比选，除了可用上述宏观方案比较方法外，通常采用价值工程原理或多指标综合评分法（对参与比选的设计方案设定若干评价指标，并按其各自在方案中的重要程度给定各评价指标的权重和评分标准，计算各设计方案的权加得分的方法）比选

⑤ 优化设计的投资估算编制是针对在方案比选确定的设计方案基础上、通过设计招标、方案竞选和深化设计等措施，以降低成本或功能提高为目的的优化设计或深化过程中，对投资估算进行调整的过程。

⑥ 限额设计的投资估算编制的前提条件是严格按照基本建设程序进行，前期设计的投资估算应准确、合理，限额设计的投资估算编制进一步细化建设项目投资估算，按项目实施内容和标准合理分解投资额度和预留调节金。

第三节　园林绿化工程设计概算

一、园林绿化工程设计概算内容

园林绿化工程设计概算是园林绿化工程初步设计概算的简称，是指在初步设计或扩大初步设计阶段，由设计单位根据初步设计图纸、定额、指标和其他工程费用定额等，对园林绿化工程投资进行的概略计算，这是初步设计文件的重要组成部分，是确定园林绿化工程设计阶段投资的依据，经过批准的园林绿化工程设计概算是控制园林绿化工程建设投资的最高限额。

设计概算主要可以分为单位工程概算、单项工程概算和建设项目总概算三级，见表 4-9。

表 4-9　设计概算的内容

序号	内容	备注
1	单位工程概算	单位工程概算是指一个独立建筑物中分专业工程计算造价的概算，是编制单项工程综合概算的依据，是单项工程综合概算的组成部分
2	单项工程概算	单项工程概算是单位工程建设费用的综合性文件，是建设项目总概算文件的重要组成部分

续表 4-9

序号	内容	备注
3	建设项目总概算	建设项目总概算是确定整个建设项目从筹建到竣工验收所需全部费用的文件，它由各单项工程综合概算、工程建设其他费用概算、预备费、建设期贷款利息和固定资产投资方向调节税概算汇总编制而成

二、园林绿化工程设计概算编制依据

① 经批准的建设项目计划任务书：计划任务书由国家或地方基建主管部门批准，其内容随建设项目的性质而异。通常包括建设目的、建设规模、建设理由、建设布局、建设内容、建设进度、建设投资、产品方案和原材料来源等。

② 初步设计或扩大初步设计图纸和说明书：有了初步设计图纸和说明书，才能了解其设计内容和要求，并计算主要工程量，这些是编制设计概算的基础资料。

③ 概算指标、概算定额或综合概算定额：由国家或地方基建主管部门颁发的，是计算价格的依据，不足部分可参照预算定额或其他有关资料。

④ 设备价格资料：各种定型设备（如各种用途的泵、空压机、蒸汽锅炉等）均按国家有关部门规定的现行产品出厂价格计算；非标准设备按非标准设备制造厂的报价计算。此外，还应增加供销部门的手续费、包装费、运输费和采购包管等费用资料。

⑤ 地区工资标准和材料预算价格。

⑥ 有关取费标准和费用定额。

三、园林绿化工程设计概算编制方法

设计概算文件必须完整地反映工程初步设计的内容，严格执行国家有关方针、政策和制度，根据工程所在地的建设条件，按有关的依据资料进行编制。园林绿化工程设计概算编制方法如下。

1. 单位工程概算的编制方法

单位工程是单项工程的组成部分，是指具有单独设计可以独立组织施工，然而不能独立发挥生产能力和投资效益的工程。单位工程概算是确定单位工程建设费用的文件，是单项工程综合概算的组成部分。单位工程概算的编制方法见表 4-10。

表 4-10　单位工程概算的编制方法

序号	编制方法	内容
1	概算定额法	概算定额法又叫扩大单价法或扩大结构定额法。它是使用概算定额来编制园林绿化工程概算。其步骤：根据初步设计图纸、资料，按概算定额的项目划分，计算工程数量，然后再套用概算定额单价（基价），汇总后，再计取有关费用，确定园林绿化工程概算造价，概算定额法要求初步设计达到一定深度，园林结构比较明确，能按照初步设计的平面、立面、剖面图纸计算出基础、主体和屋顶等扩大分项工程（或扩大结构构件）项目的工程量时，才可采用

续表 4-10

序号	编制方法	内容
2	概算指标法	适用于初步设计深度不够，不能准确地计算出工程量，但工程设计是在采用技术比较成熟而且又有类似工程概算指标可以利用时 当设计图纸较简单，无法根据图纸计算出详细的实物工程量时，可以选择恰当的概算指标来编制概算
3	相似工程预算法	如果找不到合适的概算定额，也没有概算指标，那么可以考虑采用相似工程预算法来编制设计概算 用相似工程预算编制概算时，应以与所编概算结构类型、建筑面积基本相同的工程为编制依据，并且设计图纸应能满足计算工程量的要求。因所选工程预算提供的各项数据较齐全、准确，概算编制的速度就较快较准

2. 单项工程综合概算的编制

单项工程综合概算是由单项工程的各专业的单位工程概算汇总而成的，是建设项目总概算的组成部分，是确定单项工程费的重要性文件。

单项工程综合概算文件通常包括编制说明（不编制总概算时列入）和综合概算表（含其所附的单位工程概算表和建筑材料表）两大部分。当建设项目只有一个单项工程时，综合概算文件（实为总概算）除包括上述两大部分外，还应包括工程建设其他费用、建设期贷款利息、预备费和固定资产投资方向调节税的概算，见表 4-11。

表 4-11　单项工程综合概算的编制内容

序号	组成部分	内容
1	编制说明	1. 编制依据：国家和有关部门的规定、设计文件、现行概算定额或概算指标、设备材料的预算价格和费用指标等 2. 编制方法：概算采用哪种方法编制比较合理 3. 主要设备、材料（钢材、木材、水泥、石头、苗木）的数量 4. 其他需要说明的问题
2	综合概算表	综合概算表是根据单项工程所辖范围内的各单位工程概算等基础资料，按照国家或部委所规定的统一表格进行编制 园林建设项目综合概算表由建筑工程与设备、安装工程两大部分组成；小型园林项目工程项目综合概算表只有建筑工程一项
3	综合概算的费用组成	一般应包括建筑工程费用、安装工程费用、设备购置和工器具及生产家具购置费所组成。当不编制总概算表时，还应包括工程建设其他费用、建设期贷款利息、预备费和固定资产投资方向调节税等费用项目

3. 建设项目总概算的编制

建设项目总概算是设计文件的重要组成部分，是确定整个建设项目从筹建到竣工交付使用所预计花费的全部费用的文件。它由各单项工程综合概算、工程建设其他费、建设期贷款利息、预备费、固定资产投资方向调节税和经营性项目的铺底流动资金概算所构成，按照主管部门规定的统一表格编制而成。

总概算通常应包括：封面及目录、编制说明、总概算表、工程建设其他费用概算表、单项工程综合概算表、单位工程概算表、工程量计算表、分年度投资汇总表与分年度资金流量汇总表、主要材料汇总表与工日数量表。

四、园林绿化工程设计概算审查方法

1. 全面审查法

全面审查法是指按照全部施工图的要求，结合有关预算定额分项工程中的工程细目，逐一、全部地进行审查的方法。其具体计算方法和审查过程与编制预算的计算方法和编制过程基本相同。

全面审查法的优点是全面、细致，所审查过的工程预算质量高，差错比较少；缺点是工作量太大。全面审查法通常适用于一些工程量较小、工艺比较简单、编制工程预算力量较薄弱的设计单位所承包的工程。

2. 重点审查法

抓住工程预算中的重点进行审查的方法称重点审查法，通常，重点审查法的内容如下：

① 选择工程量大或造价较高的项目进行重点审查。

② 对补充单价进行重点审查。

③ 对计取的各项费用的费用标准和计算方法进行重点审查。

应灵活掌握重点审查工程预算的方法。例如，在重点审查中，如发现问题较多，应扩大审查范围；反之，如没有发现问题，或者发现的差错很小，应考虑适当缩小审查范围。

3. 经验审查法

经验审查法是指监理工程师根据以前的实践经验，审查容易发生差错的那些部分工程细目的方法。例如，土方工程中的平整场地和余土外运，土壤分类等；基础工程中的基础垫层、砌砖、砌石基础，钢筋混凝土组合柱等，都是较容易出错的地方，应重点审查。

4. 分解对比审查法

把一个单位工程按直接费与间接费进行分解，然后再把直接费按工种工程和分部工程进行分解，分别与审定的标准图预算进行对比分析的方法，称为分解对比审查法。

这种方法是把拟审的预算造价与同类型的定型标准施工图或复用施工图的工程预算造价相比较，如果出入不大，就可以认为本工程预算问题不大，不再审查。如果出入较大，如超过或少于已审定的标准设计施工图预算造价的 1% 或 3% 以上（根据本地区要求），再按分部分项工程进行分解，边分解边对比，哪里出入较大，就进一步审查那一部分工程项目的预算价格。

五、园林绿化工程设计概算审查步骤

设计概算审查是一项复杂而细致的技术经济工作，审查人员既应懂得有关专业技术知识，又应具有熟练编制概算的能力，一般情况下可按如下步骤进行。

1. 概算审查的准备

概算审查的准备工作包括了解设计概算的内容组成、编制依据和方法；了解建设规模、设计能力和工艺流程；熟悉设计图纸和说明书、掌握概算费用的构成和有关技术经济指标；

明确概算各种表格的内涵；收集概算定额、概算指标、取费标准等有关规定的文件资料等。

2．进行概算审查

根据审查的主要内容，分别对设计概算的编制依据、单位工程设计概算、综合概算、总概算进行逐级审查。

3．进行技术经济对比分析

利用规定的概算定额或指标以及有关技术经济指标，与设计概算进行分析对比，根据设计和概算列明的工程性质、结构类型、建设条件、费用构成、投资比例、占地面积、生产规模、设备数量、造价指标、劳动定员等与国内外同类型工程规模进行对比分析，从大的方面找出与同类型工程的距离，为审查提供线索。

4．研究、定案、调整概算

对概算审查中出现的问题要在对比分析、找出差距的基础上深入现场进行实际调查研究。了解设计是否经济合理、概算编制依据是否符合现行规定和施工现场实际、有无扩大规模、多估投资或预留缺口等情况，并及时核实概算投资。对于当地没有同类型的项目而不能进行对比分析的，可向国内同类型企业进行调查，收集资料，作为审查的参考。经过会审决定的定案问题应及时调整概算，并经原批准单位下发文件。

第四节　园林绿化工程施工图预算

施工图预算是在设计的施工图完成以后，以施工图为依据，根据预算定额、费用标准，以及工程所在地区的人工、材料、施工机械设备台班的预算价格编制的确定工程预算造价的文件。

一、施工图预算的编制依据

① 国家有关园林绿化工程造价管理的法律、法规和方针政策。

② 经审定的施工图纸、说明书和标准图集，完整地反映了工程的具体内容，各部分的具体做法，结构尺寸、技术特征和施工方法，是编制施工图预算的重要依据。

③ 当地和主管部门颁布的现行建筑工程和园林绿化工程预算定额（基础定额）、单位估价表、地区资料、构配件预算价格（或市场价格）、间接费用定额和有关费用规定等文件。

④ 现行的有关设备原价和运杂费率。

⑤ 现行的其他费用定额、指标和价格。

⑥ 建设场地中的自然条件和施工条件，并据以确定的施工方案或施工组织设计。

二、施工图预算的编制方法

1．单价法

单价法是指用事先编制好的分项工程单位估价表来编制施工图预算的方法。按施工图计算的各分项工程的工程量，并乘以相应单价，汇总相加，得到单位工程的人工费、材料费、机械使用费之和；再加上按规定程序计算出来的措施费、间接费、利润和税金，便得出了工程的施工图预算造价。

（1）搜集各种资料　搜集各种资料包括施工图纸、施工组织设计或施工方案、现行园林绿化工程预算定额和费用定额、统一的工程量计算规则、预算工作手册和工程所在地区的人工、材料、机械台班预算价格与调价规定等。

(2) 熟悉施工图纸和定额　对施工图和预算定额进行全面详细的了解，从而全面准确地确定工程量，进而合理地编制出施工图预算造价。

(3) 计算工程量　工程量的计算在整个预算过程中是最重要、最繁杂的一个环节，不仅影响预算的及时性，还影响预算造价的准确性。计算工程量的步骤：

① 根据施工图纸所示工程内容和定额项目，列出计算工程量的分部分项工程。

② 根据施工顺序和计算规则，列出计算式。

③ 根据施工图示尺寸及有关数据，代入计算式进行数学计算。

④ 按照定额中分部分项工程的计算单位，对相应计算结果的计量单位进行调整，使之一致。

(4) 用预算定额单价　工程量计算完毕并核对无误后，用所得到的分部分项工程量套用相应的定额基价，相乘后相加汇总，便可求出单位工程的直接费。套用单价时需注意如下几点：

① 分项工程量的名称、规格、计量单位必须与预算定额或单位估价表所列内容相对应，否则重套、错套、漏套预算基价都会引起直接工程费的偏差，导致施工图预算造价偏高或偏低。

② 当施工图纸的某些设计要求与定额单价的特征不完全符合时，必须根据定额使用说明对定额基价进行调整或换算。

③ 当施工图纸的某些设计要求与定额单价的特征相差甚远，既不能直接套用又不能换算、调整时，必须编制补充单位估价表或补充定额。

(5) 编制工料分析表　根据各分部分项工程的实物工程量和相应定额中的项目所列的用工工日及材料数量，计算出各分部分项工程所需的人工、材料、机械台班数量，汇总计算得出该单位工程所需要的人工、材料和机械的数量。

(6) 计算其他各项应取费用和汇总造价　按照园林绿化工程单位工程造价构成的规定费用项目、费率和计费基础，分别计算出措施费、间接费、利润和税金，并汇总单位工程造价。

$$单位工程造价＝直接费（直接工程费＋措施费）＋间接费＋利润＋税金 \qquad (4\text{-}4)$$

(7) 编制说明、填写封面　编制说明是编制者向审查者交代编制方面有关情况，包括编制依据，工程性质、内容范围，设计图纸号、所用预算定额编制年份（即价格水平年份），有关部门的调价文件号，套用单价或补充单位估价表方面的情况，以及其他需要说明的问题。封面填写应写明工程名称、工程编号、工程量（建筑面积）、预算总造价及单方造价、编制单位名称及负责人和编制日期、审查单位名称及负责人和审查日期等。

(8) 复核　单位工程预算编制后，有关人员对单位工程预算进行复核，以便及时发现差错，提高预算质量。复核时，应对工程量计算公式和结果、套用定额基价、各项费用的取费费率及计算基础和计算结果、材料和人工预算价格及其价格调整等方面是合正确进行全面复核。

单价法具有计算简单、工作量较小和编制速度较快，便于工程造价管理部门集中统一管理等优点，因而在我国应用较普遍。但由于是采用事先编制好的统一的单位估价表，其价格水平只能反映定额编制年份的价格水平。在市场经济价格波动较大的情况下，单价法的计算结果会偏离实际价格水平，虽然可采用调价，但调价系数和指数从测定到颁布既滞后且计算也较繁琐。

　　2. 实物法

　　实物法首先根据施工图纸分别计算出分项工程量，然后套用相应预算人工、材料、机械台班的定额用量，分别乘以工程所在地当时的人工、材料、机械台班的实际单价，求出单位工程的人工费、材料费和施工机械使用费，并汇总求和，进而求得直接工程费，再按规定计取其他各项费用，最后汇总出单位工程施工图预算造价。

　　(1) 套用人工、材料、机械台班预算定额用量　工程量计算完毕后，要套用相应预算人工、材料、机械台班定额用量。

　　现行全国统一安装定额、专业统一和地区统一的计价定额的实物消耗量，是完全符合国家技术规范、质量标准的，并反映一定时期施工工艺水平的分项工程计价所需的人工、材料、施工机械的消耗量的标准。此消耗量标准，在建材产品、标准、设计、施工技术及其相关规范和工艺水平等没有大的变化之前，是相对稳定的，是合理确定和有效控制造价的重要依据；一般由工程造价主管部门按照定额管理分工进行统一制定，并根据技术发展要求，随时地补充修改。

　　(2) 计算人工、材料、机械台班消耗数量　先求出各分项工程人工、材料、机械台班消耗数量并汇总单位工程所需各类人工、材料、机械台班的消耗量。各分项工程人工、材料、机械台班消耗数量由分项工程的工程量分别乘以预算人工定额用量、材料定额用量和机械台班定额用量得出，然后汇总得到单位工程各类人工、材料、机械台班的消耗量。

　　(3) 计算人工、材料、机械台班总费用　用当时当地的各类人工、材料、机械台班的实际单价分别乘以相应的人工、材料、机械台班的消耗量，汇总后得出单位工程的人工费、材料费、机械使用费。

　　在市场经济条件下，人工、材料、机械台班的单价是随市场单价的波动而波动的，而且它们是影响工程造价最活跃、最主要的因素。用实物法编制施工图预算，是采用工程所在地的当时人工、材料、机械台班的价格，较好地反映出实际价格水平，提高工程造价的准确性。虽然计算过程较单价法烦琐，但用计算机计算也就快捷了。因此，实物法是与市场经济体制相适应的预算编制方法。

　　三、施工图预算的审查内容

　　审查施工图预算的重点是：工程量计算是否准确；分部、分项单价套用是否正确；各项取费标准是否符合现行规定等方面。

　　1. 审查定额或单价的套用

　　① 预算中所列各分项工程单价是否与预算定额的预算单价相符；其名称、规格、计量单位和所包括的工程内容是否与预算定额一致。

　　② 有单价换算时应审查换算的分项工程是否符合定额规定、换算是否正确。

　　③ 对补充定额和单位计价表的使用应审查补充定额是否符合编制原则、单位计价表计算是否正确。

　　2. 审查其他有关费用

　　其他有关费用包括的内容各地不同，具体审查时应注意是否符合当地规定和定额的要求。

　① 是否按本项目的工程性质计取费用、有无高套取费标准。

　② 间接费的计取基础是否符合规定。

　③ 预算外调增的材料差价是否计取间接费；直接费或人工费增减后，有关费用是否做了相应调整。

　④ 有无将不需安装的设备计取在安装工程的间接费中。

　⑤ 有无巧立名目、乱摊费用的情况。

　利润和税金的审查，重点应放在计取基础和费率是否符合当地有关部门的现行规定、有无多算或重算方面。

　　四、施工图预算的审查方法

　　1. 逐项审查法

　逐项审查法（又称全面审查法）即按定额顺序或施工顺序，对各分项工程中的工程细目逐项全面详细审查的一种方法。

　逐项审查法的优点是：全面、细致，审查质量高、效果好。然而其同样具有工作量大、时间较长的缺点。该方法适合一些工程量较小、工艺比较简单的工程。

　　2. 标准预算审查法

　标准预算审查法就是对利用标准图纸或通用图纸施工的工程，先集中力量编制标准预算，以此为准来审查工程预算的一种方法。按标准设计图纸或通用图纸施工的工程，通常上部结构和做法相同，只是根据现场施工条件或地质情况不同，仅对基础部分进行局部改变。凡这样的工程，以标准预算为准，对局部修改部分单独审查即可，不需逐一详细审查。该方法的优点是时间短、效果好、易定案。其缺点是适用范围小，仅适用于采用标准图纸的工程。

　　3. 分组计算审查法

　分组计算审查法就是把预算中有关项目按类别划分若干组，利用同组中的一组数据审查分项工程量的一种方法。该方法首先将若干分部分项工程按相邻且有一定内在联系的项目进行编组，利用同组分项工程间具有相同或相近计算基数的关系，审查一个分项工程数量，由此判断同组中其他几个分项工程的准确程度。该方法的特点是审查速度快、工作量小。

　　4. 对比审查法

　对比审查法是当工程条件相同时，用已完工程的预算或未完但已经过审查修正的工程预算对比审查拟建工程的同类工程预算的一种方法。

　　5. 筛选审查法

　筛选审查法是能较快发现问题的一种方法。建筑工程虽面积和高度不同，但其各分部分项工程的单位建筑面积指标变化却不大。将这样的分部分项工程加以汇集、优选，找出其单位建筑面积工程量、单价、用工的基本数值，归纳为工程量、价格、用工三个单方基本指标，并注明基本指标的适用范围。这些基本指标用来筛分各分部分项工程，对不符合条件的应进行详细审查，若审查对象的预算标准与基本指标的标准不符，就应对其进行调整。"筛选法"的优点是简单易懂，便于掌握，审查速度快，便于发现问题。但问题出现的原因尚需继续审查。因此，该方法适用于审查住宅工程或不具备全面审查条件的工程。

　　6. 重点审查法

　重点审查法就是抓住工程预算中的重点进行审查的方法。审查的重点一般是工程量大或者造价较高的各种工程、补充定额、计取的各项费用（计取基础、取费标准）等。重点审查法的优点是突出重点、审查时间短、效果好。

五、施工图预算的审查步骤

（1）做好审查前的准备工作

① 熟悉施工图纸。施工图纸是编制预算分项工程数量的重要依据，必须全面熟悉了解。一是核对所有的图纸，清点无误后，依次识读；二是参加技术交底，解决图纸中的疑难问题，直至完全掌握图纸。

② 了解预算包括的范围。根据预算编制说明，了解预算包括的工程内容，如配套设施、室外管线、道路和会审图纸后的设计变更等。

③ 弄清编制预算采用的单位工程估价表。任何单位估价表或预算定额都有一定的适用范围。根据工程性质，搜集熟悉相应的单价、定额资料。特别是市场材料单价和取费标准等。

（2）选择合适的审查方法，按相应内容审查　由于工程规模、繁简程度不同，施工企业情况也不同，所编工程预算繁简和质量也不同，所以需针对具体情况选择相应的审查方法进行审查。

（3）综合整理审查资料，编制调整预算　经过审查，如发现有差错，需要进行增加或核减的，经与编制单位逐项核实，统一意见后，修正原施工图预算，汇总核减量。

第五章　园林绿化工程清单计价体系

内容提要:

1. 了解工程量清单编制的规定和内容。
2. 了解工程量清单计价的规定和内容。
3. 掌握工程量清单计价表格的应用。

第一节　工程量清单编制

一、一般规定

① 招标工程量清单应由具有编制能力的招标人或受其委托、具有相应资质的工程造价咨询人或招标代理人编制。

② 招标工程量清单必须作为招标文件的组成部分,其准确性和完整性由招标人负责。

③ 招标工程量清单是工程量清单计价的基础,应作为编制招标控制价、投标报价、计算工程量、工程索赔等的依据之一。

④ 招标工程量清单应以单位(项)工程为单位编制,应由分部分项工程量清单、措施项目清单、其他项目清单、规费和税金项目清单组成。

⑤ 编制园林工程工程量清单应依据:

a. 《园林绿化工程工程量计算规范》(GB 50858—2013)和现行国家标准《建设工程工程量清单计价规范》(GB 50500—2013)。

b. 国家或省级、行业建设主管部门颁发的计价依据和办法。

c. 建设工程设计文件。

d. 与建设工程项目有关的标准、规范、技术资料。

e. 拟定的招标文件。

f. 施工现场情况、工程特点和常规施工方案。

g. 其他相关资料。

⑥ 其他项目、规费和税金项目清单应按照现行国家标准《建设工程工程量清单计价规范》(GB 50500—2013)的相关规定编制。

⑦ 若编制工程量清单出现《园林绿化工程工程量计算规范》(GB 50858—2013)附录中未包括的项目,编制人应进行补充,并报省级或行业工程造价管理机构备案,省级或行业工程造价管理机构应汇总报住房和城乡建设部标准定额研究所。

补充项目的编码由《园林绿化工程工程量计算规范》(GB 50858—2013)的代码由05、B和三位阿拉伯数字组成,并应从05B001起顺序编制,同一招标工程的项目不得重码。

补充的工程量清单需附有补充项目的名称、项目特征、计量单位、工程量计算规则、工作内容。不能计量的措施项目，需附有补充项目的名称、工作内容及包含范围。

二、分部分项工程

1. 工程量清单编码

① 工程量清单应根据《园林绿化工程工程量计算规范》（GB 50858—2013）附录规定的项目编码、项目名称、项目特征、计量单位和工程量计算规则进行编制。

② 工程量清单的项目编码，应采用前十二位阿拉伯数字表示，一至九位应按《园林绿化工程工程量计算规范》（GB 50858—2013）附录的规定设置，十至十二位应根据拟建工程的工程量清单项目名称设置，同一招标工程的项目编码不得重码。

各位数字的含义是：一、二位为专业工程代码（01—房屋建筑与装饰工程；02—仿古建筑工程；03—通用安装工程；04—市政工程；05—园林绿化工程；06—矿山工程；07—构筑物工程；08—城市轨道交通工程；09—爆破工程。以后进入国标的专业工程代码以此类推）；三、四位为工程分类顺序码；五、六位为分部工程顺序码；七、八、九位为分项工程项目名称顺序码；十至十二位为清单项目名称顺序码。

当同一标段（或合同段）的一份工程量清单中含有多个单位工程且工程量清单是以单位工程为编制对象时，在编制工程量清单时应特别注意对项目编码十至十二位的设置不得有重码的规定。

2. 工程量清单项目名称与项目特征

① 工程量清单的项目名称应根据《园林绿化工程工程量计算规范》（GB 50858—2013）附录的项目名称结合拟建工程的实际确定。

② 分部分项工程量清单项目特征应根据《园林绿化工程工程量计算规范》（GB 50858—2013）附录规定的项目特征，结合拟建工程项目的实际进行描述。

工程量清单的项目特征是确定一个清单项目综合单价不可缺少的重要依据，在编制工程量清单时，必须对项目特征进行准确和全面的描述。但有些项目特征用文字往往又难以准确和全面地描述清楚。因此，为达到规范、简洁、准确、全面描述项目特征的要求，在描述工程量清单项目特征时应按以下原则进行：

a. 项目特征描述的内容应按附录的规定，结合拟建工程的实际，满足确定综合单价的需要。

b. 若采用标准图集或施工图纸能够全部或部分满足项目特征描述的要求，则项目特征描述可直接采用详见××图集或××图号的方式。对不能满足项目特征描述要求的部分，仍应用文字描述。

3. 工程量计算规则与计量单位

① 工程量清单中所列工程量应按《园林绿化工程工程量计算规范》（GB 50858—2013）附录中规定的工程量计算规则计算。

② 分部分项工程量清单的计量单位应按《园林绿化工程工程量计算规范》（GB 50858—2013）附录中规定的计量单位确定。

4. 其他相关要求

① 现浇混凝土工程项目在"工作内容"中包括模板工程的内容，同时又在"措施项目"

中单列了现浇混凝土模板工程项目。对此，由招标人根据工程实际情况选用，若招标人在措施项目清单中未编列现浇混凝土模板项目清单，即表示现浇混凝土模板项目不单列，则现浇混凝土工程项目的综合单价中应包括模板工程费用。

② 对预制混凝土构件按现场制作编制项目，"工作内容"中包括模板工程，不再另列。若采用成品预制混凝土构件，则构件成品价（包括模板、钢筋、混凝土等所有费用）应计入综合单价中。

三、措施项目

① 措施项目清单必须根据相关工程现行国家计量规范的规定编制，应根据拟建工程的实际情况列项。

② 措施项目中列出了项目编码、项目名称、项目特征、计量单位、工程量计算规则的项目。当编制工程量清单时，应按照"分部分项工程"的规定执行。

③ 措施项目中仅列出项目编码、项目名称，未列出项目特征、计量单位和工程量计算规则的，当编制工程量清单时，应按第五章"措施项目"规定的项目编码和项目名称确定。

四、其他项目

其他项目清单应按照暂列金额、暂估价、计日工、总承包服务费列项。

1. 暂列金额

暂列金额是招标人暂定并包括在合同价款中的一笔款项。不管采用何种合同形式，其理想的标准是，一份合同的价格就是其最终的竣工结算价格，或者至少两者应尽可能接近。我国规定对政府投资工程实行概算管理，经项目审批部门批复的设计概算是工程投资控制的刚性指标，即使商业性开发项目也有成本的预先控制问题，否则无法相对准确地预测投资的收益和科学合理地进行投资控制。但工程建设自身的特性决定了工程的设计需要根据工程进展不断地优化和调整，业主需求可能会随工程建设进展而出现变化，工程建设过程还会存在一些不能预见、不能确定的因素。消化这些因素必然会影响合同价格的调整，暂列金额正是应这类不可避免的价格调整而设立，以便达到合理确定和有效控制工程造价的目标。

2. 暂估价

暂估价是指从招标阶段直至签订合同协议时，招标人在招标文件中提供的用于支付必然要发生但暂时不能确定价格的材料以及专业工程的金额，包括材料暂估价、工程设备暂估单价、专业工程暂估价。

为方便合同管理和计价，需要纳入工程量清单项目综合单价中的暂估价最好只是材料费，以方便投标人组价。对专业工程暂估价一般应是综合暂估价，包括除规费、税金以外的管理费、利润等。

3. 计日工

计日工是为解决现场发生的零星工作的计价而设立的。国际上常见的标准合同条款中，大多数都设立了计日工计价机制。计日工对完成零星工作所消耗的人工工时、材料数量、施工机械台班进行计量，并按照计日工表中填报的适用项目的单价进行计价支付。计日工适用的所谓零星工作一般是指合同约定之外或者因变更而产生的、工程量清单中没有相应项目的额外工作，尤其是那些因时间关系不允许事先商定价格的额外工作。

4. 总承包服务费

总承包服务费是为了解决招标人在法律、法规允许的条件下进行专业工程发包以及自行供应材料、工程设备，并需要总承包人对发包的专业工程提供协调和配合服务，对甲供材料、工程设备提供收、发和保管服务，以及进行施工现场管理时发生并向总承包人支付的费用。招标人应预计该项费用，并按投标人的投标报价向投标人支付该项费用。

五、规费项目

① 规费项目清单应按照下列内容列项：

a. 社会保障费：包括养老保险费、失业保险费、医疗保险费、工伤保险费、生育保险费。

b. 住房公积金。

c. 工程排污费。

② 出现第①条未列的项目，应根据省级政府或省级有关部门的规定列项。

六、税金项目

① 税金项目清单应包括下列内容：

a. 营业税。

b. 城市维护建设税。

c. 教育费附加。

d. 地方教育附加。

② 出现第①条未列的项目，应根据税务部门的规定列项。

第二节　工程量清单计价编制

一、一般规定

1. 计价方式

① 使用国有资金投资的建设工程发承包，必须采用工程量清单计价。

② 非国有资金投资的建设工程，宜采用工程量清单计价。

③ 不采用工程量清单计价的建设工程，应执行《建设工程工程量清单计价规范》（GB 50500—2013）中除工程量清单等专门性规定外的其他规定。

④ 工程量清单应采用综合单价计价。

⑤ 措施项目中的安全文明施工费必须按国家或省级、行业建设主管部门的规定计算。不得作为竞争性费用。

⑥ 规费和税金必须按国家或省级、行业建设主管部门的规定计算。不得作为竞争性费用。

2. 发包人提供材料和工程设备

① 发包人提供的材料和工程设备（以下简称甲供材料）应在招标文件中按照规定填写《发包人提供材料和工程设备一览表》，写明甲供材料的名称、规格、数量、单价、交货方式、交货地点等。承包人投标时，甲供材料单价应计入相应项目的综合单价中，签约后，发包人应按合同约定扣除甲供材料款，不予支付。

② 承包人应根据合同工程进度计划的安排，向发包人提交甲供材料交货的日期计划。发包人应按计划提供。

③ 发包人提供的甲供材料如规格、数量或质量不符合合同要求，或由于发包人原因发生交货日期延误、交货地点和交货方式变更等情况的，发包人应承担由此增加的费用和（或）工期延误，并应向承包人支付合理利润。

④ 发承包双方对甲供材料的数量发生争议不能达成一致的，应按照相关工程的计价定额同类项目规定的材料消耗量计算。

⑤ 若发包人要求承包人采购已在招标文件中确定为甲供材料的，材料价格应由发承包双方根据市场调查确定，并应另行签订补充协议。

3. 承包人提供材料和工程设备

① 除合同约定的发包人提供的甲供材料外，合同工程所需的材料和工程设备应由承包人提供，承包人提供的材料和工程设备均应由承包人负责采购、运输和保管。

② 承包人应按合同约定将采购材料和工程设备的供货人及品种、规格、数量和供货时间等提交发包人确认，并负责提供材料和工程设备的质量证明文件，满足合同约定的质量标准。

③ 对承包人提供的材料和工程设备经检测不符合合同约定的质量标准，发包人应立即要求承包人更换，由此增加的费用和（或）工期延误应由承包人承担。对发包人要求检测承包人已具有合格证明的材料、工程设备，但经检测证明该项材料、工程设备符合合同约定的质量标准，发包人应承担由此增加的费用和（或）工期延误，并向承包人支付合理利润。

4. 计价风险

① 建设工程发承包，必须在招标文件、合同中明确计价中的风险内容及其范围，不得采用无限风险、所有风险或类似语句规定计价中的风险内容及范围。

② 由于下列因素出现，影响合同价款调整的，应由发包人承担：

a. 国家法律、法规、规章和政策发生变化。

b. 省级或行业建设主管部门发布的人工费调整，但承包人对人工费或人工单价的报价高于发布的除外。

c. 由政府定价或政府指导价管理的原材料等价格进行了调整。

③ 由于市场物价波动影响合同价款的，应由发承包双方合理分摊，填写《承包人提供主要材料和工程设备一览表》作为合同附件；当合同中没有约定，发承包双方发生争议时，应按本节"六、合同价款调整"中"8. 物价变化"中的规定调整合同价款。

④ 由于承包人使用机械设备、施工技术和组织管理水平等原因造成施工费用增加的，应由承包人全部承担。

⑤ 当不可抗力发生，影响合同价款时，应按本节"六、合同价款调整"中的"10. 不可抗力"的规定执行。

二、招标控制价

1. 一般规定

① 国有资金投资的建设工程招标，招标人必须编制招标控制价。

我国对国有资金投资项目的投资控制实行的是投资概算审批制度，国有资金投资的工程原则上不能超过批准的投资概算。

国有资金投资的工程实行工程量清单招标，为了客观、合理地评审投标报价，避免哄抬标价，避免造成国有资产流失，招标人必须编制招标控制价，规定最高投标限价。

② 招标控制价应由具有编制能力的招标人或受其委托具有相应资质的工程造价咨询人编制和复核。

③ 工程造价咨询人接受招标人委托编制招标控制价，不得再就同一工程接受投标人委托编制投标报价。

④ 招标控制价应按照"2. 编制与复核"中②的规定编制，不应上调或下浮。

⑤ 当招标控制价超过批准的概算时，招标人应将其报原概算审批部门审查。

⑥ 招标人应在发布招标文件时公布招标控制价，同时应将招标控制价及有关资料报送工程所在地或有该工程管辖权的行业管理部门工程造价管理机构备查。

招标控制价的作用决定了招标控制价不同于标底，无须保密。为体现招标的公平、公正性，防止招标人有意抬高或压低工程造价，招标人应在招标文件中如实公布招标控制价，同时，招标人应将招标控制价报工程所在地或有该工程管辖权的行业管理部门的工程造价管理机构备查。

2. 编制与复核

① 招标控制价应根据下列依据编制与复核：

a. 《建设工程工程量清单计价规范》（GB 50500—2013）。

b. 国家或省级、行业建设主管部门颁发的计价定额和计价办法。

c. 建设工程设计文件和相关资料。

d. 拟定的招标文件和招标工程量清单。

e. 与建设项目相关的标准、规范、技术资料。

f. 施工现场情况、工程特点和常规施工方案。

g. 工程造价管理机构发布的工程造价信息，当工程造价信息没有发布时，参照市场价。

h. 其他的相关资料。

② 综合单价中应包括招标文件中划分的应由投标人承担的风险范围及其费用。招标文件中没有明确的，如由工程造价咨询人编制，应提请招标人明确；如由招标人编制，应予明确。

③ 分部分项工程和措施项目中的单价项目，应根据拟定的招标文件和招标工程量清单项目中的特征描述及有关要求确定综合单价计算。

④ 措施项目中的总价项目应根据拟定的招标文件和常规施工方案按本节"一、一般规定"中的"1. 计价方式"的④、⑤的规定计价。

⑤ 其他项目应按下列规定计价：

a. 暂列金额应按招标工程量清单中列出的金额填写。

b. 暂估价中的材料、工程设备单价应按招标工程量清单中列出的单价计入综合单价。

c. 暂估价中的专业工程金额应按招标工程量清单中列出的金额填写。

d. 计日工应按招标工程量清单中列出的项目根据工程特点和有关计价依据确定综合单价计算。

e. 总承包服务费应根据招标工程量清单列出的内容和要求估算。

⑥ 规费和税金应按本节中"一、一般规定"中的"1. 计价方式"的⑥的规定计算。

　　3. 投诉与处理

　　① 投标人经复核认为招标人公布的招标控制价未按照《建设工程工程量清单计价规范》(GB 50500—2013)的规定进行编制的，应在招标控制价公布后 5 天内向招投标监督机构和工程造价管理机构投诉。

　　② 当投诉人投诉时，应提交由单位盖章和法定代表人或其委托人签名或盖章的书面投诉书，投诉书应包括下列内容：

　　a. 投诉人与被投诉人的名称、地址和有效联系方式。

　　b. 投诉的招标工程名称、具体事项和理由。

　　c. 投诉依据和相关证明材料。

　　d. 相关的请求和主张。

　　③ 投诉人不得进行虚假、恶意投诉，阻碍投标活动的正常进行。

　　④ 工程造价管理机构在接到投诉书后应在 2 个工作日内进行审查，对有下列情况之一的，不予受理：

　　a. 投诉人不是所投诉招标工程招标文件的收受人。

　　b. 投诉书提交的时间不符合上述①规定的；投诉书不符合上述②规定的。

　　c. 投诉事项已进入行政复议或行政诉讼程序的。

　　⑤ 工程造价管理机构应在不迟于结束审查的次日将是否受理投诉的决定书面通知投诉人、被投诉人及负责该工程招投标监督的招投标管理机构。

　　⑥ 工程造价管理机构受理投诉后，应立即对招标控制价进行复查，组织投诉人、被投诉人或其委托的招标控制价编制人等单位人员对投诉问题逐一核对。有关当事人应予以配合，并应保证所提供资料的真实性。

　　⑦ 工程造价管理机构应在受理投诉的 10 天内完成复查，特殊情况下可适当延长，并作出书面结论通知投诉人、被投诉人及负责该工程招投标监督的招投标管理机构。

　　⑧ 当招标控制价复查结论与原公布的招标控制价误差大于±3%时，应责成招标人改正。

　　⑨ 招标人根据招标控制价复查结论需要重新公布招标控制价的，其最终公布的时间至招标文件要求提交投标文件截止时间不足 15 天的，应相应延长投标文件的截止时间。

三、投标报价

　　1. 一般规定

　　① 投标价应由投标人或受其委托具有相应资质的工程造价咨询人编制。

　　② 投标人应依据下述"2. 编制与复核"的规定自主确定投标报价。

　　③ 投标报价不得低于工程成本。

　　④ 投标人必须按招标工程量清单填报价格。项目编码、项目名称、项目特征、计量单位、工程量必须与招标工程量清单一致。

　　⑤ 投标人的投标报价高于招标控制价的应予废标。

　　2. 编制与复核

　　① 投标报价应根据下列依据编制和复核：

　　a.《建设工程工程量清单计价规范》(GB 50500—2013)。

　　b. 国家或省级、行业建设主管部门颁发的计价办法。

c. 企业定额，国家或省级、行业建设主管部门颁发的计价定额和计价办法。

d. 招标文件、招标工程量清单及其补充通知、答疑纪要。

e. 建设工程设计文件及相关资料。

f. 施工现场情况、工程特点及投标时拟定的施工组织设计或施工方案。

g. 建设项目相关的标准、规范等技术资料。

h. 市场价格信息或工程造价管理机构发布的工程造价信息。

i. 其他相关资料。

② 综合单价中应包括招标文件中划分的应由投标人承担的风险范围及其费用，招标文件中没有明确的，应提请招标人明确。

③ 分部分项工程和措施项目中的单价项目，应根据招标文件和招标工程量清单项目中的特征描述确定综合单价计算。

④ 措施项目中的总价项目金额应根据招标文件和投标时拟定的施工组织设计或施工方案按本节中"一、一般规定"的"1. 计价方式"中④的规定自主确定。其中安全文明施工费应按照本节中"一、一般规定"的"1. 计价方式"中⑤的规定确定。

⑤ 其他项目费应按下列规定报价：

a. 暂列金额应按招标工程量清单中列出的金额填写。

b. 材料、工程设备暂估价应按招标工程量清单中列出的单价计入综合单价。

c. 专业工程暂估价应按招标工程量清单中列出的金额填写。

d. 计日工应按招标工程量清单中列出的项目和数量，自主确定综合单价并计算计日工金额。

e. 总承包服务费应根据招标工程量清单中列出的内容和提出的要求自主确定。

⑥ 规费和税金应按本节中"一、一般规定"的"1. 计价方式"中⑥的规定确定。

⑦ 招标工程量清单与计价表中列明的所有需要填写单价和合价的项目，投标人均应填写且只允许有一个报价。未填写单价和合价的项目，可视为此项费用已包含在已标价工程量清单中其他项目的单价和合价之中。当竣工结算时，此项目不得重新组价调整。

⑧ 投标总价应与分部分项工程费、措施项目费、其他项目费和规费、税金的合计金额一致。

四、合同价款约定

1. 一般规定

① 实行招标的工程合同价款应在中标通知书发出之日起 30 天内，由发承包双方依据招标文件和中标人的投标文件在书面合同中约定。合同约定不得违背招标、投标文件中关于工期、造价、质量等方面的实质性内容。招标文件与中标人投标文件不一致的地方，应以投标文件为准。

② 不实行招标的工程合同价款，应在发承包双方认可的工程价款基础上，由发承包双方在合同中约定。

③ 实行工程量清单计价的工程，应采用单价合同；建设规模较小，技术难度较低，工期较短，且施工图设计已审查批准的建设工程可采用总价合同；紧急抢险、救灾和施工技术特别复杂的建设工程可采用成本加酬金合同。

2. 约定内容

① 发承包双方应在合同条款中对下列事项进行约定：

a. 预付工程款的数额、支付时间和抵扣方式。

b. 安全文明施工措施的支付计划、使用要求等。

c. 工程计量与支付工程进度款的方式、数额和时间。

d. 工程价款的调整因素、方法、程序、支付和时间。

e. 施工索赔与现场签证的程序、金额确认和支付时间。

f. 承担计价风险的内容、范围，以及超出约定内容、范围的调整办法。

g. 工程竣工价款结算编制与核对、支付和时间。

h. 工程质量保证金的数额、预留方式和时间。

i. 违约责任以及发生合同价款争议的解决方法和时间。

j. 与履行合同、支付价款有关的其他事项等。

② 合同中没有按照上述①的要求约定或约定不明的，若发承包双方在合同履行中发生争议由双方协商确定；当协商不能达成一致时，应按《建设工程工程量清单计价规范》（GB 50500—2013）的规定执行。

五、工程计量

1. 一般规定

① 工程量必须按照相关工程现行国家计量规范规定的工程量计算规则计算。

② 工程计量可选择按月或按工程形象进度分段计量，具体计量周期应在合同中约定。

③ 由承包人原因造成的超出合同工程范围施工或返工的工程量，发包人不予计量。

④ 成本加酬金合同应按下述"2. 单价合同的计量"的规定计量。

2. 单价合同的计量

① 工程量必须以承包人完成合同工程应予计量的工程量确定。

② 施工中进行工程计量，当发现招标工程量清单中出现缺项、工程量偏差，或因工程变更引起工程量增减时，应按承包人在履行合同义务中完成的工程量计算。

③ 承包人应当按照合同约定的计量周期和时间向发包人提交当期已完工程量报告。发包人应在收到报告后 7 天内核实，并将核实计量结果通知承包人。发包人未在约定时间内进行核实的，承包人提交的计量报告中所列的工程量应视为承包人实际完成的工程量。

④ 发包人认为需要进行现场计量核实时，应在计量前 24 小时通知承包人，承包人应为计量提供便利条件并派人参加。当双方均同意核实结果时，双方应在上述记录上签字确认。承包人收到通知后不派人参加计量，视为认可发包人的计量核实结果。发包人不按照约定时间通知承包人，致使承包人未能派人参加计量，计量核实结果无效。

⑤ 当承包人认为发包人核实后的计量结果有误时，应在收到计量结果通知后的 7 天内向发包人提出书面意见，并应附上其认为正确的计量结果和详细的计算资料。发包人收到书面意见后，应在 7 天内对承包人的计量结果复核后通知承包人。承包人对复核计量结果仍有异议的，按照合同约定的争议解决办法处理。

⑥ 承包人完成已标价工程量清单中每个项目的工程量并经发包人核实无误后，发承包双方应对每个项目的历次计量报表进行汇总，以核实最终结算工程量，并应在汇总表上签字

确认。

3. 总价合同的计量

① 采用工程量清单方式招标形成的总价合同，其工程量应按照上述 "2. 单价合同的计量" 的规定计算。

② 采用经审定批准的施工图纸及其预算方式发包形成的总价合同，除按照工程变更规定的工程量增减外，总价合同各项目的工程量应为承包人用于结算的最终工程量。

③ 总价合同约定的项目计量应以合同工程经审定批准的施工图纸为依据，发承包双方应在合同中约定工程计量的形象目标或时间节点进行计量。

④ 承包人应在合同约定的每个计量周期内对已完成的工程进行计量，并向发包人提交达到工程形象目标完成的工程量和有关计量资料的报告。

⑤ 发包人应在收到报告后 7 天内对承包人提交的上述资料进行复核，以确定实际完成的工程量和工程形象目标。对其有异议的，应通知承包人进行共同复核。

六、合同价款调整

1. 一般规定

① 下列事项（但不限于）发生，发承包双方应当按照合同约定调整合同价款：法律法规变化；工程变更；项目特征不符；工程量清单缺项；工程量偏差；计日工；物价变化；暂估价；不可抗力；提前竣工（赶工补偿）；误期赔偿；索赔；现场签证；暂列金额；发承包双方约定的其他调整事项。

② 出现合同价款调增事项（不含工程量偏差、计日工、现场签证、索赔）后的 14 天内，承包人应向发包人提交合同价款调增报告并附上相关资料；承包人在 14 天内未提交合同价款调增报告的，应视为承包人对该事项不存在调整价款请求。

③ 出现合同价款调减事项（不含工程量偏差、索赔）后的 14 天内，发包人应向承包人提交合同价款调减报告并附相关资料；发包人在 14 天内未提交合同价款调减报告的，应视为发包人对该事项不存在调整价款请求。

④ 发（承）包人应在收到承（发）包人合同价款调增（减）报告及相关资料之日起 14 天内对其核实，予以确认的应书面通知承（发）包人。当有疑问时，应向承（发）包人提出协商意见。发（承）包人在收到合同价款调增（减）报告之日起 14 天内未确认也未提出协商意见的，应视为承（发）包人提交的合同价款调增（减）报告已被发（承）包人认可。发（承）包人提出协商意见的，承（发）包人应在收到协商意见后的 14 天内对其核实，予以确认的应书面通知发（承）包人。承（发）包人在收到发（承）包人的协商意见后 14 天内既不确认也未提出不同意见的，应视为发（承）包人提出的意见已被承（发）包人认可。

⑤ 发包人与承包人对合同价款调整的不同意见不能达成一致的，只要对发承包双方履约不产生实质影响，双方应继续履行合同义务，直到其按照合同约定的争议解决方式处理。

⑥ 经发承包双方确认调整的合同价款，作为追加（减）合同价款，应与工程进度款或结算款同期支付。

2. 法律法规变化

① 招标工程以投标截止日前 28 天、非招标工程以合同签订前 28 天为基准日，其后因国家的法律、法规、规章和政策发生变化引起工程造价增减变化的，发承包双方应按照省级或

行业建设主管部门或其授权的工程造价管理机构据此发布的规定调整合同价款。

② 由于承包人原因导致工期延误的，按上述①规定的调整时间，在合同工程原定竣工时间之后，合同价款调增的不予调整，合同价款调减的予以调整。

3. 工程变更

① 因工程变更引起已标价工程量清单项目或其工程数量发生变化的，应按照下列规定调整：

a. 已标价工程量清单中有适用于变更工程项目的，应采用该项目的单价；但当工程变更导致该清单项目的工程数量发生变化，且工程量偏差超过 15% 时，该项目单价应按照本节"六、合同价款调整"中"6. 工程量偏差"的规定调整。

b. 已标价工程量清单中没有适用但有类似于变更工程项目的，可在合理范围内参照类似项目的单价。

c. 已标价工程量清单中没有适用也没有类似于变更工程项目的，应由承包人根据变更工程资料、计量规则和计价办法、工程造价管理机构发布的信息价格和承包人报价浮动率提出变更工程项目的单价，并应报发包人确认后调整。承包人报价浮动率可按下列公式计算：

$$招标工程：承包人报价浮动率 L = （1 - 中标价/招标控制价）\times 100\% \qquad (5-1)$$

$$非招标工程：承包人报价浮动率 L = （1 - 报价/施工图预算）\times 100\% \qquad (5-2)$$

d. 已标价工程量清单中没有适用也没有类似于变更工程项目，且工程造价管理机构发布的信息价格缺价的，应由承包人根据变更工程资料、计量规则、计价办法和通过市场调查等取得有合法依据的市场价格提出变更工程项目的单价，并应报发包人确认后调整。

② 工程变更引起施工方案改变并使措施项目发生变化时，承包人提出调整措施项目费的，应事先将拟实施的方案提交发包人确认，并应详细说明与原方案措施项目相比的变化情况。拟实施的方案经发承包双方确认后执行，并应按照下列规定调整措施项目费：

a. 安全文明施工费应按照实际发生变化的措施项目依据本节中"一、一般规定"的"1. 计价方式"中⑤的规定计算。

b. 采用单价计算的措施项目费，应按照实际发生变化的措施项目，按①的规定确定单价。

c. 按总价（或系数）计算的措施项目费，按照实际发生变化的措施项目调整，但应考虑承包人报价浮动因素，即调整金额按照实际调整金额乘以②规定的承包人报价浮动率计算。

若承包人未事先将拟实施的方案提交给发包人确认，则应视为工程变更不引起措施项目费的调整或承包人放弃调整措施项目费的权利。

③ 当发包人提出的工程变更由非承包人原因删减了合同中的某项原定工作或工程，致使承包人发生的费用或（和）得到的收益不能包括在其他已支付或应支付的项目中，也未包含在任何替代的工作或工程中时，承包人有权提出并应得到合理的费用和利润补偿。

4. 项目特征描述不符

① 发包人在招标工程量清单中对项目特征的描述，应认为是准确的和全面的，并且与实际施工要求相符合。承包人应按照发包人提供的招标工程量清单，根据项目特征描述的内容和有关要求实施合同工程，直到项目改变。

② 承包人应按照发包人提供的设计图纸实施合同工程，若在合同履行期间出现设计图纸

（含设计变更）与招标工程量清单任一项目的特征描述不符，且该变化引起该项目工程造价增减变化的，应按照实际施工的项目特征，按本节"六、合同价款调整"中的"3. 工程变更"的相关条款的规定重新确定相应工程量清单项目的综合单价，并调整合同价款。

5. 工程量清单缺项

① 合同履行期间，由于招标工程量清单中缺项，新增分部分项工程清单项目的，应按本节中"六、工程价款调整"中的"3. 工程变更"中②的规定确定单价，并调整合同价款。

② 新增分部分项工程清单项目后，引起措施项目发生变化的，应按照本节中"六、工程价款调整"中的"3. 工程变更"中②的规定，在承包人提交的实施方案由发包人批准后调整合同价款。

③ 由于招标工程量清单中措施项目缺项，承包人应将新增措施项目实施方案提交发包人批准后，按本节"六、工程价款调整"中的"3. 工程变更"中①、②的规定调整合同价款。

6. 工程量偏差

① 合同履行期间，当应计算的实际工程量与招标工程量清单出现偏差，且符合②、③规定时，发承包双方应调整合同价款。

② 对于任一招标工程量清单项目，当因工程量偏差规定的"程量偏差"和"工程变更"规定的工程变更等导致工程量偏差超过 15% 时，可进行调整。当工程量增加 15% 以上时，增加部分的工程量的综合单价应调低；当工程量减少 15% 以上时，减少后剩余部分的工程量的综合单价应调高。

上述调整参考如下公式：

a. 当 $Q_1 > 1.15Q_0$ 时

$$S = 1.15Q_0 \times P_0 + (Q_1 \sim 1.15Q_0) \times P_1 \tag{5-3}$$

b. 当 $Q_1 < 0.85Q_0$ 时

$$S = Q_1 \times P_1 \tag{5-4}$$

式中　S——调整后的某分部分项工程费结算价；

　　　Q_1——最终完成的工程量；

　　　Q_0——招标工程量清单中列出的工程量；

　　　P_1——按照最终完成工程量重新调整后的综合单价；

　　　P_0——承包人在工程量清单中填报的综合单价。

采用上述两式的关键是确定新的综合单价，即 P_1。确定的方法，一是发承包双方协商确定，二是与招标控制价相联系，当工程量偏差项目出现承包人在工程量清单中填报的综合单价与发包人招标控制价相应清单项目的综合单价偏差超过 15% 时，工程量偏差项目综合单价的调整可参考以下公式：

c. 当 $P_0 < P_2 \times (1 - L) \times (1 - 15\%)$ 时，该类项目的综合单价：

$$P_1 按照 P_2 \times (1 - L) \times (1 - 15\%) 调整 \tag{5-5}$$

d. 当 $P_0 > P_2 \times (1 + 15\%)$ 时，该类项目的综合单价：

$$P_1 按照 P_2 \times (1 + 15\%) 调整 \tag{5-6}$$

式中　P_0——承包人在工程量清单中填报的综合单价；

　　　P_2——发包人招标控制价相应项目的综合单价；

L——承包人报价浮动率。

③当工程量出现②的变化，且该变化引起相关措施项目相应发生变化时，按系数或单一总价方式计价的，工程量增加的措施项目费调增，工程量减少的措施项目费调减。

7. 计日工

① 发包人通知承包人以计日工方式实施的零星工作，承包人应执行。

② 采用计日工计价的任何一项变更工作，在该项变更的实施过程中，承包人应按合同约定提交下列报表和有关凭证送发包人复核：

a. 工作名称、内容和数量。

b. 投入该工作所有人员的姓名、工种、级别和耗用工时。

c. 投入该工作的材料名称、类别和数量。

d. 投入该工作的施工设备型号、台数和耗用台时。

e. 发包人要求提交的其他资料和凭证。

③ 任一计日工项目持续进行时，承包人应在该项工作实施结束后的24h内向发包人提交有计日工记录汇总的现场签证报告，一式三份。发包人在收到承包人提交现场签证报告后的2天内予以确认，并将其中一份返还给承包人，作为计日工计价和支付的依据。发包人逾期未确认也未提出修改意见的，应视为承包人提交的现场签证报告已被发包人认可。

④ 任一计日工项目实施结束后，承包人应按照确认的计日工现场签证报告核实该类项目的工程数量，并应根据核实的工程数量和承包人已标价工程量清单中的计日工单价计算，提出应付价款；已标价工程量清单中没有该类计日工单价的，由发承包双方按本节"六、合同价款调整"中的"3. 工程变更"的规定商定计日工单价计算。

⑤ 每个支付期末，承包人应按照"进度款"的规定向发包人提交本期间所有计日工记录的签证汇总表，并应说明本期间自己认为有权得到的计日工金额，调整合同价款，列入进度款支付。

8. 物价变化

(1) 人工、材料、工程设备、机械台班价格波动 合同履行期间，因人工、材料、工程设备、机械台班价格波动影响合同价款的，应根据合同约定，按物价变化合同价款调整方法调整合同价款。物价变化合同价款调整方法主要有以下两种。

1) 价格指数调整价格差额。

① 价格调整公式。因人工、材料和工程设备、施工机械台班等价格波动影响合同价格的，根据招标人提供的"承包人提供主要材料和工程设备一览表（适用于价格指数差额调整法）"，并由投标人在投标函附录中的价格指数和权重表约定的数据，应按式（5-7）计算差额并调整合同价款：

$$\Delta P = P_0\left[A + \left(B_1 \times \frac{F_{t1}}{F_{01}} + B_2 \times \frac{F_{t2}}{F_{02}} + B_3 \times \frac{F_{t3}}{F_{03}} + \cdots + B_n \times \frac{F_{tn}}{F_{0n}}\right) - 1\right] \tag{5-7}$$

式中 ΔP——需调整的价格差额；

P_0——约定的付款证书中承包人应得到的已完成工程量的金额。此项金额应不包括价格调整、不计质量保证金的扣留和支付、预付款的支付和扣回。约定的变更及其他金额已按现行价格计价的，也不计在内；

A——定值权重（即不调部分的权重）；

B_1，B_2，B_3，…，B_n——各可调因子的变值权重（即可调部分的权重），为各可调因子在投标函投标总报价中所占的比例；

F_{t1}，F_{t2}，F_{t3}，…，F_{tn}——各可调因子的现行价格指数，指约定的付款证书相关周期最后一天的前 42 天的各可调因子的价格指数；

F_{01}，F_{02}，F_{03}，…，F_{0n}——各可调因子的基本价格指数，指基准日期的各可调因子的价格指数。

以上价格调整公式中的各可调因子、定值和变值权重，以及基本价格指数及其来源在投标函附录价格指数和权重表中约定。价格指数应首先采用工程造价管理机构提供的价格指数，缺乏上述价格指数时，可用工程造价管理机构提供的价格代替。

② 暂时确定调整差额。在计算调整差额时得不到现行价格指数的，可暂用上一次价格指数计算，并在以后的付款中再按实际价格指数进行调整。

③ 权重的调整。约定的变更导致原定合同中的权重不合理时，由承包人和发包人协商后进行调整。

④ 承包人工期延误后的价格调整。由于承包人原因未在约定的工期内竣工的，对原约定竣工日期后继续施工的工程，在使用第①条的价格调整公式时，应采用原约定竣工日期与实际竣工日期的两个价格指数中较低的一个作为现行价格指数。

⑤ 若可调因子包括人工在内，则不适用本节中"一、一般规定"中的"4. 计价风险"中②的规定。

【例 5-1】　某工程约定采用价格指数法调整合同价款，具体约定见表 5-1 中的数据，本期完成合同价款为 1 584 629.37 元，其中，已按现行价格计算的计日工价款为 5600 元，发承包双方确认应增加的索赔金额为 2135.87 元，请计算应调整的合同价款差额。

表 5-1　承包人提供材料和工程设备一览表

（适用于价格指数调整法）

工程名称：某工程　　　　　　　　　　标段：　　　　　　　　第 1 页共 1 页

序号	名称、规格、型号	变值权重 B	基本价格指数 F_0	现行价格指数 F_t	备注
1	人工费	0.18	110%	121%	
2	钢材	0.11	4000 元/t	4320 元/t	
3	预拌混凝土 C30	0.16	340 元/m³	357 元/m³	
4	页岩砖	0.05	300 元/千匹	318 元/千匹	
5	机械费	0.08	100%	100%	
	定值权重 A	0.42	—	—	
	合计	1			

【解】

① 期完成合同价款应扣除已按现行价格计算的计日工价款和确认的索赔金额。

$$1\ 584\ 629.37 - 5600 - 2135.87 = 1\ 576\ 893.50\ （元）$$

② 用公式（5-7）计算：

$$\Delta P = 1\,576\,893.50 \left[0.42 + \left(0.18 \times \frac{121}{110} + 0.11 \times \frac{4320}{4000} + 0.16 \times \frac{357}{340} + 0.05 \times \frac{318}{300} \right. \right.$$

$$\left. \left. + 0.08 \times \frac{100}{100} \right) - 1 \right] = 59\,606.57 \text{（元）}$$

本期应增加合同价款 59 606.57 元。

假如此例中人工费单独按照"一、一般规定"中的"4. 计价风险"中②的规定进行调整，则应扣除人工费所占变值权重，将其列入定值权重。用公式（5-7）：

$$\Delta P = 1\,576\,893.50 \left[0.6 + \left(0.11 \times \frac{4320}{4000} + 0.16 \times \frac{357}{340} + 0.05 \times \frac{318}{300} + 0.08 \times \frac{100}{100} \right) - 1 \right]$$

$$= 31\,222.49 \text{（元）}$$

本期应增加合同价款 31 222.49 元。

2）造价信息调整价格差额。

① 施工期内，因人工、材料和工程设备、施工机械台班价格波动影响合同价格的，人工、机械使用费按照国家或省、自治区、直辖市建设行政管理部门、行业建设管理部门或其授权的工程造价管理机构发布的人工成本信息、机械台班单价或机械使用费系数进行调整；需要进行价格调整的材料，其单价和采购数应由发包人复核，发包人确认需调整的材料单价和数量，作为调整合同价款差额的依据。

② 人工单价发生变化且符合本节中"一、一般规定"中的"4. 计价风险"中②的规定的，发承包双方应按省级或行业建设主管部门或其授权的工程造价管理机构发布的人工成本文件调整合同价款。

③ 材料、工程设备价格变化按照发包人提供的《承包人提供主要材料和工程设备一览表（适用于造价信息差额调整法）》，由发承包双方约定的风险范围按下列规定调整合同价款：

a. 承包人投标报价中材料单价低于基准单价：施工期间材料单价涨幅以基准单价为基础超过合同约定的风险幅度值，或材料单价跌幅以投标报价为基础超过合同约定的风险幅度值时，其超过部分按实调整。

b. 承包人投标报价中材料单价高于基准单价：施工期间材料单价跌幅以基准单价为基础超过合同约定的风险幅度值，或材料单价涨幅以投标报价为基础超过合同约定的风险幅度值时，其超过部分按实调整。

c. 承包人投标报价中材料单价等于基准单价：施工期间材料单价涨、跌幅以基准单价为基础超过合同约定的风险幅度值时，其超过部分按实调整。

d. 承包人应在采购材料前将采购数量和新的材料单价报送发包人核对，确认用于本合同工程时，发包人应确认采购材料的数量和单价。发包人在收到承包人报送的确认资料后 3 个工作日不予答复的视为已经认可，作为调整合同价款的依据。如果承包人未报经发包人核对即自行采购材料，再报发包人确认调整合同价款的，如发包人不同意，则不作调整。

【例 5-2】 某中学教学楼工程采用的预拌混凝土由承包人提供，所需品种见表 5-2，施工期间，在采购预拌混凝土时，其单价分别为 C20：327 元/m³，C25：335 元/m³；C30：345 元/m³，合同约定的材料单价如何调整？

表 5-2　承包人提供主要材料和工程设备一览表

（适用造价信息差额调整法）

工程名称：某中学教学楼工程　　　　　　　　标段：　　　　　　　第 1 页 共 1 页

序号	名称、规格、型号	单位	数量	风险系数/%	基准单价/元	投标单价/元	发承包人确认单价/元	备注
1	预拌混凝土 C20	m³	25	≤5	310	308	309.50	
2	预拌混凝土 C25	m³	560	≤5	323	325	325	
3	预拌混凝土 C30	m³	3120	≤5	340	340	340	

【解】

① C20：$327 \div 310 - 1 = 5.48\%$

投标单价低于基准价，按基准价算，已超过约定的风险系数，应予调整：

$308 + 310 \times 0.48\% = 308 + 1.488 = 309.49$（元）

② C25：$335 \div 325 - 1 = 3.08\%$

投标单价高于基准价，按报价算，未超过约定的风险系数，不予调整。

③ C30：$345 \div 340 - 1 = 1.47\%$

投标单价等于基准价，以基准价算，未超过约定的风险系数，不予调整。

④ 施工机械台班单价或施工机械使用费发生变化超过省级或行业建设主管部门或其授权的工程造价管理机构规定的范围时，按其规定调整合同价款。

承包人采购材料和工程设备的，应在合同中约定主要材料、工程设备价格变化的范围或幅度；当没有约定且材料、工程设备单价变化超过 5% 时，超过部分的价格应按照以上两种物价变化合同价款调整方法计算调整材料、工程设备费。

(2) 合同工期延误　发生合同工程工期延误的，应按照下列规定确定合同履行期的价格调整：

① 非承包人原因导致工期延误的，计划进度日期后续工程的价格，应采用计划进度日期与实际进度日期两者的较高者。

② 承包人原因导致工期延误的，计划进度日期后续工程的价格，应采用计划进度日期与实际进度日期两者的较低者。

(3) 发包人供应材料和工程设备　发包人供应材料和工程设备的，不适用（1）规定，应由发包人按照实际变化调整，列入合同工程的工程造价内。

9. 暂估价

① 发包人在招标工程量清单中给定暂估价的材料、工程设备属于依法必须招标的，应由发承包双方以招标的方式选择供应商，确定价格，并应以此为依据取代暂估价，调整合同价款。

② 发包人在招标工程量清单中给定暂估价的材料、工程设备不属于依法必须招标的，应由承包人按照合同约定采购，经发包人确认单价后取代暂估价，调整合同价款。

③ 发包人在工程量清单中给定暂估价的专业工程不属于依法必须招标的，应按照本节中"六、合同价款调整"中的"3. 工程变更"的相应条款的规定确定专业工程价款，并应以此为依据取代专业工程暂估价，调整合同价款。

④ 发包人在招标工程量清单中给定暂估价的专业工程，依法必须招标的，应由发承包双方依法组织招标选择专业分包人，并接受有管辖权的建设工程招标投标管理机构的监督，还应符合下列要求：

a. 除合同另有约定外，承包人不参加投标的专业工程发包招标，应由承包人作为招标人，但拟定的招标文件、评标工作、评标结果应报送发包人批准。与组织招标工作有关的费用应当认为已经包括在承包人的签约合同价（投标总报价）中。

b. 承包人参加投标的专业工程发包招标，应由发包人作为招标人，与组织招标工作有关的费用由发包人承担。同等条件下，应优先选择承包人中标。

c. 应以专业工程发包中标价为依据取代专业工程暂估价，调整合同价款。

10. 不可抗力

① 因不可抗力导致的人员伤亡、财产损失及费用增加，发承包双方应按下列原则分别承担并调整合同价款和工期：

a. 合同工程本身的损害、因工程损害导致第三方人员伤亡和财产损失以及运至施工场地用于施工的材料和待安装的设备的损害，应由发包人承担。

b. 发包人、承包人人员伤亡应由其所在单位负责，并应承担相应费用。

c. 承包人的施工机械设备损坏及停工损失，应由承包人承担。

d. 停工期间，承包人应发包人要求留在施工场地的必要的管理人员和保卫人员的费用应由发包人承担。

e. 工程所需清理、修复费用，应由发包人承担。

② 不可抗力解除后复工的，若不能按期竣工，应合理延长工期。发包人要求赶工的，赶工费用由发包人承担。

③ 因不可抗力解除合同的，应按本节"九、合同解除的价款结算与支付"中②的规定办理。

11. 提前竣工（赶工补偿）

① 招标人应依据相关工程的工期定额合理计算工期，压缩的工期天数不得超过定额工期的20%，超过者，应在招标文件中明示增加赶工费用。

② 发包人要求合同工程提前竣工的，应征得承包人同意后与承包人商定采取加快工程进度的措施，并应修订合同工程进度计划。发包人应承担承包人由此增加的提前竣工（赶工补偿）费用。

③ 发承包双方应在合同中约定提前竣工每日历天的补偿额度，此项费用应作为增加合同价款列入竣工结算文件中，应与结算款一并支付。

12. 误期赔偿

① 承包人未按照合同约定施工，导致实际进度迟于计划进度的，承包人应加快进度，实现合同工期。

合同工程发生误期，承包人应赔偿发包人由此造成的损失，并应按照合同约定向发包人支付误期赔偿费。即使承包人支付误期赔偿费，也不能免除承包人按照合同约定应承担的任何责任和应履行的任何义务。

② 发承包双方应在合同中约定误期赔偿费，并应明确每日历天应赔额度。误期赔偿费应

列入竣工结算文件中，并应在结算款中扣除。

③ 在工程竣工之前，合同工程内的某单项（位）工程已通过了竣工验收，且该单项（位）工程接收证书中表明的竣工日期并未延误，而合同工程的其他部分产生了工期延误时，误期赔偿费应按照已颁发工程接收证书的单项（位）工程造价占合同价款的比例幅度予以扣减。

13. 索赔

① 当合同一方向另一方提出索赔时，应有正当的索赔理由和有效证据，并应符合合同的相关约定。

② 根据合同约定，承包人认为因非承包人发生的事件造成了承包人的损失，应按下列程序向发包人提出索赔：

a. 承包人应在知道或应当知道索赔事件发生后 28d 内，向发包人提交索赔意向通知书，说明发生索赔事件的事由。承包人逾期未发出索赔意向通知书的，丧失索赔的权利。

b. 承包人应在发出索赔意向通知书后 28d 内，向发包人正式提交索赔通知书。索赔通知书应详细说明索赔理由和要求，并应附必要的记录和证明材料。

c. 索赔事件具有连续影响的，承包人应继续提交延续索赔通知，说明连续影响的实际情况和记录。

d. 在索赔事件影响结束后的 28d 内，承包人应向发包人提交最终索赔通知书，说明最终索赔要求，并应附必要的记录和证明材料。

③ 承包人索赔应按下列程序处理：

a. 发包人收到承包人的索赔通知书后，应及时查验承包人的记录和证明材料。

b. 发包人应在收到索赔通知书或有关索赔的进一步证明材料后的 28d 内，将索赔处理结果答复承包人，如果发包人逾期未做出答复，则视为承包人索赔要求已被发包人认可。

c. 承包人接受索赔处理结果的，索赔款项应作为增加合同价款，在当期进度款中进行支付；承包人不接受索赔处理结果的，应按合同约定的争议解决方式办理。

④ 承包人要求赔偿时，可以选择下列一项或几项方式获得赔偿：

a. 延长工期。

b. 要求发包人支付实际发生的额外费用。

c. 要求发包人支付合理的预期利润。

d. 要求发包人按合同的约定支付违约金。

⑤ 当承包人的费用索赔与工期索赔要求相关联时，发包人在做出费用索赔的批准决定时，应结合工程延期，综合做出费用赔偿和工程延期的决定。

⑥ 发承包双方在按合同约定办理了竣工结算后，应认为承包人已无权再提出竣工结算前所发生的任何索赔。承包人在提交的最终结清申请中，只限于提出竣工结算后的索赔，提出索赔的期限应自发承包双方最终结清时终止。

⑦ 根据合同约定，发包人认为因承包人造成发包人损失的，宜按承包人索赔的程序索赔。

⑧ 发包人要求赔偿时，可以选择下列一项或几项方式获得赔偿：

a. 延长质量缺陷修复期限。

b. 要求承包人支付实际发生的额外费用。

c. 要求承包人按合同的约定支付违约金。

d. 承包人应付给发包人的索赔金额可从拟支付给承包人的合同价款中扣除，或由承包人以其他方式支付给发包人。

14. 现场签证

① 承包人应发包人要求完成合同以外的零星项目、非承包人责任事件等工作的，发包人应及时以书面形式向承包人发出指令，并应提供所需的相关资料；承包人在收到指令后，应及时向发包人提出现场签证要求。

② 承包人应在收到发包人指令后的 7d 内向发包人提交现场签证报告，发包人应在收到现场签证报告后的 48h 内对报告内容进行核实，予以确认或提出修改意见。发包人在收到承包人现场签证报告后的 48h 内未确认也未提出修改意见的，应视为承包人提交的现场签证报告已被发包人认可。

③ 现场签证的工作如已有相应的计日工单价，现场签证中应列明完成该类项目所需的人工、材料、工程设备和施工机械台班的数量。

若现场签证的工作没有相应的计日工单价，则应在现场签证报告中列明完成该签证工作所需的人工、材料设备和施工机械台班的数量和单价。

④ 合同工程发生现场签证事项，未经发包人签证确认，承包人便擅自施工的，除非征得发包人书面同意，否则发生的费用应由承包人承担。

⑤ 现场签证工作完成后的 7d 内，承包人应按照现场签证内容计算价款，报送发包人确认后，作为增加合同价款，与进度款同期支付。

⑥ 在施工过程中，当发现合同工程内容因场地条件、地质水文、发包人要求等不一致时，承包人应提供所需的相关资料，并提交发包人签证认可，作为合同价款调整的依据。

15. 暂列金额

① 已签约合同价中的暂列金额应由发包人掌握使用。

② 发包人按照上述规定支付后，暂列金额余额应归发包人所有。

七、合同价款期中支付

1. 预付款

① 承包人应将预付款专用于合同工程。

② 包工包料工程的预付款的支付比例不得低于签约合同价（扣除暂列金额）的 10%，不宜高于签约合同价（扣除暂列金额）的 30%。

③ 承包人应在签订合同或向发包人提供与预付款等额的预付款保函后向发包人提交预付款支付申请。

④ 发包人应在收到支付申请的 7d 内进行核实，向承包人发出预付款支付证书，并在签发支付证书后的 7d 内向承包人支付预付款。

⑤ 发包人没有按合同约定按时支付预付款的，承包人可催告发包人支付；发包人在预付款期满后的 7d 内仍未支付的，承包人可在付款期满后的第 8d 起暂停施工。发包人应承担由此增加的费用和延误的工期，并应向承包人支付合理利润。

⑥ 预付款应从每一个支付期应支付给承包人的工程进度款中扣回，直到扣回的金额达到

合同约定的预付款金额。

⑦ 承包人的预付款保函的担保金额根据预付款扣回的数额相应递减，但在预付款全部扣回之前一直保持有效。发包人应在预付款扣完后的 14d 内将预付款保函退还给承包人。

2. 安全文明施工费

① 安全文明施工费包括的内容和使用范围，应符合国家有关文件和计量规范的规定。

② 发包人应在工程开工后的 28d 内预付不低于当年施工进度计划的安全文明施工费总额的 60%，其余部分应按照提前安排的原则进行分解，并应与进度款同期支付。

③ 发包人没有按时支付安全文明施工费的，承包人可催告发包人支付；发包人在付款期满后的 7d 内仍未支付的，若发生安全事故，则应由发包人承担相应责任。

④ 承包人对安全文明施工费应专款专用，在财务账目中应单独列项备查，不得挪作他用，否则发包人有权要求其限期改正；逾期未改正的，造成的损失和延误的工期应由承包人承担。

3. 进度款

① 发承包双方应按照合同约定的时间、程序和方法，根据工程计量结果，办理期中价款结算，支付进度款。

② 进度款支付周期应与合同约定的工程计量周期一致。

③ 已标价工程量清单中的单价项目，承包人应按工程计量确认的工程量与综合单价计算；综合单价发生调整的，以发承包双方确认调整的综合单价计算进度款。

④ 已标价工程量清单中的总价项目和按本节中"五、工程计量"中"3. 总价合同的计量"中的②的规定形成的总价合同，承包人应按合同中约定的进度款支付分解，分别列入进度款支付申请中的安全文明施工费和本周期应支付的总价项目的金额中。

⑤ 发包人提供的甲供材料金额，应按照发包人签约提供的单价和数量从进度款支付中扣除，列入本周期应扣减的金额中。

⑥ 承包人现场签证和得到发包人确认的索赔金额应列入本周期应增加金额中。

⑦ 进度款的支付比例按照合同约定，按期中结算价款总额计，不低于 60%，不高于 90%。

⑧ 承包人应在每个计量周期到期后的 7d 内向发包人提交已完工程进度款支付申请，一式四份，详细说明此周期认为有权得到的款额，包括分包人已完工程的价款。支付申请应包括下列内容：

a. 累计已完成的合同价款。

b. 累计已实际支付的合同价款。

c. 本周期合计完成的合同价款。包括本周期已完成单价项目的金额、本周期应支付的总价项目的金额、本周期已完成的计日工价款、本周期应支付的安全文明施工费、本周期应增加的金额。

d. 本周期合计应扣减的金额。包括本周期应扣回的预付款和本周期应扣减的金额。

e. 本周期实际应支付的合同价款。

⑨ 发包人应在收到承包人进度款支付申请后的 14d 内，根据计量结果和合同约定对申请内容予以核实，确认后向承包人出具进度款支付证书。若发承包双方对部分清单项目的计量

结果出现争议，发包人应对无争议部分的工程计量结果向承包人出具进度款支付证书。

⑩ 发包人应在签发进度款支付证书后的 14d 内，按照支付证书列明的金额向承包人支付进度款。

⑪ 若发包人逾期未签发进度款支付证书，则视为承包人提交的进度款支付申请已被发包人认可，承包人可向发包人发出催告付款的通知。发包人应在收到通知后的 14d 内，按照承包人支付申请的金额向承包人支付进度款。

⑫ 发包人未按照⑨～⑪的规定支付进度款的，承包人可催告发包人支付，并有权获得延迟支付的利息；发包人在付款期满后的 7d 内仍未支付的，承包人可在付款期满后的第 8d 起暂停施工。发包人应承担由此增加的费用和延误的工期，向承包人支付合理利润，并应承担违约责任。

⑬ 若发现已签发的任何支付证书有错、漏或重复的数额，则发包人有权予以修正，承包人也有权提出修正申请。经发承包双方复核同意修正的，应在本次到期的进度款中支付或扣除。

八、竣工结算与支付

1. 一般规定

① 工程完工后，发承包双方必须在合同约定时间内办理工程竣工结算。

② 工程竣工结算应由承包人或受其委托具有相应资质的工程造价咨询人编制，并应由发包人或受其委托具有相应资质的工程造价咨询人核对。

③ 当发承包双方或一方对工程造价咨询人出具的竣工结算文件有异议时，可向工程造价管理机构投诉，申请对其进行执业质量鉴定。

④ 工程造价管理机构对投诉的竣工结算文件进行质量鉴定，宜按本节中"十一、工程造价鉴定"的相关规定进行。

⑤ 竣工结算办理完毕，发包人应将竣工结算文件报送工程所在地或有该工程管辖权的行业管理部门的工程造价管理机构备案，竣工结算文件应作为工程竣工验收备案、交付使用的必备文件。

2. 编制与复核

① 工程竣工结算应根据下列依据编制与复核：

a.《建设工程工程量清单计价规范》（GB 50500—2013）。

b. 工程合同。

c. 发承包双方实施过程中已确认的工程量及其结算的合同价款。

d. 发承包双方实施过程中已确认调整后追加（减）的合同价款。

e. 建设工程设计文件及相关资料。

f. 投标文件。

g. 其他依据。

② 分部分项工程和措施项目中的单价项目应依据发承包双方确认的工程量与已标价工程量清单的综合单价计算；发生调整的，应以发承包双方确认调整的综合单价计算。

③ 措施项目中的总价项目应依据已标价工程量清单的项目和金额计算；发生调整的，应以发承包双方确认调整的金额计算，其中安全文明施工费应按本节中"一、一般规定"中的

"1. 计价方式"中⑤的规定计算。

④ 其他项目应按下列规定计价：

a. 计日工应按发包人实际签证确认的事项计算。

b. 暂估价应按本节中"六、合同价款调整"中的"9. 暂估价"的规定计算。

c. 总承包服务费应依据已标价工程量清单金额计算；发生调整的，应以发承包双方确认调整的金额计算。

d. 索赔费用应依据发承包双方确认的索赔事项和金额计算。

e. 现场签证费用应依据发承包双方签证资料确认的金额计算。

f. 暂列金额应以减去合同价款调整（包括索赔、现场签证）金额计算，如有余额应归发包人。

⑤ 规费和税金应按本节中"一、一般规定"中的"1. 计价方式"中⑥的规定计算。规费中的工程排污费应按工程所在地环境保护部门规定的标准缴纳，按实列入。

⑥ 发承包双方在合同工程实施过程中已经确认的工程计量结果和合同价款，在竣工结算办理中应直接进入结算。

3. 竣工结算

① 合同工程完工后，承包人应在经发承包双方确认的合同工程期中价款结算的基础上汇总编制完成竣工结算文件，应在提交竣工验收申请的同时向发包人提交竣工结算文件。

承包人未在合同约定的时间内提交竣工结算文件，经发包人催告后 14d 内仍未提交或没有明确答复的，发包人有权根据已有资料编制竣工结算文件，作为办理竣工结算和支付结算款的依据，承包人应予以认可。

② 发包人应在收到承包人提交的竣工结算文件后的 28d 内核对。发包人经核实，认为承包人还应进一步补充资料和修改结算文件，应在上述时限内向承包人提出核实意见，承包人在收到核实意见后的 28d 内应按照发包人提出的合理要求补充资料，修改竣工结算文件，并应再次提交给发包人复核批准。

③ 发包人应在收到承包人再次提交的竣工结算文件后的 28d 内予以复核，将复核结果通知承包人，并应遵守下列规定：

a. 发包人、承包人对复核结果无异议的，应在 7d 内在竣工结算文件上签字确认，竣工结算办理完毕。

b. 发包人或承包人对复核结果认为有误的，无异议部分按照上述规定办理不完全竣工结算；有异议部分由发承包双方协商解决；协商不成的，应按照合同约定的争议解决方式处理。

④ 发包人在收到承包人竣工结算文件后的 28d 内，不核对竣工结算或未提出核对意见的，应视为承包人提交的竣工结算文件已由发包人认可，竣工结算办理完毕。

⑤ 承包人在收到发包人提出的核实意见后的 28d 内，不确认也未提出异议的，应视为发包人提出的核实意见已由承包人认可，竣工结算办理完毕。

⑥ 发包人委托工程造价咨询人核对竣工结算的，工程造价咨询人应在 28d 内核对完毕，核对结论与承包人竣工结算文件不一致的，应提交给承包人复核；承包人应在 14d 内将同意核对结论或不同意见的说明提交工程造价咨询人。工程造价咨询人收到承包人提出的异议后，应再次复核，复核无异议的，应按③中 a. 的规定办理；复核后仍有异议的，按③中 b. 的规

定办理。

　　承包人逾期未提出书面异议的，应视为工程造价咨询人核对的竣工结算文件已由承包人认可。

　　⑦ 对发包人或发包人委托的工程造价咨询人指派的专业人员与承包人指派的专业人员经核对后无异议并签名确认的竣工结算文件，除非发承包人能提出具体、详细的不同意见，否则发承包人都应在竣工结算文件上签名确认，如其中一方拒不签认的，按下列规定办理：

　　a. 若发包人拒不签认，承包人可不提供竣工验收备案资料，并有权拒绝与发包人或其上级部门委托的工程造价咨询人重新核对竣工结算文件。

　　b. 若承包人拒不签认，发包人要求办理竣工验收备案的，承包人不得拒绝提供竣工验收资料，否则，由此造成的损失，承包人应承担相应责任。

　　⑧ 合同工程竣工结算核对完成，发承包双方签字确认后，发包人不得要求承包人与另一个或多个工程造价咨询人重复核对竣工结算。

　　⑨ 发包人对工程质量有异议，拒绝办理工程竣工结算的，已竣工验收或已竣工未验收但实际投入使用的工程，其质量争议应按该工程保修合同执行，竣工结算应按合同约定办理；已竣工未验收且未实际投入使用的工程，以及停工、停建工程的质量争议，双方应就有争议的部分委托有资质的检测鉴定机构进行检测，并应根据检测结果确定解决方案，或按工程质量监督机构的处理决定执行后办理竣工结算，无争议部分的竣工结算应按合同约定办理。

　　4. 结算款支付

　　① 承包人应根据办理的竣工结算文件向发包人提交竣工结算款支付申请。申请包括下列内容：

　　a. 竣工结算合同价款总额。

　　b. 累计已实际支付的合同价款。

　　c. 应预留的质量保证金。

　　d. 实际应支付的竣工结算款金额。

　　② 发包人应在收到承包人提交竣工结算款支付申请后 7d 内予以核实，向承包人签发竣工结算支付证书。

　　③ 发包人签发竣工结算支付证书后的 14d 内，应按照竣工结算支付证书列明的金额向承包人支付结算款。

　　④ 发包人在收到承包人提交的竣工结算款支付申请后 7d 内不予核实，不向承包人签发竣工结算支付证书的，视为承包人的竣工结算款支付申请已由发包人认可；发包人应在收到承包人提交的竣工结算款支付申请 7d 后的 14d 内，按照承包人提交的竣工结算款支付申请列明的金额向承包人支付结算款。

　　⑤ 发包人未按照③、④的规定支付竣工结算款的，承包人可催告发包人支付，并有权获得延迟支付的利息。发包人在竣工结算支付证书签发后或者在收到承包人提交的竣工结算款支付申请 7d 后的 56d 内仍未支付的，除法律另有规定外，承包人可与发包人协商将该工程折价，也可直接向人民法院申请将该工程依法拍卖。承包人应就该工程折价或拍卖的价款优先获得补偿。

5. 质量保证金

① 发包人应按照合同约定的质量保证金比例从结算款中预留质量保证金。

② 承包人未按照合同约定履行属于自身责任的工程缺陷修复义务的，发包人有权从质量保证金中扣除用于缺陷修复的各项支出。经查验，工程缺陷属于发包人造成的，应由发包人承担查验和缺陷修复的费用。

③ 在合同约定的缺陷责任期终止后，发包人应按照本节中"八、竣工结算与支付"中的"6. 最终结清"的规定，将剩余的质量保证金返还给承包人。

6. 最终结清

① 缺陷责任期终止后，承包人应按照合同约定向发包人提交最终结清支付申请。发包人对最终结清支付申请有异议的，有权要求承包人进行修正和提供补充资料。承包人修正后，应再次向发包人提交修正后的最终结清支付申请。

② 发包人应在收到最终结清支付申请后的 14d 内予以核实，并应向承包人签发最终结清支付证书。

③ 发包人应在签发最终结清支付证书后的 14d 内，按照最终结清支付证书列明的金额向承包人支付最终结清款。

④ 发包人未在约定的时间内核实，又未提出具体意见的，应视为承包人提交的最终结清支付申请已由发包人认可。

⑤ 发包人未按期最终结清支付的，承包人可催告发包人支付，并有权获得延迟支付的利息。

⑥ 当最终结清时，承包人预留的质量保证金不足以抵减发包人工程缺陷修复费用的，承包人应承担不足部分的补偿责任。

⑦ 承包人对发包人支付的最终结清款有异议的，应按照合同约定的争议解决方式处理。

九、合同解除的价款结算与支付

① 发承包双方协商一致解除合同的，应按照达成的协议办理结算和支付合同价款。

② 由于不可抗力使合同无法履行解除合同的，发包人应向承包人支付合同解除之日前已完成工程但尚未支付的合同价款，此外，还应支付下列金额：

a. 本节中"六、合同价款调整"中的"11. 提前竣工（赶工补偿）"规定的由发包人承担的费用。

b. 已实施或部分实施的措施项目应付价款。

c. 承包人为合同工程合理订购且已交付的材料和工程设备货款。

d. 承包人撤离现场所需的合理费用，包括员工遣送费和临时工程拆除、施工设备运离现场的费用。

e. 承包人为完成合同工程而预期开支的任何合理费用，且该项费用未包括在本款其他各项支付之内。

发承包双方办理结算合同价款时，应扣除合同解除之日前发包人应向承包人收回的价款。当发包人应扣除的金额超过了应支付的金额时，承包人应在合同解除后的 56d 内将其差额退还给发包人。

③ 因承包人违约解除合同的，发包人应暂停向承包人支付任何价款。发包人应在合同解

除后 28d 内核实合同解除时承包人已完成的全部合同价款，以及按施工进度计划已运至现场的材料和工程设备货款，按合同约定核算承包人应支付的违约金和造成损失的索赔金额，并将结果通知承包人。发承包双方应在 28d 内予以确认或提出意见，并应办理结算合同价款。如果发包人应扣除的金额超过了应支付的金额，承包人应在合同解除后的 56d 内将其差额退还给发包人。发承包双方不能就解除合同后的结算达成一致的，按照合同约定的争议解决方式处理。

④ 因发包人违约解除合同的，发包人除应按照②的规定向承包人支付各项价款外，应按合同约定核算发包人应支付的违约金，以及给承包人造成损失或损害的索赔金额费用。该笔费用应由承包人提出，发包人核实后应在与承包人协商确定后的 7d 内向承包人签发支付证书。协商不能达成一致的，应按照合同约定的争议解决方式处理。

十、合同价款争议的解决

1. 监理或造价工程师暂定

① 若发包人和承包人之间就工程质量、进度、价款支付与扣除、工期延期、索赔、价款调整等发生任何法律上、经济上或技术上的争议，则首先应根据已签约合同的规定，提交合同约定职责范围内的总监理工程师或造价工程师解决，并抄送另一方。总监理工程师或造价工程师在收到此提交文件后 14d 内应将暂定结果通知发包人和承包人。发承包双方对暂定结果认可的，应以书面形式予以确认，暂定结果成为最终决定。

② 发承包双方在收到总监理工程师或造价工程师的暂定结果通知之后的 14d 内未对暂定结果予以确认也未提出不同意见的，应视为发承包双方已认可该暂定结果。

③ 发承包双方或一方不同意暂定结果的，应以书面形式向总监理工程师或造价工程师提出，说明自己认为正确的结果，同时抄送另一方，此时该暂定结果成为争议。在暂定结果对发承包双方当事人履约不产生实质影响的前提下，发承包双方应实施该结果，直到按照发承包双方认可的争议解决办法改变。

2. 管理机构的解释或认定

① 合同价款争议发生后，发承包双方可就工程计价依据的争议以书面形式提请工程造价管理机构对争议以书面文件进行解释或认定。

② 工程造价管理机构应在收到申请的 10 个工作日内就发承包双方提请的争议问题进行解释或认定。

③ 发承包双方或一方在收到工程造价管理机构书面解释或认定后仍可按照合同约定的争议解决方式提请仲裁或诉讼。除工程造价管理机构的上级管理部门做出了不同的解释或认定，或在仲裁裁决或法院判决中不予采信的外，工程造价管理机构做出的书面解释或认定应为最终结果，并应对发承包双方均有约束力。

3. 协商和解

① 合同价款争议发生后，发承包双方任何时候都可以进行协商。协商达成一致的，双方应签订书面和解协议，和解协议对发承包双方均有约束力。

② 如果协商不能达成一致，发包人或承包人都可以按合同约定的其他方式解决争议。

4. 调解

① 发承包双方应在合同中约定或在合同签订后共同约定争议调解人，负责双方在合同履

行过程中发生争议的调解。

② 合同履行期间，发承包双方可协议调换或终止任何调解人，但发包人或承包人都不能单独采取行动。除非双方另有协议，在最终结清支付证书生效时，调解人的任期应终止。

③ 如果发承包双方发生了争议，任何一方可将该争议以书面形式提交调解人，并将副本抄送另一方，委托调解人调解。

④ 发承包双方应按照调解人提出的要求，给调解人提供所需要的资料、现场进入权和相应设施。调解人应被视为不是在进行仲裁人的工作。

⑤ 调解人应在收到调解委托后 28d 内或由调解人建议并经发承包双方认可的其他期限内提出调解书，发承包双方接受调解书的，经双方签字后作为合同的补充文件，对发承包双方均具有约束力，双方都应立即遵照执行。

⑥ 当发承包双方中任一方对调解人的调解书有异议时，应在收到调解书后 28d 内向另一方发出异议通知，并应说明争议的事项和理由。但除非调解书在协商和解或仲裁裁决、诉讼判决中做出修改，或合同已经解除，否则承包人应继续按照合同实施工程。

⑦ 当调解人已就争议事项向发承包双方提交了调解书，而任一方在收到调解书后 28d 内均未发出表示异议的通知时，调解书对发承包双方应均具有约束力。

5. 仲裁、诉讼

① 发承包双方的协商和解或调解均未达成一致意见时，其中的一方已就此争议事项根据合同约定的仲裁协议申请仲裁，应同时通知另一方。

② 仲裁可在竣工之前或之后进行，但发包人、承包人、调解人各自的义务不得因在工程实施期间进行仲裁而有所改变。若仲裁是在仲裁机构要求停止施工的情况下进行，则承包人应对合同工程采取保护措施，由此增加的费用应由败诉方承担。

③ 在"1. 监理或造价工程师暂定"～"4. 调解"的期限之内，暂定或和解协议或调解书已经有约束力的情况下，当发承包中一方未能遵守暂定或和解协议或调解书时，另一方可在不损害其可能具有的任何其他权利的情况下，将未能遵守暂定或不执行和解协议或调解书达成的事项提交仲裁。

④ 发包人、承包人在履行合同时发生争议，双方不愿和解、调解或者和解、调解不成，又没有达成仲裁协议的，可依法向人民法院提起诉讼。

十一、工程造价鉴定

1. 一般鉴定

① 在工程合同价款纠纷案件处理中，需进行工程造价司法鉴定的，应委托具有相应资质的工程造价咨询人进行。

② 工程造价咨询人接受委托时提供工程造价司法鉴定服务，应按仲裁、诉讼程序和要求进行，并应符合国家关于司法鉴定的规定。

③ 工程造价咨询人进行工程造价司法鉴定时，应指派专业对口、经验丰富的注册造价工程师承担鉴定工作。

④ 工程造价咨询人应在收到工程造价司法鉴定资料后 10d 内，根据自身专业能力和证据资料判断能否胜任该项委托，若不能，则应辞去该项委托。工程造价咨询人不得在鉴定期满后以上述理由不做出鉴定结论，影响案件处理。

⑤ 接受工程造价司法鉴定委托的工程造价咨询人或造价工程师若是鉴定项目一方当事人的近亲属或代理人、咨询人，以及其他关系可能影响鉴定公正的，应当自行回避；未自行回避，鉴定项目委托人以该理由要求其回避的，必须回避。

⑥ 工程造价咨询人应依法出庭接受鉴定项目当事人对工程造价司法鉴定意见书的质询。如确有特殊原因无法出庭的，经审理该鉴定项目的仲裁机关或人民法院准许，可以书面形式答复当事人的质询。

2. 取证

① 工程造价咨询人进行工程造价鉴定工作时，应自行收集以下（但不限于）鉴定资料：

a. 适用于鉴定项目的法律、法规、规章、规范性文件，以及规范、标准、定额。

b. 鉴定项目同时期同类型工程的技术经济指标及其各类要素价格等。

② 工程造价咨询人收集鉴定项目的鉴定依据时，应向鉴定项目委托人提出具体书面要求，其内容包括：

a. 与鉴定项目相关的合同、协议及其附件。

b. 相应的施工图纸等技术经济文件。

c. 施工过程中的施工组织、质量、工期和造价等工程资料。

d. 存在争议的事实及各方当事人的理由。

e. 其他有关资料。

③ 工程造价咨询人在鉴定过程中要求鉴定项目当事人对缺陷资料进行补充的，应征得鉴定项目委托人同意，或者协调鉴定项目各方当事人共同签认。

④ 根据鉴定工作需要现场勘验的，工程造价咨询人应提请鉴定项目委托人组织各方当事人对被鉴定项目所涉及的实物标的进行现场勘验。

⑤ 勘验现场应制作勘验记录、笔录或勘验图表，记录勘验的时间、地点、勘验人、在场人、勘验经过、结果，由勘验人、在场人签名或者盖章确认。绘制的现场图应注明绘制的时间、测绘人姓名、身份等内容。必要时应采取拍照或摄像取证，留下影像资料。

⑥ 鉴定项目当事人未对现场勘验图表或勘验笔录等签字确认的，工程造价咨询人应提请鉴定项目委托人决定处理意见，并在鉴定意见书中做出表述。

3. 鉴定

① 工程造价咨询人在鉴定项目合同有效的情况下应根据合同约定进行鉴定，不得任意改变双方合法的合意。

② 工程造价咨询人在鉴定项目合同无效或合同条款约定不明确的情况下应根据法律法规、相关国家标准和《建设工程工程量清单计价规范》（GB 50500—2013）的规定，选择相应专业工程的计价依据和方法进行鉴定。

③ 工程造价咨询人出具正式鉴定意见书之前，可报请鉴定项目委托人向鉴定项目各方当事人发出鉴定意见书征求意见稿，并指明应书面答复的期限及其不答复的相应法律责任。

④ 工程造价咨询人收到鉴定项目各方当事人对鉴定意见书征求意见稿的书面复函后，应对不同意见认真复核，修改完善后再出具正式鉴定意见书。

⑤ 工程造价咨询人出具的工程造价鉴定书应包括下列内容：

a. 鉴定项目委托人名称、委托鉴定的内容、委托鉴定的证据材料。

b. 鉴定的依据及使用的专业技术手段。

c. 对鉴定过程的说明。

d. 明确的鉴定结论。

e. 其他需说明的事宜。

f. 工程造价咨询人盖章及注册造价工程师签名盖执业专用章。

⑥ 工程造价咨询人应在委托鉴定项目的鉴定期限内完成鉴定工作，如确有特殊原因不能在原定期限内完成鉴定工作的，应按照相应法规提前向鉴定项目委托人申请延长鉴定期限，并应在此期限内完成鉴定工作。

经鉴定项目委托人同意等待鉴定项目当事人提交、补充证据的，质证所用的时间不应计入鉴定期限。

⑦ 对于已经出具的正式鉴定意见书中有部分缺陷的鉴定结论，工程造价咨询人应通过补充鉴定做出补充结论。

十二、工程计价资料与档案

1. 计价资料

① 发承包双方应在合同中约定各自在合同工程中现场管理人员的职责范围，双方现场管理人员在职责范围内签字确认的书面文件是工程计价的有效凭证，但有其他有效证据或经实证证明其是虚假的除外。

② 发承包双方不论在何种场合对与工程计价有关的事项所给予的批准、证明、同意、指令、商定、确定、确认、通知和请求，或表示同意、否定、提出要求和意见等，均应采用书面形式，口头指令不得作为计价凭证。

③ 任何书面文件送达时，应由对方签收，通过邮寄应采用挂号、特快专递，或以发承包双方商定的电子传输方式发送，交付、传送或传输至指定的接收人的地址。当接收人通知了另外的地址时，随后通信信息应按新地址发送。

④ 发承包双方分别向对方发出的任何书面文件，均应抄送现场管理人员，如是复印件，则应加盖合同工程管理机构印章，证明与原件相同。双方现场管理人员向对方所发任何书面文件，也应将其复印件发送给发承包双方，复印件应加盖合同工程管理机构印章，证明与原件相同。

⑤ 发承包双方均应及时签收另一方送达其指定接收地点的来往信函，拒不签收的，送达信函的一方可以采用特快专递或者公证方式送达，所造成的费用增加（包括被迫采用特殊送达方式所发生的费用）和延误的工期由拒绝签收一方承担。

⑥ 书面文件和通知不得扣压，一方能够提供证据证明另一方拒绝签收或已送达的，应视为对方已签收并应承担相应责任。

2. 计价档案

① 发承包双方和工程造价咨询人对具有保存价值的各种载体的计价文件，均应收集齐全，整理立卷后归档。

② 发承包双方和工程造价咨询人应建立完善的工程计价档案管理制度，并应符合国家和有关部门发布的档案管理相关规定。

③ 工程造价咨询人归档的计价文件，保存期不宜少于五年。

④ 归档的工程计价成果文件应包括纸质原件和电子文件，其他归档文件和依据可为纸质原件、复印件或电子文件。

⑤ 归档文件应经过分类整理，并应组成符合要求的案卷。

⑥ 归档可以分阶段进行，也可以在项目竣工结算完成后进行。

⑦ 向接收单位移交档案时，应编制移交清单，双方签字、盖章后方可交接。

第三节　工程量清单计价表格

一、计价表格组成与填制说明

1. 封面

（1）招标工程量清单封面（表5-3）

【填制说明】　　封面应填写招标工程项目的具体名称，招标人应盖单位公章，如委托工程造价咨询人编制，则还应由其加盖相同单位公章。

表5-3　招标工程量清单封面

＿＿＿＿＿＿＿＿工程   招　标　工　程　量　清　单   招　标　人：＿＿＿＿＿＿＿＿ （单位盖章）   造价咨询人：＿＿＿＿＿＿＿＿ （单位盖章）   年　　　月　　　日

（2）招标控制价封面（表5-4）

【填制说明】　　封面应填写招标工程项目的具体名称，招标人应盖单位公章，如委托工程造价咨询人编制，则还应由其加盖相同单位公章。

表 5-4　招标控制价封面

_____工程

招 标 控 制 价

招　标　人：_____
　　　　　　（单位盖章）

造价咨询人：_____
　　　　　　（单位盖章）

年　　月　　日

（3）投标总价封面（表 5-5）

【填制说明】　　应填写投标工程项目的具体名称，投标人应盖单位公章。

表 5-5　投标总价封面

_____工程

投 标 总 价

投　标　人：_____
　　　　　　（单位盖章）

年　　月　　日

（4）竣工结算书封面（表 5-6）

【填制说明】　　应填写竣工工程项目的具体名称，发承包双方应盖单位公章，如委托工程造价咨询人办理，则还应加盖其单位公章。

表 5-6 竣工结算书封面

_____工程

竣 工 结 算 书

发 包 人：_____
(单位盖章)

承 包 人：_____
(单位盖章)

造价咨询人：_____
(单位盖章)

年 月 日

(5) 工程造价鉴定意见书封面（表 5-7）

【填制说明】 应填写鉴定工程项目的具体名称和意见书文号，工程造价咨询人应盖单位公章。

表 5-7 工程造价鉴定意见书封面

_____工程
编号：×××［2×××］××号

工 程 造 价 鉴 定 意 见 书

造价咨询人：_____
(单位盖章)

年 月 日

2. 扉页

(1) 招标工程量清单扉页（表 5-8）

【填制说明】

① 招标人自行编制工程量清单时，由招标人单位注册的造价人员编制，招标人盖单位公

章，法定代表人或其授权人签字或盖章。编制人是造价工程师的，由其签字盖执业专用章；编制人是造价员的，在编制人栏签字盖专用章，应由造价工程师复核，并在复核人栏签字盖执业专用章。

②招标人委托工程造价咨询人编制工程量清单时，由工程造价咨询人单位注册的造价人员编制，工程造价咨询人盖单位资质专用章，法定代表人或其授权人签字或盖章。编制人是造价工程师的，由其签字盖执业专用章；编制人是造价员的，在编制人栏签字盖专用章，应由造价工程师复核，并在复核人栏签字盖执业专用章。

表 5-8　招标工程量清单扉页

_____工程

招 标 工 程 量 清 单

招标人：_____　　　　造价咨询人：_____
　　　（单位盖章）　　　　　　　　　　　　（单位资质专用章）

法定代表人　　　　　　　　　　法定代表人
或其授权人：_____　　或其授权人：_____
　　　（签字或盖章）　　　　　　　　　　（签字或盖章）

编制人：_____　　　　复核人：_____
　（造价人员签字盖专用章）　　　　　（造价工程师签字盖专用章）

编制时间：　年　月　日　　　　复核时间：　年　月　日

（2）招标控制价扉页（表 5-9）

【填制说明】

①招标人自行编制招标控制价时，由招标人单位注册的造价人员编制，招标人盖单位公章，法定代表人或其授权人签字或盖章。编制人是造价工程师的，由其签字盖执业专用章；编制人是造价员的，由其在编制人栏签字盖专用章，应由造价工程师复核，并在复核人栏签字盖执业专用章。

②招标人委托工程造价咨询人编制招标控制价时，由工程造价咨询人单位注册的造价人员编制，工程造价咨询人盖单位资质专用章，法定代表人或其授权人签字或盖章。编制人是造价工程师的，由其签字盖执业专用章；编制人是造价员的，在编制人栏签字盖专用章，应由造价工程师复核。并在复核人栏签字盖执业专用章。

（3）投标总价扉页（表 5-10）

【填制说明】　投标人编制投标报价时，由投标人单位注册的造价人员编制，投标人盖单位公章，法定代表人或其授权人签字或盖章，编制的造价人员（造价工程师或造价员）签字盖执业专用章。

表 5-9 招标控制价扉页

_____工程

招 标 控 制 价

招标控制价（小写）：_____

（大写）：_____

招标人：_____ 造价咨询人：_____

（单位盖章）   （单位资质专用章）

法定代表人   法定代表人

或其授权人：_____ 或其授权人：_____

（签字或盖章）   （签字或盖章）

编制人：_____ 复核人：_____

（造价人员签字盖专用章） （造价工程师签字盖专用章）

编制时间： 年 月 日   复核时间： 年 月 日

表 5-10 投标总价扉页

投 标 总 价

招标人：_____

工程名称：_____

投标总价（小写）：_____

（大写）：_____

投标人：_____

（单位盖章）

法定代表人

或其授权人：_____

（签字或盖章）

编制人：_____

（造价人员签字盖专用章）

编制时间： 年 月 日

（4）竣工结算总价扉页（表 5-11）

【填制说明】

① 承包人自行编制竣工结算总价时，由承包人单位注册的造价人员编制，承包人盖单位公章，法定代表人或其授权人签字或盖章，造价人员（造价工程师或造价员）在编制人栏签字盖执业专用章。

发包人自行核对竣工结算时，由发包人单位注册的造价工程师核对，发包人盖单位公章，法定代表人或其授权人签字或盖章，造价工程师在核对人栏签字盖执业专用章。

② 发包人委托工程造价咨询人核对竣工结算时，由工程造价咨询人单位注册的造价工程师核对，发包人盖单位公章，法定代表人或其授权人签字或盖章；工程造价咨询人盖单位资质专用章，法定代表人或其授权人签字或盖章，造价工程师在核对人栏签字盖执业专用章。

除非出现发包人拒绝或不答复承包人竣工结算书的特殊情况，否则竣工结算办理完毕后，竣工结算总价封面发承包双方的签字、盖章应齐全。

表 5-11　竣工结算总价扉页

_____工程

竣 工 结 算 总 价

签约合同价（小写）：_____　（大写）：_____

竣工结算价（小写）：_____　（大写）：_____

发包人：_____　承包人：_____　造价咨询人：_____
　　　　（单位盖章）　　　　　　（单位盖章）　　　　　　（单位资质专用章）

法定代表人　　　　　　法定代表人　　　　　　法定代表人
或其授权人：_____　或其授权人：_____　或其授权人：_____
　　　（签字或盖章）　　　　　（签字或盖章）　　　　　（签字或盖章）

编制人：_____　　　　　　核对人：_____
　　（造价人员签字盖专用章）　　　　　（造价工程师签字盖专用章）

编制时间：　年　月　日　核对时间：　年　月　日

（5）工程造价鉴定意见书扉页（表 5-12）

【填制说明】　工程造价咨询人应盖单位资质专用章，法定代表人或其授权人签字或盖章，造价工程师签字盖章执业专用章。

表 5-12　工程造价鉴定意见书扉页

_____工程

工 程 造 价 鉴 定 意 见 书

鉴定结论：

造价咨询人：_____
（盖单位章及资质专用章）

法定代表人：_____
（签字或盖章）

造价工程师：_____
（签字盖专用章）

年　　　月　　　日

3. 总说明

总说明见表 5-13。

【填制说明】

（1）**工程量清单**　总说明的内容应包括：工程概况，如建设地址、建设规模、工程特征、交通状况、环保要求等；工程发包、分包范围；工程量清单编制依据，如采用的标准、施工图纸、标准图集等；使用材料设备、施工的特殊要求等；其他需要说明的问题。

（2）**招标控制价**　总说明的内容应包括：采用的计价依据；采用的施工组织设计；采用的材料价格来源；综合单价中风险因素、风险范围（幅度）；其他。

（3）**投标报价**　总说明的内容应包括：采用的计价依据；采用的施工组织设计；综合单价中风险因素、风险范围（幅度）；措施项目的依据；其他有关内容的说明等。

（4）**竣工结算**　总说明的内容应包括：工程概况、编制依据、工程变更、工程价款调整、索赔及其他等。

表 5-13　总说明

工程名称：　　　　　　　　　　　　　　　　　　　　　　　　　　第　页　共　页

4. 工程计价汇总表

(1) 招标控制价（投标报价）使用的汇总表（表 5-14、表 5-15 和表 5-16）

【填制说明】

① 由于编制招标控制价和投标报价包含的内容相同，只是对价格的处理不同，所以对招标控制价和投标报价汇总表的设计使用同一表格。实践中，招标控制价或投标报价可分别印制该表格。

② 与招标控制价的表样一致，此处需要说明的是，投标报价汇总表与投标函中投标报价金额应当一致。就投标文件的各个组成部分而言，投标函是最重要的文件，其他组成部分都是投标函的支持性文件，投标函是必须经过投标人签字盖章，并且必须在开标会上当众宣读的文件。如果投标报价汇总表的投标总价与投标函填报的投标总价不一致，那么应以投标函中填写的大写金额为准。实践中，对该原则一直缺少一个明确的依据，为了避免出现争议，可以在"投标人须知"中给予明确，用在招标文件中预先给予明示约定的方式来弥补法律法规依据的不足。

表 5-14 建设项目招标控制价/投标报价汇总表

工程名称： 第 页 共 页

序号	单项工程名称	金额/元	其中：/元		
			暂估价	安全文明施工费	规费
	合计				

注：本表适用于建设项目招标控制价或投标报价的汇总。

表 5-15 单项工程招标控制价/投标报价汇总表

工程名称： 第 页 共 页

序号	单位工程名称	金额/元	其中：/元		
			暂估价	安全文明施工费	规费
	合计				

注：本表适用于单项工程招标控制价或投标报价的汇总。暂估价包括分部分项工程中的暂估价和专业工程暂估价。

表 5-16　单位工程招标控制价/投标报价汇总表

工程名称：　　　　　　　　　标段：　　　　　　　　　第　页　共　页

序号	汇总内容	金额/元	其中：暂估价/元
1	分部分项工程		
1.1			
1.2			
1.3			
1.4			
1.5			
2	措施项目		—
2.1	其中：安全文明施工费		—
3	其他项目		
3.1	其中：暂列金额		—
3.2	其中：专业工程暂估价		—
3.3	其中：计日工		—
3.4	其中：总承包服务费		—
4	规费		—
5	税金		—
招标控制/投标报价合计＝1＋2＋3＋4＋5			

注：本表适用于单位工程招标控制价或投标报价的汇总，单项工程也可使用本表汇总。

（2）竣工结算使用的汇总表（表 5-17、表 5-18 和表 5-19）

表 5-17　建设项目竣工结算汇总表

工程名称：　　　　　　　　　　　　　　　第　页　共　页

序号	单项工程名称	金额/元	其中：/元	
			安全文明施工费	规费
	合计			

表 5-18　单项工程竣工结算汇总表

工程名称：　　　　　　　　　　　　　　　　　　　　　　　　　　第　页　共　页

序号	单位工程名称	金额/元	其中：/元	
			安全文明施工费	规费
	合计			

表 5-19　单位工程竣工结算汇总表

工程名称：　　　　　　　　　　　标段：　　　　　　　　　　　第　页　共　页

序号	汇总内容	金额/元
1	分部分项工程	
1.1		
1.2		
1.3		
1.4		
1.5		
2	措施项目	
2.1	其中：安全文明施工费	
3	其他项目	
3.1	其中：专业工程结算价	
3.2	其中：计日工	
3.3	其中：总承包服务费	
3.4	其中：索赔与现场签证	
4	规费	
5	税金	
竣工结算总价合计＝1＋2＋3＋4＋5		

注：若无单位工程划分，则单项工程也可使用本表汇总。

5. 分部分项工程和措施项目计价表

（1）分部分项工程和单价措施项目清单与计价表（表 5-20）

【填制说明】

① 编制工程量清单时，工程名称栏应填写具体的工程称谓。项目编码栏应按相关工程国家计量规范项目编码栏内规定的 9 位数字另加 3 位顺序码填写。项目名称栏应按相关工程国家计量规范根据拟建工程实际确定填写。项目特征描述栏应按国家计量规范根据拟建工程实际描述。

② 编制招标控制价时，其项目编码、项目名称、项目特征描述、计量单位、工程量栏不

变，对综合单价、合价以及暂估价按相关规定填写。

③ 编制投标报价时，招标人对表中的项目编码、项目名称、项目特征描述、计量单位、工程量均不进行改动。综合单价、合价自主决定填写，对暂估价栏，投标人应将招标文件中提供了暂估材料单价的暂估价计入综合单价，并应计算出暂估单价的材料栏综合单价其中的暂估价。

④ 编制竣工结算时，可取消暂估价。

表 5-20　分部分项工程和单价措施项目清单与计价表

工程名称：　　　　　　　　　　　　标段：　　　　　　　　　　　　　　　　第　页　共　页

序号	项目编码	项目名称	项目特征描述	计量单位	工程量	金额/元		其中
						综合单价	合价	暂估价
本页小计								
合计								

注：为计取规费等的使用，可在表中增设"定额人工费"。

（2）综合单价分析表（表 5-21）

【填制说明】　工程量清单综合单价分析表是评标委员会评审和判别综合单价组成及其价格完整性、合理性的主要基础，对工程变更、工程量偏差等原因调整综合单价也是必不可少的基础价格数据来源。采用经评审的最低投标价法评标时，该分析表的重要性更加突出。

综合单价分析表集中反映了构成每一个清单项目综合单价的各个价格要素的价格及主要的"人工、材料、机械"消耗量。投标人在投标报价时，需要对每一个清单项目进行组价，为了使组价工作具有可追溯性（回复评标质疑时尤其需要），需要表明每一个数据的来源。该分析表实际上是投标人投标组价工作的一个阶段性成果文件，借助计算机辅助报价系统，可以由计算机自动生成，并不需要投标人付出太多额外劳动。

编制综合单价分析表对辅助性材料不必细列，可归并到其他材料费中以金额表示。

表 5-21 综合单价分析表

工程名称： 标段： 第 页 共 页

项目编码		项目名称		计量单位		工程量	

清单综合单价组成明细

定额编号	定额项目名称	定额单位	数量	单价				合价			
				人工费	材料费	机械费	管理费和利润	人工费	材料费	机械费	管理费和利润

人工单价/（元/工日）	小计
	未计价材料费

清单项目综合单价

材料费明细	主要材料名称、规格、型号	单位	数量	单价/元	合价/元	暂估单价/元	暂估合价/元
	其他材料费			—		—	
	材料费小计			—		—	

注：1. 若不使用省级或行业建设主管部门发布的计价依据，可不填定额编号、名称等。

2. 招标文件提供了暂估单价的材料，按暂估的单价填入表内暂估单价栏和暂估合价栏。

（3）综合单价调整表（表 5-22）

【填制说明】 综合单价调整表用于由于各种合同约定调整因素出现时调整综合单价，此表实际上是一个汇总性质的表，各种调整依据应附表后，并且注意项目编码、项目名称必须与已标价工程量清单保持一致，不得发生错漏，以免发生争议。

表 5-22 综合单价调整表

工程名称： 标段： 第 页 共 页

序号	项目编码	项目名称	已标价清单综合单价/元					调整后综合单价/元				
			综合单价	其中				综合单价	其中			
				人工费	材料费	机械费	管理费和利润		人工费	材料费	机械费	管理费和利润

造价工程师（签章）： 发包人代表（签章）：	造价人员（签章）： 发包人代表（签章）：
日期：	日期：

注：综合单价调整应附调整依据。

（4）总价措施项目清单与计价表（表5-23）

【填制说明】

① 编制工程量清单时，表中的项目可根据工程实际情况增减。

② 编制招标控制价时，计费基础、费率应按省级或行业建设主管部门的规定记取。

③ 编制投标报价时，除安全文明施工费必须按《建设工程工程量清单计价规范》（GB 50500—2013）的强制性规定，按省级或行业建设主管部门的规定记取外，其他措施项目均可根据投标施工组织设计自主报价。

④ 编制工程结算时，如省级或行业建设主管部门调整了安全文明施工费，应按调整后的标准计算此费用，其他总价措施项目经发承包双方协商进行了调整的，按调整后的标准计算。

表 5-23　总价措施项目清单与计价表

工程名称：　　　　　　　　　标段：　　　　　　　　　第　页　共　页

序号	项目编码	项目名称	计算基础	费率（%）	金额/元	调整费率（%）	调整后金额/元	备注
		安全文明施工费						
		夜间施工增加费						
		二次搬运费						
		冬雨季施工增加费						
		已完工程和设备保护费						
		合计						

编制人（造价人员）：　　　　　　　　复核人（造价工程师）：

注：1. 计算基础中安全文明施工费可为定额基价、定额人工费或定额人工费＋定额机械费，其他项目可为定额人工费或定额人工费＋定额机械费。

2. 按施工方案计算的措施费，若无计算基础和费率的数值，也可只填金额数值，但应在备注栏说明施工方案出处或计算方法。

6. 其他项目计价表

（1）其他项目清单与计价汇总表（表5-24）

【填制说明】　使用本表时，由于计价阶段的差异，应注意：

① 编制招标工程量清单时，应汇总暂列金额和专业工程暂估价，以提供给投标报价。

② 编制招标控制价时，应按有关计价规定估算计日工和总承包服务费。如招标工程量清单中未列暂列金额，应按有关规定编列。

③ 编制投标报价时，应按招标工程量清单提供的暂估金额和专业工程暂估价填写金额，不得变动。计日工和总承包服务费自主确定报价。

④ 编制或核对工程结算，专业工程暂估价按实际分包结算价填写，计日工、总承包服务费按双方认可的费用填写，如发生索赔或现场签证费用，按双方认可的金额计入该表。

表 5-24　其他项目清单与计价汇总表

工程名称：　　　　　　　　　　　标段：　　　　　　　　　　　　　第 页 共 页

序号	项目名称	金额/元	结算金额/元	备注
1	暂列金额			明细详见表 5-25
2	暂估价			
2.1	材料（工程设备）暂估价/结算价	—	—	明细详见表 5-26
2.2	专业工程暂估价/结算价			明细详见表 5-27
3	计日工			明细详见表 5-28
4	总承包服务费			明细详见表 5-29
5	索赔与现场签证	—		明细详见表 5-30
	合计			—

注：材料（工程设备）暂估价计入清单项目综合单价，此处不汇总。

（2）暂列金额明细表（表 5-25）

【填制说明】　要求招标人能将暂列金额与拟用项目列出明细，但如确实不能详列也可只列暂定金额总额，投标人应将上述暂列金额计入投标总价中。

表 5-25　暂列金额明细表

工程名称：　　　　　　　　　　　标段：　　　　　　　　　　　　　第 页 共 页

序号	项目名称	计量单位	暂定金额/元	备注
1				
2				
3				
4				
5				
6				
	合计			—

注：此表由招标人填写，如不能详列，也可只列暂定金额总额，投标人应将上述暂列金额计入投标总价中。

（3）材料（工程设备）暂估单价及调整表（表 5-26）

【填制说明】　暂估价是在招标阶段预见肯定要发生的，只是因为标准不明确或者需要由专业承包人完成，暂时无法确定材料、工程设备的具体价格而采用的一种临时性计价方式。暂估价的材料、工程设备数量应在表内填写，拟用项目应在本表备注栏补充说明。

要求招标人针对每一类暂估价给出相应的拟用项目，即按照材料、工程设备的名称分别给出，这样的材料、工程设备暂估价能够纳入清单项目的综合单价中。

还有一种是给一个原则性的说明，原则性说明对招标人编制工程量清单比较简单，能降低招标人出错的概率。但是，对投标人而言，则很难准确把握招标人的意图和目的，很难保证投标报价的质量，轻则影响合同的可执行力，极端的情况下，可能导致招标失败，最终受损失的也包括招标人，因此，这种处理方式是不可取的。

一般而言，招标工程量清单中列明的材料、工程设备的暂估价仅指此类材料、工程设备本身运至施工现场内工地地面价，不包括这些材料、工程设备的安装，安装所必需的辅助材料，发生在现场内的验收、存储、保管、开箱、二次搬运、从存放地点运至安装地点，以及其他任何必要的辅助工作（以下简称"暂估价项目的安装和辅助工作"）所发生的费用。暂估价项目的安装和辅助工作所发生的费用应该包括在投标报价中的相应清单项目的综合单价中并且固定。

表 5-26　材料（工程设备）暂估单价及调整表

工程名称：　　　　　　　　　　标段：　　　　　　　　　　第　页　共　页

序号	材料（工程设备）名称、规格、型号	计量单位	数量		暂估/元		确认/元		差额±/元		备注
			暂估	确认	单价	合价	单价	合价	单价	合价	
合计											

注：此表由招标人填写"暂估单价"，并在备注栏说明暂估价的材料、工程设备拟用在哪些清单项目上，投标人应将上述材料暂估单价计入工程量清单综合单价报价中。

（4）专业工程暂估价及结算价表（表 5-27）

【填制说明】　专业工程暂估价应在表内填写工程名称、工程内容、暂估金额，投标人应将上述金额计入投标总价中。

专业工程暂估价项目及其表中列明的专业工程暂估价，是指分包人实施专业工程的含纳税后的完整价（即包含了该专业工程中所有供应、安装、完工、调试、修复缺陷等全部工作），除了合同约定的发包人应承担的总包管理、协调、配合和服务责任所对应的总承包服务费用以外，承包人为履行其总包管理、配合、协调和服务等所需发生的费用应该包括在投标报价中。

表 5-27　专业工程暂估价及结算价表

工程名称：　　　　　　　　　　标段：　　　　　　　　　　第　页　共　页

序号	工程名称	工程内容	暂估金额/元	结算金额/元	差额±/元	备注
合计						

注：此表暂估金额由招标人填写，投标人应将暂估金额计入投标总价中，结算时按合同约定结算金额填写。

（5）计日工表（表5-28）

【填制说明】

① 编制工程量清单时，项目名称、单位、暂估数量由招标人填写。

② 编制招标控制价时，人工、材料、机械台班单价由招标人按有关计价规定填写并计算合价。

③ 编制投标报价时，人工、材料、机械台班单价由招标人自主确定，按已给暂估数量计算合价计入投标总价中。

④ 结算时，实际数量按发承包双方确认的填写。

表 5-28　计日工表

工程名称：　　　　　　　　　　标段：　　　　　　　　　　　　第　页　共　页

编号	项目名称	单位	暂定数量	实际数量	综合单价/元	合价/元	
						暂定	实际
一	人工						
1							
2							
人工小计							
二	材料						
1							
2							
材料小计							
三	施工机械						
1							
2							
施工机械小计							
四	企业管理费和利润						
					总计		

注：此表项目名称、暂定数量由招标人填写，编制招标控制价时，单价由招标人按有关计价规定确定；投标时，单价由投标人自主报价，按暂定数量计算合价计入投标总价中。结算时，按发承包双方确认的实际数量计算合价。

（6）总承包服务费计价表（表5-29）

【填制说明】

① 编制招标工程量清单时，招标人应将拟定进行专业发包的专业工程，自行采购的材料设备等决定清楚，填写项目名称、服务内容，以使投标人决定报价。

② 编制招标控制价时，招标人按有关计价规定计价。

③ 编制投标报价时，由投标人根据工程量清单中的总承包服务内容，自主决定报价。

④ 办理工程结算时，发承包双发应按承包人已标价工程量清单中的报价计算，发承包双发确定调整的，按调整后的金额计算。

表 5-29　总承包服务费计价表

工程名称：　　　　　　　　　　　　标段：　　　　　　　　　第 页 共 页

序号	项目名称	项目价值/元	服务内容	计算基础	费率（%）	金额/元
1	发包人发包专业工程					
2	发包人供应材料					
	合　计					

注：此表项目名称、服务内容由招标人填写，编制招标控制价时，费率和金额由招标人按有关计价规定确定。

　　投标报价时，费率和金额由投标人自主报价，计入投标总价中。

（7）索赔与现场签证计价汇总表（表 5-30）

【填制说明】　本表是对发承包双方签证认可的"费用索赔申请（核准）表"和"现场签证表"的汇总。

表 5-30　索赔与现场签证计价汇总表

工程名称：　　　　　　　　　　　　标段：　　　　　　　　　第 页 共 页

序号	索赔及签证项目名称	计量单位	数量	单价/元	合价/元	索赔及签证依据
—	本页小计	—	—	—		—
—	合计	—	—	—		—

注：索赔及签证依据是指经双方认可的索赔依据和签证单的编号。

(8) 费用索赔申请（核准）表（表 5-31）

【填制说明】　本表将费用索赔申请与核准设置于一个表中，非常直观。使用本表时，承包人代表应按合同条款的约定阐述原因，附上索赔证据、费用计算报发包人，经监理工程师复核（按照发包人的授权，监理工程师或发包人现场代表均可），经造价工程师（此处可以是承包人现场管理人员，也可以是发包人委托的工程造价咨询企业的人员）复核具体费用，经发包人审查后生效，该表以在选择栏中"□"内做标识"√"表示。

表 5-31　费用索赔申请（核准）表

工程名称：　　　　　　　　　　标段：　　　　　　　　　　编号：

致：_____（发包人全称）
　　根据施工合同条款第_____条的约定，由于_____原因，我方要求索赔金额（大写）_____（小写_____），请予核准。
　　附：1. 费用索赔的详细理由和依据：
　　　　2. 索赔金额的计算：
　　　　3. 证明材料：

承包人（章）

造价人员_____　承包人代表_____　日　期_____

复核意见：	复核意见：
根据施工合同条款第_____条的约定，你方提出的费用索赔申请经复核： □不同意此项索赔，具体意见见附件。 □同意此项索赔，索赔金额的计算，由造价工程师复核。 　　　　　　监理工程师_____ 　　　　　　日　期_____	根据施工合同条款第_____条的约定，你方提出的费用索赔申请经复核，索赔金额为（大写）_____（小写_____）。 　　　　　　造价工程师_____ 　　　　　　日　期_____

审查意见：
　□不同意此项索赔。
　□同意此项索赔，与本期进度款同期支付。

发包人（章）

　　　　　　发包人代表_____
　　　　　　日　期_____

　注：1. 在选择栏中的"□"内做标识"√"。
　　　2. 本表一式四份，由承包人填报，发包人、监理人、造价咨询人、承包人各存一份。

(9) 现场签证表（表 5-32）

【填制说明】　现场签证种类繁多，发承包双方在工程实施过程中来往信函就责任事件的证明均可称为现场签证，但并不是所有的签证均可马上算出价款，有的需要经过索赔程序，这时的签证仅是索赔的依据，有的签证可能根本不涉及价款。本表仅是针对现场签证需要价款结算支付的一种，其他内容的签证也适用。考虑到招标时招标人对计日工项目的预估难免会有遗漏，造成实际施工发生时，无相应的计日工单价，现场签证只能包括单价一并处理，因此，在汇总时，有计日工单价的，可归并于计日工，无计日工单价的，归并于现场签证，以示区别。当然，现场签证全部汇总于计日工也是一种可行的处理方式。

表 5-32　现场签证表

工程名称：　　　　　　　　　　标段：　　　　　　　　　　编号：

施工单位		日　期	

致：_____（发包人全称）

根据_____（指令人姓名）　年　月　日的口头指令或你方_____（或监理人）____年___月___日的书面通知，我方要求完成此项工作应支付价款金额为（大写）_____（小写_____），请予核准。

附：1. 签证事由及原因：

　　2. 附图及计算式：

承包人（章）

造价人员_____　承包人代表_____　日　期_____

复核意见： 你方提出的此项签证申请经复核： □不同意此项签证，具体意见见附件。 □同意此项签证，签证金额的计算，由造价工程师复核。 　　　　监理工程师_____ 　　　　日　期_____	复核意见： 　　□此项签证按承包人中标的计日工单价计算，金额为（大写）_____元，（小写）___元。 　　□此项签证因无计日工单价，金额为（大写）____元，（小写）_____元。 　　　　造价工程师_____ 　　　　日　期_____

审查意见：

□不同意此项签证。

□同意此项签证，价款与本期进度款同期支付。

承包人（章）

承包人代表_____

日　期_____

注：1. 在选择栏中的"□"内做标识"√"。

　　2. 本表一式四份，由承包人在收到发包人（监理人）的口头或书面通知后填写，发包人、监理人、造价咨询人、承包人各存一份。

7. 规费、税金项目计价表

规费、税金项目计价表见表 5-33。

【填制说明】　在施工实践中，有的规费项目，如工程排污费，并非每个工程所在地都要征收，实践中可作为按实计算的费用处理。

表 5-33　规费、税金项目计价表

工程名称：　　　　　　　　　　标段：　　　　　　　　　　第　页共　页

序号	项目名称	计算基础	计算基数	计算费率（%）	金额/元
1	规费	定额人工费			
1.1	社会保险费	定额人工费			

续表 5-33

序号	项目名称	计算基础	计算基数	计算费率（%）	金额/元
（1）	养老保险费	定额人工费			
（2）	失业保险费	定额人工费			
（3）	医疗保险费	定额人工费			
（4）	工伤保险费	定额人工费			
（5）	生育保险费	定额人工费			
1.2	住房公积金	定额人工费			
1.3	工程排污费	按工程所在地环境保护部门收取标准，按实计入			
2.	税金	分部分项工程费＋措施项目费＋其他项目费＋规费－按规定不计税的工程设备金额			
	合计				

编制人（造价人员）：　　　　　　　　　　　　　　　　　　复核人（造价工程师）：

8. 工程计量申请（核准）表

工程计量申请（核准）表见表 5-34。

【填制说明】　本表填写的项目编码、项目名称、计量单位应与已标价工程量清单表中的一致，承包人应在合同约定的计量周期结束时，将申报数量填写在申报数量栏，发包人核对后，如与承包人不一致，则填在核实数量栏，经发承包双方共同核对确认的计量填在确认数量栏。

表 5-34　工程计量申请（核准）表

工程名称：　　　　　　　　　　标段：　　　　　　　　　　第　页共　页

序号	项目编码	项目名称	计量单位	承包人申报数量	发包人核实数量	发承包人确认数量	备注

承包人代表：	监理工程师：	造价工程师：	发包人代表：
日　期：	日　期：	日　期：	日　期：

9. 合同价款支付申请（核准）表

① 预付款支付申请（核准）表（表 5-35）。

表 5-35　预付款支付申请（核准）表

工程名称：　　　　　　　　　　　　　　　　标段：　　　　　　　　　　　　　编号：

致：＿＿＿＿＿＿＿＿＿＿＿＿＿＿＿＿＿＿＿＿＿＿＿＿＿＿＿＿＿＿＿＿（发包人全称）

我方根据施工合同的约定，先申请支付工程预付款额为（大写）＿＿＿＿＿（小写＿＿＿＿），请予核准。

序号	名称	申请金额/元	复核金额 元	备注
1	已签约合同价款金额			
2	其中：安全文明施工费			
3	应支付的预付款			
4	应支付的安全文明施工费			
5	合计应支付的预付款			

承包人（章）

造价人员＿＿＿＿＿＿＿＿＿＿　承包人代表＿＿＿＿＿＿＿＿＿　日　期＿＿＿＿＿＿＿＿

复核意见：
□与合同约定不相符，修改意见见附件。
□与合约约定相符，具体金额由造价工程师复核。
　　　　　　　监理工程师＿＿＿＿＿
　　　　　　　日　　期＿＿＿＿＿

复核意见：
　你方提出的支付申请经复核，应支付预付款金额为（大写）＿＿＿＿（小写＿＿＿）。
　　　　　　　　　　造价工程师＿＿＿＿＿
　　　　　　　　　　日　　期＿＿＿＿＿

审查意见：
□不同意。
□同意，支付时间为本表签发后的 15 天内。

发包人（章）
发包人代表＿＿＿＿＿＿＿＿
日　　期＿＿＿＿＿＿＿＿

注：1. 在选择栏中的"□"内做标识"√"。

　　2. 本表一式四份，由承包人填报，发包人、监理人、造价咨询人、承包人各存一份。

② 总价项目进度款支付分解表（表 5-36）。

表 5-36　总价项目进度款支付分解表

工程名称：　　　　　　　　　　　　　标段：　　　　　　　　　　单位：元

序号	项目名称	总价金额	首次支付	二次支付	三次支付	四次支付	五次支付	
	安全文明施工费							
	夜间施工增加费							
	二次搬运费							
	社会保险费							
	住房公积金							

续表5-36

序号	项目名称	总价金额	首次支付	二次支付	三次支付	四次支付	五次支付	
	合计							

编制人（造价人员）：　　　　　　　　　　复核人（造价工程师）：

注：1. 本表应由承包人在投标报价时根据发包人在招标文件明确的进度款支付周期与报价填写，签订合同时，发承包双方可就支付分解协商调整后作为合同附件。

2. 单价合同使用本表，支付栏时间应与单价项目进度款支付周期相同。

3. 总价合同使用本表，支付栏时间应与约定的工程计量周期相同。

③ 进度款支付申请（核准）表（表5-37）

表5-37　进度款支付申请（核准）表

工程名称：　　　　　　　　　　标段：　　　　　　　　　　编号：

致：＿＿＿＿＿＿＿＿＿＿＿＿＿＿＿＿＿＿＿＿＿＿＿＿＿＿＿＿　（发包人全称）

　　我方于＿＿＿至＿＿＿期间已完成了＿＿＿＿＿＿工作，根据施工合同的约定，现申请支付本期的工程款额为（大写）＿＿＿＿＿＿（小写＿＿＿＿），请予核准。

序号	名称	实际金额/元	申请金额/元	复核金额/元	备注
1	累计已完成的合同价款				
2	累计已实际支付的合同价款				
3	本周期合计完成的合同价款				
3.1	本周期已完成单价项目的金额				
3.2	本周期应支付的总价项目的金额				
3.3	本周期已完成的计日工价款				
3.4	本周期应支付的安全文明施工费				
3.5	本周期应增加的合同价款				
4	本周期合计应扣减的金额				
4.1	本周期应抵扣的预付款				
4.2	本周期应扣减的金额				
5	本周期应支付的合同价款				

附：上述3、4详见附件清单。

　　　　　　　　　　　　　　　　　　　　　　　　承包人（章）

造价人员＿＿＿＿＿＿＿＿＿　承包人代表＿＿＿＿＿＿＿＿＿　日　期＿＿＿＿＿＿＿＿＿

复核意见： □与实际施工情况不相符，修改意见见附件。 □与实际施工情况相符，具体金额由造价工程师复核。 　　　　　　　监理工程师＿＿＿＿＿＿ 　　　　　　　日　期＿＿＿＿＿＿	复核意见： 　　你方提供的支付申请经复核，本期间已完成工程款额为（大写）＿＿＿＿（小写＿＿＿＿），本期间应支付金额为（大写）＿＿＿＿（小写＿＿＿＿）。 　　　　　　　造价工程师＿＿＿＿＿＿ 　　　　　　　日　期＿＿＿＿＿＿

续表 5-37

审查意见： 　　□不同意。 　　□同意，支付时间为本表签发后的 15 天内。 <div align="right">发包人（章） 发包人代表＿＿＿＿＿＿ 日　期　＿＿＿＿＿＿</div>

注：1. 在选择栏中的"□"内做标识"√"。
　　2. 本表一式四份，由承包人填报，发包人、监理人、造价咨询人、承包人各存一份。

④ 竣工结算款支付申请（核准）表（表 5-38）。

表 5-38　竣工结算款支付申请（核准）表

工程名称：　　　　　　　　标段：　　　　　　　　编号：

致：＿＿＿＿＿＿＿＿＿＿＿＿＿＿＿＿＿＿＿＿＿＿＿（发包人全称）

　　我方于＿＿＿＿至＿＿＿＿期间已完成合同约定的工作，工程已经完工，根据施工合同的约定，现申请支付竣工结算合同款额为（大写）＿＿＿＿＿＿＿＿＿（小写＿＿＿＿＿＿），请予核准。

序号	名称	申请金额/元	复核金额/元	备注
1	竣工结算合同价款总额			
2	累计已实际支付的合同价款			
3	应预留的质量保证金			
4	应支付的竣工结算款金额			

承包人（章）

造价人员＿＿＿＿＿＿＿＿＿　承包人代表＿＿＿＿＿＿＿＿＿　日　期＿＿＿＿＿＿＿

复核意见： 　□与实际施工情况不相符，修改意见见附件。 　□与实际施工情况相符，具体金额由造价工程师复核。 <div align="center">监理工程师＿＿＿＿＿ 日　期＿＿＿＿＿</div>	复核意见： 　　你方提出的竣工结算款支付申请经复核，竣工结算款总额为（大写）＿＿＿＿（小写＿＿＿＿），扣除前期支付以及质量保证金后应支付金额为（大写）＿＿＿＿（小写＿＿＿＿）。 <div align="center">造价工程师＿＿＿＿＿ 日　期＿＿＿＿＿</div>

续表 5-38

审查意见： 　□不同意。 　□同意，支付时间为本表签发后的 15 天内。   　　　　　　　　　　　　　　　　　　　　发包人（章） 　　　　　　　　　　　　　　　　　　　　发包人代表＿＿＿＿＿＿ 　　　　　　　　　　　　　　　　　　　　日　　期＿＿＿＿＿＿

注：1. 在选择栏中的"□"内做标识"√"。

　　2. 本表一式四份，由承包人填报，发包人、监理人、造价咨询人、承包人各存一份。

⑤ 最终结清支付申请（核准）表（表 5-39）

表 5-39　最终结清支付申请（核准）表

工程名称：　　　　　　　　　　　标段：　　　　　　　　　编号：

致：＿＿＿＿＿＿＿＿＿＿＿＿＿＿＿＿＿＿＿＿＿＿＿＿（发包人全称）

我方于＿＿＿至＿＿＿期间已完成了缺陷修复工作，根据施工合同的约定，现申请支付最终结清合同款额为（大写）＿＿＿＿＿＿（小写＿＿＿＿＿），请予核准。

序号	名称	申请金额/元	复核金额/元	备注
1	已预留的质量保证金			
2	应增加因发包人原因造成缺陷的修复金额			
3	应扣减承包人不修复缺陷、发包人组织修复的金额			
4	最终应支付的合同价款			

承包人（章）

　造价人员＿＿＿＿＿＿＿＿　　承包人代表＿＿＿＿＿＿＿　日　期＿＿＿＿＿＿

复核意见： 　□与实际施工情况不相符，修改意见见附件。 　□与实际施工情况相符，具体金额由造价工程师复核。 　　　　　　　　监理工程师＿＿＿＿＿ 　　　　　　　　日　　期＿＿＿＿＿	复核意见： 　你方提出的支付申请经复核，最终应支付金额为（大写）＿＿＿（小写＿＿＿）。 　　　　　　　　造价工程师＿＿＿＿＿ 　　　　　　　　日　　期＿＿＿＿＿

续表 5-39

审查意见：
　□不同意。
　□同意，支付时间为本表签发后的 15 天内。

　　　　　　　　　　　　　　　　　发包人（章）
　　　　　　　　　　　　　　　　　发包人代表＿＿＿＿＿＿＿＿
　　　　　　　　　　　　　　　　　日　　期＿＿＿＿＿＿＿＿

注：1. 在选择栏中的"□"内做标识"√"。
　　2. 本表一式四份，由承包人填报，发包人、监理人、造价咨询人、承包人各存一份。

10. 主要材料、工程设备一览表
① 发包人提供材料和工程设备一览表（表 5-40）。

表 5-40　发包人提供材料和工程设备一览表

工程名称：　　　　　　　　　标段：　　　　　　　　第　页共　页

序号	材料（工程设备）名称、规格、型号	单位	数量	单价/元	交货方式	送达地点	备注

注：此表由招标人填写，供投标人在投标报价、确定总承包服务费时参考。

② 承包人提供主要材料和工程设备一览表（适用于造价信息差额调整法）（表 5-41）。

【填制说明】　本表风险系数栏应由发包人在招标文件中按照《建设工程工程量清单计价规范》（GB 50500—2013）的要求合理确定。本表将风险系数、基准单价、投标单价、发承包人确认单价在一个表内全部表示，可以大大减少发承包双方不必要的争议。

表 5-41　承包人提供主要材料和工程设备一览表
（适用于造价信息差额调整法）

工程名称：　　　　　　　　　标段：　　　　　　　　第　页共　页

序号	名称、规格、型号	单位	数量	风险系数（%）	基准单价/元	投标单价/元	发承包人确认单价/元	备注

注：1. 此表由招标人填写除投标单价栏的内容，投标人在投标时自主确定投标单价。
　　2. 投标人应优先采用工程造价管理机构发布的单价作为基准单价，未发布的，通过市场调查确定其基准单价。

③ 承包人提供主要材料和工程设备一览表（适用于价格指数差额调整法）（表 5-42）。

表 5-42　承包人提供主要材料和工程设备一览表

（适用于价格指数差额调整法）

工程名称：　　　　　　　　　　　　标段：　　　　　　　　　　　第　页共　页

序号	名称、规格、型号	变值权重 B	基本价格指数 F_0	现行价格指数 F_t	备注
	定值权重 A		—	—	
	合计	1	—	—	

注：1. 名称、规格、型号和基本价格指数栏由招标人填写，基本价格指数应首先采用工程造价管理机构发布的工程价格指数，没有时，可用发布的价格代替。如人工、机械费也采用本法调整由招标人在名称栏填写。

　　2. 变值权重栏由投标人根据该项人工、机械费和材料、工程设备值在投标总报价中所占的比例填写，1 减去其比例为定值权重。

　　3. 现行价格指数按约定的付款证书相关周期最后一天的前 42 天的各项价格指数填写，该指数应首先采用工程造价管理机构发布的价格指数，没有时，可用发布的价格代替。

二、计价表格的应用

① 工程计价表宜采用统一格式。各省、自治区、直辖市建设行政主管部门和行业建设主管部门可根据本地区、本行业的实际情况，在《建设工程工程量清单计价规范》（GB 50500—2013）中附录 B 至附录 L 计价表格的基础上补充完善。

② 工程计价表格的设置应满足工程计价的需要，方便使用。

③ 工程量清单的编制使用表格包括：表 5-3、表 5-8、表 5-13、表 5-20、表 5-23、表 5-24（不含表 5-30～表 5-32）、表 5-33、表 5-40、表 5-41 或表 5-42。

④ 招标控制价、投标报价、竣工结算的编制使用表格如下。

a. 招标控制价使用表格包括：表 5-4、表 5-9、表 5-13、表 5-14、表 5-15、表 5-16、表 5-20、表 5-21、表 5-23、表 5-24（不含表 5-30～表 5-32）、表 5-33、表 5-40、表 5-41 或表 5-42。

b. 投标报价使用的表格包括：表 5-5、表 5-10、表 5-13、表 5-14、表 5-15、表 5-16、表 5-20、表 5-21、表 5-23、表 5-24（不含表 5-30～表 5-32）、表 5-33、表 5-36、招标文件提供的表 5-40、表 5-41 或表 5-42。

c. 竣工结算使用的表格包括：表 5-6、表 5-11、表 5-13、表 5-17、表 5-18、表 5-19、表 5-20、表 5-21、表 5-22、表 5-23、表 5-24、表 5-33、表 5-34、表 5-35、表 5-36、表 5-37、表 5-38、表 5-39、表 5-40、表 5-41 或表 5-42。

⑤ 工程造价鉴定使用表格包括：表 5-7、表 5-12、表 5-13、表 5-17～表 5-40、表 5-41 或表 5-42。

⑥ 投标人应按招标文件的要求，附工程量清单综合单价分析表。

第三部分　园林绿化工程计价与应用

第六章　绿化工程工程量计算与实例

内容提要：

1. 了解绿化工程定额工程量计算规则。
2. 掌握绿化工程工程量清单项目设置与工程量计算规则。
3. 了解绿化工程工程量计算主要技术资料。
4. 掌握绿化工程工程量计算在实际工程中的应用。

第一节　绿化工程定额工程量计算规则

一、绿地整理工程工程量计算

1. 勘察现场

(1) 工作内容　绿化工程施工前需要进行现场调查，对架高物、地下管网、各种障碍物以及水源、地质、交通等状况进行全面了解，并做好施工安排或施工组织设计。

(2) 工程量计算　以植株计算，灌木类以每丛折合 1 株，绿篱每 1 延长米折合 1 株，乔木不分品种规格一律按"株"计算。

2. 清理绿化用地

(1) 工作内容　清理现场，土厚在 ±30cm 之内的挖、填、找平，按设计标高整理地面，渣土集中，装车外运。

① 人工平整：地面凹凸高差在 ±30cm 以内的就地挖、填、找平；凡高差超出 ±30cm 的，每 10cm 增加人工费 35%，不足 10cm 的按 10cm 计算。

② 机械平整：无论地面凹凸高差多少，一律执行机械平整。

(2) 工程量计算　工程量以"10m²"计算。

① 拆除障碍物：视实际拆除体积以"m³"计算。

② 平整场地：按设计供栽植的绿地范围以"m²"计算。

③ 客土：裸根乔木、灌木、攀缘植物和竹类，按其不同坑体规格以"株"计算；土球苗木，按不同球体规格以"株"计算；木箱苗木，按不同的箱体规格以"株"计算；绿篱，按不同槽（沟）断面，分单行双行以"m"计算；色块、草坪、花卉，按种植面积以"m²"

计算。

④ 人工整理绿化用地是指±30cm 范围内的平整，超出该范围时按照人工挖土方相应的子目规定计算。

⑤ 机械施工的绿化用地的挖、填土方工程，其大型机械进出场费均按地方定额中关于大型机械进出场费的规定执行，列入其独立土石方工程概算。

⑥ 整理绿化用地渣土外运的工程量分以下两种情况以"m³"计算：

a. 自然地坪与设计地坪标高相差在±30cm 以内时，整理绿化用地渣土量按每平方米0.05m³计算。

b. 自然地坪与设计地坪标高相差在±30cm 以外时，整理绿化用地渣土量按挖土方与填土方之差计算。

二、园林植树工程工程量计算

1. 刨树坑

(1) 工作内容　分为刨树坑、刨绿篱沟、刨绿带沟三项。

土壤划分为三种，分别是：坚硬土、杂质土、普通土。

刨树坑是从设计地面标高下刨，无设计标高的以一般地面水平为准。

(2) 工程量计算　刨树坑以"个"计算，刨绿篱沟以"延长米"计算，刨绿带沟以"m³"计算。乔木胸径在 3～10cm 以内，常绿树高度在 1～4m 以内；大于以上规格的按大树移植处理。乔木应选择树体高大（在 5m 以上），具有明显树干的树木，如银杏、雪松等。

2. 施肥

(1) 工作内容　分为乔木施肥、观赏乔木施肥、花灌木施肥、常绿乔木施肥、绿篱施肥、攀缘植物施肥、草坪及地被施肥（施肥主要指有机肥，其价格已包括场外运费）七项。

(2) 工程量计算　均按植物的株数计算，其他均以"m²"计算。

3. 修剪

(1) 工作内容　分为修剪、强剪、绿篱平剪三项。修剪是指栽植前的修根、修枝；强剪是指"抹头"；绿篱平剪是指栽植后的第一次顶部定高平剪及两侧面垂直或正梯形坡剪。

(2) 工程量计算　除绿篱以"延长米"计算外，树木均按株数计算。

4. 防治病虫害

(1) 工作内容　分为刷药、涂白、人工喷药三项。

(2) 工程量计算　均按植物的株数计算，其他均以"m²"计算。

① 刷药：泛指以波美度为 0.5 的石硫合剂为准，刷药的高度至分枝点，要求全面且均匀。

② 涂白：其浆料以生石灰∶氯化钠∶水＝2.5∶1∶18 为准，刷涂料高度在 1.3m 以下，要上口平齐、高度一致。

③ 人工喷药：指栽植前需要人工肩背喷药防治病虫害，或必要的土壤有机肥人工拌农药灭菌消毒。

5. 树木栽植

(1) 栽植乔木　乔木根据其形态及计量的标准分为：按苗高计量的有西府海棠、木槿；按冠径计量的有金银木和丁香等。

① 起挖乔木（带土球）。

a. 工作内容：起挖、包扎出坑、搬运集中、回土填坑。

b. 工程量计算：按土球直径分别列项，以"株"计算。特大或名贵树木另行计算。

② 起挖乔木（裸根）。

a. 工作内容：起挖、出坑、修剪、打浆、搬运集中、回土填坑。

b. 工程量计算：按胸径分别列项，以"株"计算。特大或名贵树木另行计算。

③ 栽植乔木（带土球）。

a. 工作内容：挖坑，栽植（落坑、扶正、回土、捣实、筑水围），浇水，覆土，保墒，整形，清理。

b. 工程量计算：按土球直径分别列项，以"株"计算。特大或名贵树木另行计算。

④ 栽植乔木（裸根）。

a. 工作内容：挖坑栽植、浇水、覆土、保墒、整形、清理。

b. 工程量计算：按胸径分别列项，以"株"计算。特大或名贵树木另行计算。

（2）栽植灌木 灌木树体矮小（在 5m 以下），无明显主干或主干甚短。如月季、连翘金、银木等。

① 起挖灌木（带土球）。

a. 工作内容：起挖、包扎、出坑、搬运集中、回土填坑。

b. 工程量计算：按土球直径分别列项，以"株"计算。特大或名贵树木另行计算。

② 起挖灌木（裸根）。

a. 工作内容：起挖、出坑、修剪、打浆、搬运集中、回土填坑。

b. 工程量计算：按冠丛高分别列项，以"株"计算。

③ 栽植灌木（带土球）。

a. 工作内容：挖坑，栽植（扶正、捣实、回土、筑水围），浇水，覆土，保墒，整形，清理。

b. 工程量计算：按土球直径分别列项，以"株"计算。特大或名贵树木另行计算。

④ 栽植灌木（裸根）。

a. 工作内容：挖坑、栽植、浇水、覆土、保墒、整形、清理。

b. 工程量计算：按冠丛高分别列项，以"株"计算。

（3）栽植绿篱 绿篱分为：落叶绿篱，如雪柳、小白榆等；常绿绿篱，如侧柏、小桧柏等。篱高是指绿篱苗木顶端距地平面高度。

① 工作内容：开沟、排苗、回土、筑水围、浇水、覆土、整形、清理。

② 工程量计算：按单、双排和高度分别列项，工程量以"延长米"计算，单排以"丛"计算，双排以"株"计算。绿篱，按单行或双行不同篱高以"m"计算（单行 3.5 株/m，双行 5 株/m）；色带以"m²"计算（色块 12 株/m²）。

（4）栽植攀缘类 攀缘类是能攀附他物向上生长的蔓性植物，多借助吸盘（如地锦等）、附根（如凌霄等）、卷须（如葡萄等）、蔓条（如爬蔓月季等）以及干茎本身（如紫藤等）的缠绕性而攀附他物。

① 工作内容：挖坑、栽植、浇水、覆土、保墒、整形、清理。

② 工程量计算：攀缘植物，按不同生长年限以"株"计算。

绿化工程栽植苗木中，绿篱按单行或双行不同篱高以"m"计算，单行每延长米栽 3.5 株，双行每延长米栽 5 株；色带每 1m² 栽 12 株；攀缘植物根据不同生长年限每延长米栽 5～6 株；草花每 1m² 栽 35 株。

(5) 栽植竹类

① 起挖竹类（散生竹）：

a. 工作内容：起挖、包扎、出坑、修剪、搬运集中、回土填坑。

b. 工程量计算：按胸径分别列项，以"株"计算。

② 起挖竹类（丛生竹）：

a. 工作内容：起挖、包扎、出坑、修剪、搬运集中、回土填坑。

b. 工程量计算：按根盘丛径分别列项，以"丛"计算。

③ 栽植竹类（散生竹）：

a. 工作内容：挖坑，栽植（扶正、捣实、回土、筑水围），浇水，覆土，保墒，整形，清理。

b. 工程量计算：按胸径分别列项，以"株"计算。

④ 栽植竹类（丛生竹）：

a. 工作内容：挖坑，栽植（扶正、捣实、回土、筑水围），浇水，覆土，保墒，整形，清理。

b. 工程量计算：按根盘丛径分别列项，以"丛"计算。

⑤ 栽植水生植物：

a. 工作内容：挖淤泥、搬运、种植、养护。

b. 工程量计算：按荷花、睡莲分别列项，以"10 株"计算。

6. 树木支撑

(1) 工作内容　分为两架一拐、三架一拐、四脚钢筋架、竹竿支撑、幌绳绑扎五项。

(2) 工程量计算　均按植物的株数计算，其他均以"m²"计算。

7. 新树浇水

(1) 工作内容　分为人工胶管浇水和汽车浇水两项。

(2) 工程量计算　除篱以"延长米"计算外，树木均按株数计算。

人工胶管浇水，距水源以 100m 以内为准，每超 50m 用工增加 14%。

8. 铺设盲管

(1) 工作内容　分为找泛水、接口、养护、清理、保证管内无滞塞物五项。

(2) 工程量计算　按管道中心线全长以"延长米"计算。

9. 清理竣工现场

(1) 工作内容　分为人力车运土、装载机自卸车运土两项。

(2) 工程量计算　每株树木（不分规格）按"5m²"计算，绿篱每延长米按"3m²"计算。

10. 原土过筛

(1) 工作内容　在保证工程质量的前提下，应充分利用原土降低造价，但原土含瓦砾、杂物率不得超过 30%，且土质理化性质须符合种植土地要求。

(2) 工程量计算

① 原土过筛：按筛后的好土以"m³"计算。

② 土坑换土：以实挖的土坑体积乘以系数 1.43 计算。

三、花卉与草坪种植工程工程量计算

1. 栽植露地花卉

(1) 工作内容　翻土整地、清除杂物、施基肥、放样、栽植、浇水、清理。

(2) 工程量计算　按草本花，木本花，球、地根类，一般图案花坛，彩纹图案花坛，立体花坛，五色草一般图案花坛，五色草彩纹图案花坛，五色草立体花坛分别列项，以"10m²"计算。

每平方米栽植数量：草花 25 株；木本花卉 5 株；植根花卉，草本 9 株、木本 5 株。

2. 草皮铺种

(1) 工作内容　翻土整地、清除杂物、搬运草皮、浇水、清理。

(2) 工程量计算　按散铺、满铺、直生带、播种分别列项，以"10m²"计算。种苗费未包括在定额内，须另行计算。

四、大树移植工程工程量计算

1. 工作内容

(1) 带土方木箱移植法

① 掘苗前，先按照绿化设计要求的树种、规格选苗，并在选好的树上做出明显标记，将树木的品种、规格（高度、干径、分枝点高度、树形及主要观赏面）分别记入卡片，以便分类，编出栽植顺序。

② 掘苗与运输：

a. 掘苗。掘苗时，先根据树木的种类、株行距和干径的大小确定在植株根部留土台的大小。可按苗木胸径（即树木高 1.3m 处的树干直径）的 7～10 倍确定土台。

b. 运输。修整好土台之后，应立即上箱板，其操作顺序如下：上侧板、上钢丝绳、钉铁皮、掏底和上底板、上盖板、吊运装车、运输、卸车。

③ 栽植：

a. 挖坑。

b. 吊树入坑。

c. 拆除箱板和回填土。

d. 栽后管理。

(2) 软包装土球移植法

① 掘苗准备工作：掘苗的准备工作与方木箱的移植相似，但它不需要用木箱板、铁皮等材料和某些工具，材料中只要有蒲包片、草绳等物即可。

② 掘苗与运输：

a. 确定土球的大小。

b. 挖掘。

c. 打包。

d. 吊装运输。

e. 假植。

f. 栽植。

2. 工程量计算

① 分为大型乔木移植、大型常绿树移植两部分，每部分又分带土台、装木箱两种。

② 大树移植的规格，乔木以胸径 10cm 以上为起点，分 10～15cm、15～20cm、20～30cm、30cm 以上四个规格。

③ 浇水按自来水考虑，为三遍水的费用。

④ 所用吊车、汽车可按不同规格计算。

⑤ 工程量按移植株数计算。

五、绿化养护工程工程量计算

1. 工作内容

① 乔木浇透水 10 次，常绿树木浇透水 6 次，花灌木浇透水 13 次，花卉每周浇透水 1～2 次。

② 中耕除草乔木 3 遍，花灌木 6 遍，常绿树木 2 遍；草坪除草可按草种不同修剪 2～4 次，草坪清杂草应随时进行。

③ 喷药乔木、花灌木、花卉 7～10 遍。

④ 打芽及定型修剪落叶乔木 3 次，常绿树木 2 次，花灌木 1～2 次。

⑤ 喷水移植大树浇水须适当喷水，常绿类 6～7 月份共喷 124 次，植保用农药化肥随浇水执行。

2. 工程量计算

① 乔木（果树）、灌木、攀缘植物以"株"计算；绿篱以"m"计算；草坪、花卉、色带、宿根以"m²"计算；丛生竹以"丛"计算。也可根据施工方自身的情况、多年绿化养护的经验以及业主要求的时间进行列项计算。

② 冬期防寒是北方园林中常见的苗木防护措施，包括支撑竿、喷防冻液、搭风帐等。后期管理费中不含冬期防寒措施，需另行计算。乔木、灌木按数量以"株"计算；色带、绿篱按长度以"m"计算；木本、宿根花卉按面积以"m²"计算。

第二节　绿化工程清单工程量计算规则

一、绿地整理

绿地整理工程量清单项目编码、项目名称、项目特征、计量单位、工程量计算规则和工程内容，应按表 6-1 的规定执行。

表 6-1 绿地整理（编码：050101）

项目编码	项目名称	项目特征	计量单位	工程量计算规则	工程内容
050101001	砍伐乔木	树干胸径	株	按数量计算	1. 砍伐 2. 废弃物运输 3. 场地清理
050101002	挖树根（蔸）	地径			1. 挖树根 2. 废弃物运输 3. 场地清理
050101003	砍挖灌木丛及根	丛高或蓬径	1. 株 2. m²	1. 以株计量，按数量计算 2. 以平方米计量，按面积计算	1. 砍挖 2. 废弃物运输 3. 场地清理
050101004	砍挖竹及根	根盘直径	1. 株 2. 丛	按数量计算	
050101005	砍挖芦苇（或其他水生植物）及根	根盘丛径	m²	按面积计算	
050101006	清除草皮	草皮种类		按面积计算	1. 除草 2. 废弃物运输 3. 场地清理
050101007	清除地被植物	植物种类	m²		1. 清除植物 2. 废弃物运输 3. 场地清理
050101008	屋面清理	1. 屋面做法 2. 屋面高度		按设计图示尺寸以面积计算	1. 原屋面清扫 2. 废弃物运输 3. 场地清理
050101009	种植土回（换）填	1. 回填土质要求 2. 取土运距 3. 回填厚度	1. m³ 2. 株	1. 以立方米计量，按设计图示回填面积乘以回填厚度以体积计算 2. 以株计量，按设计图示数量计算	1. 土方挖、运 2. 回填 3. 找平、找坡 4. 废弃物运输

续表 6-1

项目编码	项目名称	项目特征	计量单位	工程量计算规则	工程内容
050101010	整理绿化用地	1. 回填土质要求 2. 取土运距 3. 回填厚度 4. 找平找坡要求 5. 弃渣运距	m²	按设计图示尺寸以面积计算	1. 排地表水 2. 土方挖、运 3. 耙细、过筛 4. 回填 5. 找平、找坡 6. 拍实 7. 废弃物运输
050101011	绿地起坡造型	1. 回填土质要求 2. 取土运距 3. 起坡平均高度	m³	按设计图示尺寸以体积计算	1. 排地表水 2. 土方挖、运 3. 耙细、过筛 4. 回填 5. 找平、找坡 6. 废弃物运输
050101012	屋顶花园基底处理	1. 找平层厚度、砂浆种类、强度等级 2. 防水层种类、做法 3. 排水层厚度、材质 4. 过滤层厚度、材质 5. 回填轻质土厚度、种类 6. 屋面高度 7. 阻根层厚度、材质、做法	m²	按设计图示尺寸以面积计算	1. 抹找平层 2. 防水层铺设 3. 排水层铺设 4. 过滤层铺设 5. 填轻质土壤 6. 阻根层铺设 7. 运输

注：1. 整理绿化用地项目包含厚度≤300mm 回填土，厚度>300mm 回填土应按《房屋建筑与装饰工程计量规范》相应项目编码列项。

2. 填方密实度要求，在无特殊要求情况下，项目特征可描述为满足设计和规范的要求。

3. 填方材料品种可以不描述，但应注明由投标人根据设计要求验方后方可填入，并符合相关工程的质量规范要求。

4. 填方粒径要求，在无特殊要求情况下，项目特征可以不描述。

5. 如需买土回填应在项目特征填方来源中描述，并注明买土方数量。

二、栽植花木

栽植花木工程量清单项目编码、项目名称、项目特征、计量单位、工程量计算规则和工程内容，应按表 6-2 的规定执行。

表 6-2 栽植花木 (编码: 050102)

项目编码	项目名称	项目特征	计量单位	工程量计算规则	工程内容
050102001	栽植乔木	1. 种类 2. 胸径或干径 3. 株高、冠径 4. 起挖方式 5. 养护期	株	按设计图示数量计算	
050102002	栽植灌木	1. 种类 2. 跟盘直径 3. 冠丛高 4. 蓬径 5. 起挖方式 6. 养护期	1. 株 2. m²	1. 以株计量,按设计图示数量计算 2. 以平方米计量,按设计图示尺寸以绿化水平投影面积计算	
050102003	栽植竹类	1. 竹种类 2. 竹胸径或根盘丛径 3. 养护期	1. 株 2. 丛	按设计图示数量计算	
050102004	栽植棕榈类	1. 种类 2. 株高、地径 3. 养护期	株		1. 起挖 2. 运输 3. 栽植 4. 养护
050102005	栽植绿篱	1. 种类 2. 篱高 3. 行数、蓬径 4. 单位面积株数 5. 养护期	1. m 2. m²	1. 以米计量,按设计图示长度以延长米计算 2. 以平方米计量,按设计图示尺寸以绿化水平投影面积计算	
050102006	栽植攀缘植物	1. 植物种类 2. 地径 3. 单位面积株数 4. 养护期	1. 株 2. m	1. 以株计量,按设计图示数量计算 2. 以米计量,按设计图示种植长度以延长米计算	
050102007	栽植色带	1. 苗木、花卉种类 2. 株高或蓬径 3. 单位面积株数 4. 养护期	m²	按设计图示尺寸以面积计算	

续表 6-2

项目编码	项目名称	项目特征	计量单位	工程量计算规则	工程内容
050102008	栽植花卉	1. 花卉种类 2. 株高或蓬径 3. 单位面积株数 4. 养护期	1. 株 （丛、缸） 2. m²	1. 以株（丛、缸）计量，按设计图示数量计算 2. 以平方米计量，按设计图示尺寸以水平投影面积计算	1. 起挖 2. 运输 3. 栽植 4. 养护
050102009	栽植水生植物	1. 植物种类 2. 株高或蓬径或芽数/株 3. 单位面积株数 4. 养护期	1. 丛 （缸） 2. m²		
050102010	垂直墙体绿化种植	1. 植物种类 2. 生长年数或地（干）径 3. 栽植容器材质、规格 4. 栽植基质种类、厚度 5. 养护期	1. m² 2. m	1. 以平方米计量，按设计图示尺寸以绿化水平投影面积计算 2. 以米计量，按设计图示种植长度以延长米计算	1. 起挖 2. 运输 3. 栽植容器安装 4. 栽植 5. 养护
050102011	花卉立体布置	1. 草本花卉种类 2. 高度或蓬径 3. 单位面积株数 4. 种植形式 5. 养护期	1. 单体 （处） 2. m²	1. 以单体（处）计量，按设计图示数量计算 2. 以平方米计量，按设计图示尺寸以面积计算	1. 起挖 2. 运输 3. 栽植 4. 养护
050102012	铺种草皮	1. 草皮种类 2. 铺种方式 3. 养护期	m²	按设计图示尺寸以绿化投影面积计算	1. 起挖 2. 运输 3. 铺底砂（土） 4. 栽植 5. 养护

续表 6-2

项目编码	项目名称	项目特征	计量单位	工程量计算规则	工程内容
050102013	喷播植草（灌木）籽	1. 基层材料种类规格 2. 草（灌木）籽种类 3. 养护期	m²	按设计图示尺寸以绿化投影面积计算	1. 基层处理 2. 坡地细整 3. 喷播 4. 覆盖 5. 养护
050102014	植草砖内植草	1. 草坪种类 2. 养护期			1. 起挖 2. 运输 3. 覆土（砂） 4. 栽植 5. 养护
050102015	挂网	1. 种类 2. 规格		按设计图示尺寸以挂网投影面积计算	1. 制作 2. 运输 3. 安放
050102016	箱/钵栽植	1. 箱/钵体材料品种 2. 箱/钵外形尺寸 3. 栽植植物种类、规格 4. 土质要求 5. 防护材料种类 6. 养护期	个	按设计图示箱/钵数量计算	1. 制作 2. 运输 3. 安放 4. 栽植 5. 养护

注：1. 挖土外运、借土回填、挖（凿）土（石）方应包括在相关项目内。

2. 苗木计算应符合下列规定：

① 胸径应为地表面向上 1.2m 高处树干直径。

② 冠径又称冠幅，应为苗木冠丛垂直投影面的最大直径和最小直径之间的平均值。

③ 蓬径应为灌木、灌丛垂直投影面的直径。

④ 地径应为地表面向上 0.1m 高处树干直径。

⑤ 干径应为地表面向上 0.3m 高处树干直径。

⑥ 株高应为地表面至树顶端的高度。

⑦ 冠丛高应为地表面至乔（灌）木顶端的高度。

⑧ 篱高应为地表面至绿篱顶端的高度。

⑨ 养护期应为招标文件中要求苗木种植结束后承包人负责养护的时间。

3. 苗木移（假）植应按花木栽植相关项目单独编码列项。

4. 土球包裹材料、树体输液保湿及喷洒生根剂等费用包含在相应项目内。

5. 墙体绿化浇灌系统按"绿地喷灌"相关项目单独编码列项。

6. 发包人如有成活率要求时，应在特征描述中加以描述。

三、绿地喷灌

绿地喷灌工程量清单项目编码、项目名称、项目特征、计量单位、工程量计算规则和工程内容，应按表 6-3 的规定执行。

表 6-3　绿地喷灌（编码：050103）

项目编码	项目名称	项目特征	计量单位	工程量计算规则	工程内容
050103001	喷灌管线安装	1. 管道品种、规格 2. 管件品种、规格 3. 管道固定方式 4. 防护材料种类 5. 油漆品种、刷漆遍数	m	按设计图示管道中心线长度以延长米计算，不扣除检查（阀门）井、阀门、管件及附件所占的长度	1. 管道铺设 2. 管道固筑 3. 水压试验 4. 刷防护材料、油漆
050103002	喷灌配件安装	1. 管道附件、阀门、喷头品种、规格 2. 管道附件、阀门、喷头固定方式 3. 防护材料种类 4. 油漆品种、刷漆遍数	个	按设计图示数量计算	1. 管道附件、阀门、喷头安装 2. 水压试验 3. 刷防护材料、油漆

注：1. 挖填土石方应按现行国家标准《房屋建筑与装饰工程工程量计算规范》（GB 50854—2013）附录 A 相关项目编码列项。

　　2. 阀门井应按现行国家标准《市政工程工程量计算规范》（GB 50857—2013）相关项目编码列项。

第三节　绿地整理工程工程量计算技术资料

一、绿地整理工程量计算公式

1. 横截面法计算土方量

横截面法适用于地形起伏变化较大或形状狭长地带，其方法是：首先，根据地形图及总平面图，将要计算的场地划分成若干个横截面，相邻两个横截面距离视地形变化而定。在起伏变化大的地段，布置密一些（即距离短一些），反之则可适当长一些。然后，实测每个横截面特征点的标高，量出各点之间距离（若测区已有比较精确的大比例尺地形图，也可在图上设置横截面，用比例尺直接量取距离，按等高线求算高程，方法简捷，就其精度来说，没有实测的高），按比例尺把每个横截面绘制到厘米方格纸上，并套上相应的设计断面，则自然地面和设计地面两轮廓线之间的部分，即是需要计算的施工部分。

其具体计算步骤如下：

（1）划分横截面　根据地形图（或直接测量）及竖向布置图，将要计算的场地划分横截面 $A—A'$，$B—B'$，$C—C'$，…划分原则为垂直等高线或垂直主要建筑物边长，横截面之间的间距可不等，地形变化复杂的间距宜小，反之宜大一些，但是最大不宜大于 100m。

（2）画截面图形　按比例画每个横截面的自然地面和设计地面的轮廓线。设计地面轮廓线之间的部分，即为填方和挖方的截面。

（3）计算横截面面积　按表 6-4 的面积计算公式，计算每个截面的填方或挖方截面积。

表 6-4　常用横截面计算公式

序号	图示	面积计算公式
1		$F = h\,(b + nh)$
2		$F = h\left[b + \dfrac{h\,(m+n)}{2}\right]$
3		$F = b\dfrac{h_1 + h_2}{2} + nh_1h_2$
4		$F = h_1\dfrac{a_1 + a_2}{2} + h_2\dfrac{a_2 + a_3}{2} + h_3\dfrac{a_3 + a_4}{2} + h_4\dfrac{a_4 + a_5}{2}$
5		$F = \dfrac{1}{2}a\,(h_0 + 2h + h_n)$ $h = h_1 + h_2 + h_3 + \cdots + h_n$

(4) 计算土方量　根据截面面积计算土方量：

$$V = \frac{1}{2}\,(F_1 + F_2)\times L \tag{6-1}$$

式中　V——相邻两截面间的土方量（m^3）；

F_1、F_2——相邻两截面的挖（填）方截面积（m^2）；

L——相邻两截面间的间距（m）。

(5) 按土方量汇总　将计算得出的土方量累计汇总。

2. 方格网法计算土方量

方格网法是把平整场地的设计工作和土方量计算工作结合在一起进行的。

(1) 划分方格网　在附有等高线的地形图（图样常用比例为 1：500）上作方格网，方格各边最好与测量的纵、横坐标系统对应，并对方格及各角点进行编号。方格边长在园林中一般用 20m×20m 或 40m×40m。然后将各点设计标高和原地形标高分别标注于方格桩点的右上角和右下角，再将原地形标高与设计地面标高的差值（即各角点的施工标高）填土方格点的左上角，挖方为（＋）、填方为（－）。

其中原地形标高用插入法求得（图 6-1），方法是：设 H_x 为欲求角点的原地面高程，过此点作相邻两等高线间最小距离 L。

$$H_x = H_a \pm \frac{xh}{L} \tag{6-2}$$

式中　H_a——低边等高线的高程；

x——角点至低边等高线的距离；

h——等高差。

插入法求某点地面高程通常会遇到以下三种情况。

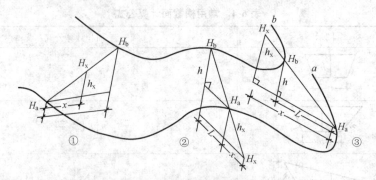

图 6-1　插入法求任意点高程示意图

① 待求点标高 H_x 在两等高线之间，如图 6-1 中①所示：

$$H_x = H_a + \frac{xh}{L}$$

② 待求点标高 H_x 在低边等高线的下方，如图 6-1 中②所示：

$$H_x = H_a - \frac{xh}{L}$$

③ 待求点标高 H_x 在低边等高线的上方，如图 6-1 中③所示：

$$H_x = H_a + \frac{xh}{L}$$

在平面图上线段 H_a—H_b 是过待求点所做的相邻两等高线间最小水平距离 L。求出的标高数值一一标记在图上。

（2）求施工标高　施工标高指方格网各角点挖方或填方的施工高度，其导出式为

$$\text{施工标高} = \text{原地形标高} - \text{设计标高} \tag{6-3}$$

从上式看出，要求出施工标高，必须先确定角点的设计标高。为此，具体计算时，要通过平整标高反推出设计标高。设计中通常取原地面高程的平均值（算术平均或加权平均）作为平整标高。平整标高的含义就是将一块高低不平的地面在保证土方平衡的条件下，挖高垫低使地面水平，这个水平地面的高程就是平整标高。它是根据平整前和平整后土方数相等的原理求出的。当平整标高求得后，就可用图解法或数学分析法来确定平整标高的位置，再通过地形设计坡度，可算出各角点的设计标高，最后将施工标高求出。

（3）零点位置　零点是指不挖不填的点，零点的连线即为零点线，它是填方与挖方的界定线，因而零点线是进行土方计算和土方施工的重要依据之一。要识别是否有零点存在，只要看一个方格内是否同时有填方与挖方，如果同时有，则说明一定存在零点线。为此，应将此方格的零点求出，并标于方格网上，再将零点相连，即可分出填挖方区域，该连线即为零点线。

零点可通过下式求得，如图 6-2（a）所示：

$$x = \frac{h_1}{h_1 + h_2} a \tag{6-4}$$

式中　x——零点距 h_1 一端的水平距离（m）；

　　　h_1、h_2——方格相邻二角点的施工标高绝对值（m）；

a——方格边长。

零点的求法还可采用图解法，如图 6-2（b）所示。方法是将直尺放在各角点上标出相应的比例，而后用尺相接，凡与方格交点的为零点位置。

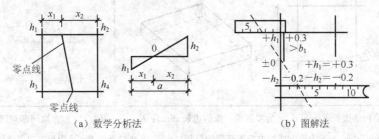

（a）数学分析法　　　　　　　　　　　（b）图解法

图 6-2　求零点位置示意图

（4）计算土方工程量　根据各方格网底面积图形以及相应的体积计算公式（表 6-5）来逐一求出方格内的挖方量或填方量。

表 6-5　方格网计算土方量计算公式表

项目	图式	计算公式
一点填方或挖方（三角形）		$V = \dfrac{1}{2}bc\dfrac{\sum h}{3} = \dfrac{bch_3}{6}$ 当 $b=c=a$ 时，$V = \dfrac{a^2 h_3}{6}$
二点填方或挖方（梯形）		$V_+ = \dfrac{b+c}{2}a\dfrac{\sum h}{4} = \dfrac{a}{8}(b+c)(h_1+h_3)$ $V_- = \dfrac{d+e}{2}a\dfrac{\sum h}{4} = \dfrac{a}{8}(d+e)(h_2+h_4)$
三点填方或挖方（五角形）		$V = \left(a^2 - \dfrac{bc}{2}\right)\dfrac{\sum h}{5}$ $= \left(a^2 - \dfrac{bc}{2}\right)\dfrac{h_1+h_2+h_4}{5}$

续表 6-5

项目	图式	计算公式
四点填方或挖方（正方形）		$V = \dfrac{a^2}{4} \sum h = \dfrac{a^2}{4}(h_1 + h_2 + h_3 + h_4)$

注：1. a 为方格网的边长（m）；b、c 为零点到一角的边长（m）；h_1、h_2、h_3、h_4 为方格网四点脚的施工高程（m）；用绝对值代入；$\sum h$ 为填方或挖方施工高程的总和（m），用绝对值代入；V 为挖方或填方体积（m³）。

2. 本表公式是按各计算图形底面乘以平均施工高程而得出的。

(5) 计算土方总量　将填方区所有方格的土方量（或挖方区所有方格的土方量）累计汇总，即得到该场地填方和挖方的总土方量，最后填入汇总表。

二、栽植花木工程工程量计算常用数据

① 栽植穴、槽的规则见表 6-6～表 6-10。

表 6-6　常绿乔木类种植穴规格　　　　　　　　　　　　　　　　（cm）

树高	土球直径	种植穴深度	种植穴直径
150	40～50	50～60	80～90
150～250	70～80	80～90	100～110
250～400	80～100	90～110	120～130
400 以上	140 以上	120 以上	180 以上

表 6-7　落叶乔木类种植穴规格　　　　　　　　　　　　　　　　（cm）

胸径	种植穴深度	种植穴直径	胸径	种植穴深度	种植穴直径
2～3	30～40	40～60	5～6	60～70	80～90
3～4	40～50	60～70	6～8	70～80	90～100
4～5	50～60	70～80	8～10	80～90	100～110

表 6-8　花灌木类种植穴规格　　　　　　　　　　　　　　　　（cm）

树高	土球（直径×高）	圆坑（直径×高）	说明
1.2～1.5	30×20	60×40	
1.5～1.8	40×30	70×50	3 株以上
1.8～2.0	50×30	80×50	
2.0～2.5	70×40	90×60	

表 6-9　竹类种植穴规格　　　　　　　　　　（cm）

种植穴深度	种植穴直径
大于盘根或土球（块）厚度 20～40	大于盘根或土球（块）直径 40～60

表 6-10　绿篱类种植穴规格　　　　　　　　　　（cm）

种植高度	单行	双行
30～50	30×40	40×60
50～80	40×40	40×60
100～120	50×50	50×70
120～150	60×60	60×80

② 各类苗木的质量标准。

a. 乔木类常用苗木产品的主要规格质量标准见表 6-11。

表 6-11　乔木类常用苗木产品的主要规格质量标准

类型	树种	树高/m	干径/m	苗龄/a	冠径/m	分枝点高/m	移植次数/次
	南洋杉	2.5～3	—	6～7	1.0	—	2
	冷杉	1.5～2	—	7	0.8	—	2
	雪松	2.5～3	—	6～7	1.5	—	2
	柳杉	2.5～3	—	5～6	1.5	—	2
	云杉	1.5～2	—	7	1.0	—	2
	侧柏	2～2.5	—	5～7	1.0	—	2
	罗汉松	2～2.5	—	6～7	1.0	—	2
	油松	1.5～2	—	8	1.0	—	3
常绿针叶乔木	白皮松	1.5～2	—	6～10	1.0	—	2
	湿地松	2～2.5	—	3～4	1.5	—	2
	马尾松	2～2.5	—	4～5	1.5	—	2
	黑松	2～2.5	—	6	1.5	—	2
	华山松	1.5～2	—	7～8	1.5	—	2
	圆柏	2.5～3	—	7	0.8	—	3
	龙柏	2～2.5	—	5～8	0.8	—	2
	铅笔柏	2.5～3	—	6～10	0.6	—	3
	榧树	1.5～2	—	5～8	0.6	—	2
	水松	3.0～3.5	—	4～5	1.0	—	2
	水杉	3.0～3.5	—	4～5	1.0	—	2
落叶针叶乔木	金钱松	3.0～3.5	—	6～8	1.2	—	2
	池杉	3.0～3.5	—	4～5	1.0	—	2
	落羽杉	3.0～3.5	—	4～5	1.0	—	2

续表 6-11

类型		树种	树高/m	干径/m	苗龄/a	冠径/m	分枝点高/m	移植次数/次
常绿阔叶乔木		羊蹄甲	2.5～3	3～4	4～5	1.2	—	2
		榕树	2.5～3	4～6	5～6	1.0	—	2
		黄桷树	3～3.5	5～8	5	1.5	—	2
		女贞	2～2.5	3～4	4～5	1.2	—	1
		广玉兰	3.0	3～4	4～5	1.5	—	2
		白兰花	3～3.5	5～6	5～7	1.0	—	2
		芒果	3～3.5	5～6	5	1.5	—	2
		香樟	2.5～3	3～4	4～5	1.2	—	2
		蚊母	2	3～4	5	0.5	—	3
		桂花	1.5～2	3～4	4～5	1.5	—	2
		山茶花	1.5～2	3～4	5～6	1.5	—	2
		石楠	1.5～2	3～4	5	1.0	—	2
		枇杷	2～2.5	3～4	3～4	5～6	—	2
落叶阔叶乔木	大乔木	银杏	2.5～3	2	15～20	1.5	2.0	3
		绒毛白蜡	4～6	4～5	6～7	0.8	5.0	2
		悬铃木	2～2.5	5～7	4～5	1.5	3.0	2
		毛白杨	6	4～5	4	0.8	2.5	1
		臭椿	2～2.5	3～4	3～4	0.8	2.5	1
		三角枫	2.5	2.5	8	0.8	2.0	2
		元宝枫	2.5	3	5	0.8	2.0	2
		洋槐	6	3～4	6	0.8	2.0	2
		合欢	5	3～4	6	0.8	2.5	2
		栾树	4	5	6	0.8	2.5	2
		七叶树	3	3.5～4	4～5	0.8	2.5	3
		国槐	4	5～6	8	0.8	2.5	2
		无患子	3～3.5	3～4	5～6	1.0	3.0	1
		泡桐	2～2.5	3～4	2～3	0.8	2.5	2
		枫杨	2～2.5	3～4	3～4	0.8	2.5	1
		梧桐	2～2.5	3～4	4～5	0.8	2.0	2
		鹅掌楸	3～4	3～4	4～6	0.8	2.5	2
		木棉	3.5	5～8	5	0.8	2.5	2
		垂柳	2.5～3	4～5	2～3	0.8	2.5	2
		枫香	3～3.5	3～4	4～5	0.8	2.5	2
		榆树	3～4	3～4	3～4	1.5	2	2

续表 6-11

类型		树种	树高/m	干径/m	苗龄/a	冠径/m	分枝点高/m	移植次数/次
落叶阔叶乔木	大乔木	椰榆	3~4	3~4	6	1.5	2	3
		朴树	3~4	3~4	5~6	1.5	2	2
		乌桕	3~4	3~4	6	2	2	2
		楝树	3~4	3~4	4~5	2	2	2
		杜仲	4~5	3~4	6~8	2	2	3
		麻栎	3~4	3~4	5~6	2	2	2
		榉树	3~4	3~4	8~10	2	2	2
		重阳木	3~4	3~4	5~6	2	2	2
		梓树	3~4	3~4	5~6	2	2	2
落叶阔叶乔木	中小乔木	白玉兰	2~2.5	2~3	4~5	0.8	0.8	1
		紫叶李	1.5~2	1~2	3~4	0.8	0.4	2
		樱花	2~2.5	1~2	3~4	1	0.8	2
		鸡爪槭	1.5	1~2	4	0.8	1.5	2
		西府海棠	3	1~2	4	1.0	0.4	2
		大花紫薇	1.5~2	1~2	3~4	0.8	1.0	1
		石榴	1.5~2	1~2	3~4	0.8	0.4~0.5	2
		碧桃	1.5~2	1~2	3~4	1.0	0.4~0.5	2
		丝棉木	2.5	2	4	1.5	0.8~1	1
		垂枝榆	2.5	4	7	1.5	2.5~3	2
		龙爪槐	2.5	4	10	1.5	2.5~3	2
		毛刺槐	2.5	4	3	1.5	1.5~2	1

b. 灌木类常用苗木产品的主要规格质量标准见表 6-12。

表 6-12 灌木类常用苗木产品的主要规格质量标准

类型		树种	树高/m	苗龄/a	蓬径/m	主枝数/个	移植次数/次	主条长/m	基径/cm
常绿针叶灌木	匍匐型	爬地柏	—	4	0.6	3	2	1~1.5	1.5~2
		沙地柏	—	4	0.6	3	2	1~1.5	1.5~2
	丛生型	千头柏	0.8~1.0	5~6	0.5	—	1	—	—
		线柏	0.6~0.8	4~5	0.5		1	—	—
常绿阔叶灌木	丛生型	月桂	1~1.2	4~5	0.5	3	1~2	—	—
		海桐	0.8~1.0	4~5	0.8	3~5	1~2	—	—
		夹竹桃	1~1.5	2~3	0.5	3~5	1~2	—	—
		含笑	0.6~0.8	4~5	0.5	3~5	2	—	—
		米仔兰	0.6~0.8	5~6	0.6	3	2	—	—

续表 6-12

类型		树种	树高/m	苗龄/a	蓬径/m	主枝数/个	移植次数/次	主条长/m	基径/cm
常绿阔叶灌木	丛生型	大叶黄杨	0.6~0.8	4~5	0.6	3	2	—	—
		锦熟黄杨	0.3~0.5	3~4	0.3	3	1	—	—
		云绵杜鹃	0.3~0.5	3~4	0.3	5~8	1~2	—	—
		十大功劳	0.3~0.5	3	0.3	3~5	1	—	—
		栀子花	0.3~0.5	2~3	0.3	3~5	1	—	—
		黄蝉	0.6~0.8	3~4	0.6	3~5	1	—	—
		南天竹	0.3~0.5	2~3	0.3	3	1	—	—
		九里香	0.6~0.8	4	0.6	3~5	1~2	—	—
		八角金盘	0.5~0.6	3~4	0.5	2	1	—	—
		枸骨	0.6~0.8	5	0.6	3~5	2	—	—
		丝兰	0.3~0.4	3~4	0.5	—	2	—	—
	单干型	高接大叶黄杨	2	—	3	3	2	—	3~4
落叶阔叶灌木	丛生型	榆叶梅	1.5	3~5	0.8	5	2	—	—
		珍珠梅	1.5	5	0.8	6	1	—	—
		黄刺梅	1.5~2.0	4~5	0.8~1.0	6~8	1	—	—
		玫瑰	0.8~1.0	4~5	0.5~0.6	5	1	—	—
		贴梗海棠	0.8~1.0	4~5	0.8~1.0	5	1	—	—
		木槿	1~1.5	2~3	0.5~0.6	5	1	—	—
		太平花	1.2~1.5	2~3	0.5~0.8	6	1	—	—
		红叶小檗	0.8~1.0	3~5	0.5	6	1	—	—
		棣棠	1~1.5	6	0.8	6	1	—	—
		紫荆	1~1.2	6~8	0.8~1.0	5	1	—	—
		锦带花	1.2~1.5	2~3	0.5~0.8	5	1	—	—
		腊梅	1.5~2.0	5~6	1~1.5	8	1	—	—
		溲疏	1.2	3~5	0.6	5	1	—	—
		金根木	1.5	3~5	0.8~1.0	5	1	—	—
		紫薇	1~1.5	3~5	0.8~1.0	5	1	—	—
		紫丁香	1.2~1.5	3	0.6	5	1	—	—
		木本绣球	0.8~1.0	4	0.6	5	1	—	—
		麻叶绣线菊	0.8~1.0	4	0.8~1.0	5	1	—	—
		猬实	0.8~1.0	3	0.8~1.0	7	1	—	—

续表 6-12

类型		树种	树高/m	苗龄/a	蓬径/m	主枝数/个	移植次数/次	主条长/m	基径/cm
落叶阔叶灌木	单干型	红花紫薇	1.5~2.0	3~5	0.8	5	1	—	3~4
		榆叶梅	1~1.5	5	0.8	5	1	—	3~4
		白丁香	1.5~2.0	3~5	0.8	5	1	—	3~4
		碧桃	1.5~2.0	4	0.8	5	1	—	3~4
	蔓生型	连翘	0.5~1	1~3	0.8	5	—	1.0~1.5	—
		迎春	0.4~1	1~2	0.5	5	—	0.6~0.8	—

c. 藤木类常用苗木产品的主要规格质量标准见表 6-13。

表 6-13 藤木类常用苗木产品的主要规格质量标准

类型	树种	苗龄/a	分枝数/支	主蔓径/cm	主蔓长/m	移植次数/次
常绿藤木	金银花	3~4	3	0.3	1.0	1
	络石	3~4	3	0.3	1.0	1
	常春藤	3	3	0.3	1.0	1
	鸡血藤	3	2~3	1.0	1.5	1
	扶芳藤	3~4	3	1.0	1.0	1
	三角花	3~4	4~5	1.0	1~1.5	1
	木香	3	3	0.8	1.2	1
落叶藤木	猕猴桃	3	4~5	0.5	2~3	1
	南蛇藤	3	4~5	0.5	1.0	1
	紫藤	4	4~5	1.0	1.5	1
	爬山虎	1~2	3~4	0.5	2~2.5	1
	野蔷薇	1~2	3	1.0	1.0	1
	凌霄	3	4~5	0.8	1.5	1
	葡萄	3	4~5	1.0	2~3	1

d. 竹类常用苗木产品的主要规格质量标准见表 6-14。

e. 棕榈类等特种苗木产品的主要规格质量标准见表 6-15。

表 6-14 竹类常用苗木产品的主要规格质量标准

类型	树种	苗龄	母竹分枝数/支	竹鞭长/cm	竹鞭个数/个	竹鞭芽眼数/个
散生竹	紫竹	2~3	2~3	>0.3	>2	>2
	毛竹	2~3	2~3	>0.3	>2	>2
	方竹	2~3	2~3	>0.3	>2	>2
	淡竹	2~3	2~3	>0.3	>2	>2

续表 6-14

类型	树种	苗龄	母竹分枝数/支	竹鞭长/cm	竹鞭个数/个	竹鞭芽眼数/个
丛生竹	佛肚竹	2~3	1~2	>0.3	—	>2
	凤凰竹	2~3	1~2	>0.3	—	>2
	粉箪竹	2~3	1~2	>0.3	—	>2
	撑篙竹	2~3	1~2	>0.3	—	>2
	黄金间碧竹	3	2~3	>0.3	—	>2
混生竹	倭竹	2~3	2~3	>0.3	—	>1
	苦竹	2~3	2~3	>0.3	—	>1
	阔叶箬竹	2~3	2~3	>0.3	—	>1

表 6-15 棕榈类等特种苗木产品的主要规格质量标准

类型	树种	树高/m	灌高/m	树龄/a	基径/cm	冠径/m	逢径/m	移植次数/次
乔木型	棕榈	0.6~0.8	—	7~8	6~8	1	—	2
	椰子	1.5~2	—	4~5	15~20	1	—	2
	王棕	1~2	—	5~6	6~10	1	—	2
	假槟榔	1~1.5	—	4~5	6~10	1	—	2
	长叶刺葵	0.8~1.0	—	4~6	6~8	1	—	2
	油棕	0.8~1.0	—	4~5	6~10	1	—	2
	蒲葵	0.6~0.8	—	8~10	10~12	1	—	2
	鱼尾葵	1.0~1.5	—	4~6	6~8	1	—	2
灌木型	棕竹	—	0.6~0.8	5~6	—	—	0.6	2
	散尾葵	—	0.8~1	4~6	—	—	0.8	2

第四节 绿化工程工程量计算实例

【例 6-1】 某市公园内有一块绿地，其整理施工场地的地形方格网如图 6-3 所示，方格网边长为 20m，试求该园林工程施工土方量。

【解】

① 根据方格网各角点地面标高和设计标高，计算施工高度，如图 6-4 所示。

② 计算零点，求零线。

如图 6-4 所示，边线 2-3、3-8、8-9、9-14、14-15 上，角点的施工高度符号改变，说明这些边线上必有零点存在，按公式可计算各零点位置如下：

2-3 线，$x_{2-3} = \dfrac{0.25}{0.25+0.04} \times 20 = 17.24$（m）

3-8 线，$x_{3-8} = \dfrac{0.04}{0.04+0.20} \times 20 = 3.33$（m）

8-9 线，$x_{8-9}=\dfrac{0.20}{0.20+0.46}\times20\approx6.06$（m）

9-14 线，$x_{9-14}=\dfrac{0.46}{0.46+0.25}\times20\approx12.96$（m）

14-15 线，$x_{14-15}=\dfrac{0.25}{0.25+0.77}\times20\approx4.9$（m）

将所求零点位置连接起来，便是零线，即表示挖方和填方的分界线，如图 6-4 所示。

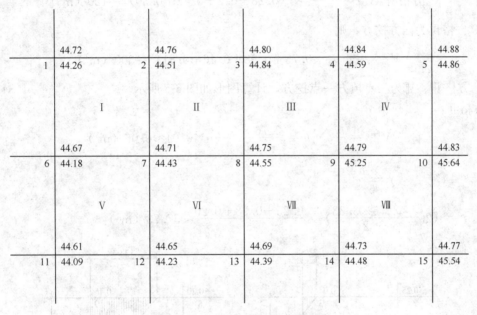

图 6-3　绿地整理施工场地方格网

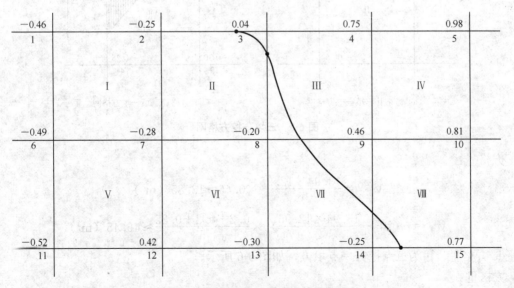

图 6-4　方格网各角点的施工高度及零线

③ 计算各方格网的土方量。

a. 方格网Ⅰ、Ⅴ、Ⅵ均为四方填方，则：

方格Ⅰ：$V_Ⅰ^{(-)}=\dfrac{a^2}{4}\sum h=\dfrac{20^2}{4}\times(0.46+0.25+0.49+0.28)=148$（m³）

方格Ⅴ：$V_Ⅴ^{(-)}=\dfrac{20^2}{4}\times(0.49+0.28+0.52+0.42)=171$（m³）

方格Ⅵ：$V_Ⅵ^{(-)}=\dfrac{20^2}{4}\times(0.28+0.2+0.42+0.30)=120$（m³）

b. 方格Ⅳ为四方挖方，则：

$$V_Ⅳ^{(+)}=\dfrac{20^2}{4}\times(0.75+0.98+0.46+0.81)=300\text{（m³）}$$

c. 方格Ⅱ、Ⅶ为三点填方一点挖方，计算图形如图6-5所示。

方格Ⅱ：

$$V_Ⅱ^{(+)}=\dfrac{bc}{6}\sum h=\dfrac{2.76\times3.33}{6}\times0.04\approx0.06\text{（m³）}$$

$$V_Ⅱ^{(-)}=(a^2-\dfrac{bc}{2})\dfrac{\sum h}{5}$$

$$=(20^2-\dfrac{2.76\times3.33}{2})\times\dfrac{0.25+0.28+0.20}{5}\approx57.73\text{（m³）}$$

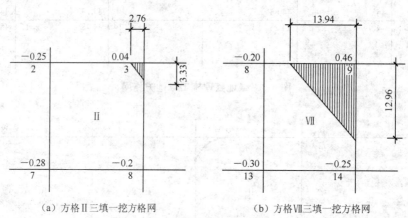

(a) 方格Ⅱ三填一挖方格网   (b) 方格Ⅶ三填一挖方格网

图6-5   三填一挖方格网

方格Ⅶ：

$$V_Ⅶ^{(+)}=\dfrac{13.94\times12.96}{6}\times0.46\approx13.85\text{（m³）}$$

$$V_Ⅶ^{(-)}=(20^2-\dfrac{13.94\times12.96}{2})\times\dfrac{0.2+0.3+0.25}{5}\approx46.45\text{（m³）}$$

d. 方格Ⅲ、Ⅷ为三点挖方一点填方，如图6-6所示。

方格Ⅲ：

$$V_Ⅲ^{(+)}=(a^2-\dfrac{bc}{2})\dfrac{\sum h}{5}=(20^2-\dfrac{16.67\times6.06}{2})\times\dfrac{0.04+0.75+0.46}{5}\approx87.37(\text{m³})$$

$$V_{\text{III}}^{(-)} = \frac{bc}{6}h = \frac{16.67 \times 6.06}{6} \times 0.2 \approx 3.37 \ (\text{m}^3)$$

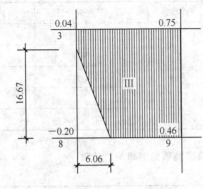

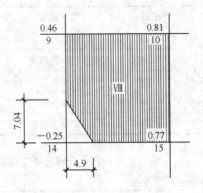

(a) 方格III三挖一填方格网　　　　　　(b) 方格VIII三挖一填方格网

图 6-6　三挖一填方格网

方格VIII：

$$V_{\text{VIII}}^{(+)} = \left(a^2 - \frac{bc}{2}\right)\frac{\sum h}{5} = \left(20^2 - \frac{7.04 \times 4.9}{2}\right) \times \frac{0.46 + 0.81 + 0.77}{5}$$

$$\approx 156.16 \ (\text{m}^3)$$

$$V_{\text{VIII}}^{(-)} = \frac{bc}{6}h = \frac{7.04 \times 4.9}{6} \times 0.25 \approx 1.44 \ (\text{m}^3)$$

④ 将以上计算结果汇总于表 6-16，并求余（缺）土外运（内运）量。

表 6-16　土方工程量汇总表　　　　　　　　　　　　　　（m³）

方格网号	I	II	III	IV	V	VI	VII	VIII	合计
挖方	—	0.06	87.37	300	—		13.85	156.16	557.44
填方	148	57.73	3.37		171	120	46.45	1.44	547.99
土方外运	V=557.44−547.99=9.45								

【例 6-2】　某公共绿地，因工程建设需要，需进行重建。绿地面积为 300m²，原有 20 株乔木需要伐除，其胸径 18cm、地径 25cm；绿地需要进行土方堆土造型计 180m³，平均堆土高度 60cm；新种植树种为：香樟 30 株，胸径 25cm、冠径 300～350cm；新铺草坪为：百慕大满铺 300m²，苗木养护期均为一年。试列出该绿化工程分部分项工程量清单。

【解】

清单工程量计算表见表 6-17，分部分项工程和单价措施项目清单与计价表见表 6-18。

表 6-17　清单工程量计算表

工程名称：某公园绿地工程

序号	项目编码	项目名称	计算式	工程量合计	计量单位
1	050101001001	砍伐乔木		20	株
2	050101010001	整理绿化用地		300	m²
3	050101011001	绿地起坡造型	略	180	m³
4	050102001001	栽植乔木		30	株
5	050102012001	铺种草皮		300	m²

表 6-18　分部分项工程和单价措施项目清单与计价表

工程名称：某公园绿地工程

序号	项目编号	项目名称	项目特征描述	计量单位	工程数量	金额/元	
						综合单价	合价
1	050101001001	砍伐乔木	树干胸径：18cm	株	20		
2	050101010001	整理绿化用地	1. 回填土质要求：富含有机质种植土 2. 取土运距：根据场内挖填平衡，自行考虑土源及运距 3. 回填厚度：≤30cm 4. 弃渣运距：自行考虑	m²	300		
3	050101011001	绿地起坡造型	1. 回填土质要求：富含有机质种植土 2. 取土运距：自行考虑 3. 起坡平均高度：60cm	m³	180		
4	050102001001	栽植乔木	1. 种类：香樟 2. 胸径：25cm 3. 冠径：300～350cm 4. 养护期：一年	株	30		
5	050102012001	铺种草皮	1. 草皮种类：百慕大 2. 铺种方式：满铺 3. 养护期：一年	m²	300		

【例 6-3】　如图 6-7 所示为一个栽植工程局部示意图，图中有一花坛（栽植花卉约 85 株），长 6m，宽 2m，水池尺寸如图所示，栽植水生植物 14 丛（120 株）。图中色带弧长均为 17m，色带宽 2m；草皮约 248m²，喷播植草 87m²。求工程量（植物养护期为 2 年）。

【解】

（1）清单工程量

① 栽植色带 17×2×2＝68（m²）。

② 栽植花卉约 85 株。

③ 栽植水生植物约 14 丛。

④ 铺种草皮 248m²（图 6-7 中给出）。

⑤ 喷播植草 87m² （图 6-7 中给出）。

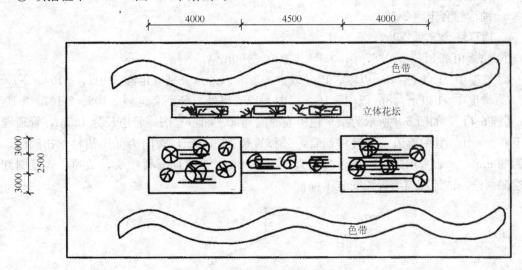

图 6-7　栽植工程局部示意图

分部分项工程和单价措施项目清单与计价表见表 6-19。

表 6-19　分部分项工程和单价措施项目清单与计价表

工程名称：

序号	项目编号	项目名称	项目特征描述	计量单位	工程数量	金额/元	
						综合单价	合价
1	050102007001	栽植色带	养护期 2 年	m²	68		
2	050102008001	栽植花卉	养护期 2 年	株	85		
3	050102009001	栽植水生植物	养护期 2 年	丛	14		
4	050102012001	铺种草皮	养护期 2 年	m²	248		
5	050102013001	喷播植草（灌木）籽	养护期 2 年	m²	87		

（2）定额工程量

① 栽植色带。

a. 普坚土种植 68m²＝6.8（10m²）（单位：10m²）

色带高度 0.8m 以内、1.2m 以内、1.5m 以内、1.8m 以内分别套定额 2-24、2-25、2-26、2-27。

b. 沙砾坚土种植 68m²＝6.8（10m²）

色带高度 0.8m、1.2m、1.5m、1.8m 以内分别套定额 2-67、2-68、2-69、2-70。

② 栽植花卉 8.5（10 株）（单位：10 株）。

由于是立体花坛，故而套定额 2-99；如果是五色草立体花坛，则套定额 2-100。

③ 栽植水生植物约 120 株，即为 12（10 株）（单位：10 株）。

如果水生植物为荷花则套定额 2-101；如果是睡莲，则套定额 2-102。

④ 铺种草皮 248m²＝24.8（10m²）（单位：10m²）。

a. 种草根套定额 2-91。

b. 铺草卷套定额 2-92。

c. 播草籽套定额 2-93。

⑤ 喷播植草 87m² ＝ 0.87（100m²）（单位：100m²）。

a. 坡度 1：1 以下：8m 以内、12m 以内、12m 以外，分别套定额 2-103、2-104、2-105。

b. 坡度 1：1 以上：8m 以内、12m 以内、12m 以外，分别套定额 2-106、2-107、2-108。

【例 6-4】　如图 6-8 所示为某草地中喷灌的局部平面示意图，管道长为 135m，管道埋于地下 0.5m 处。其中管道采用镀锌钢管，公称直径为 85mm，阀门为低压塑料丝扣阀门，外径为 30mm，水表采用螺纹连接，公称直径为 35mm，为换向摇臂喷头，微喷，管道刷红丹防锈漆两遍，试计算喷灌管线安装工程量。

图 6-8　喷泉局部平面示意图

【解】

（1）清单工程量

① 喷灌管线安装：135m。

② 喷灌配件安装：13 个。

清单工程量计算表见表 6-20。

表 6-20　分部分项工程和单价措施项目清单与计价表

工程名称：

序号	项目编号	项目名称	项目特征描述	计量单位	工程数量	金额/元	
						综合单价	合价
1	050103001001	喷灌管线安装	1. 管道长为 130m 2. 管道埋于地下 500mm 处	m	135		
2	050103002001	喷灌配件安装	1. 镀锌钢管，公称直径 85mm 2. 阀门为低压塑料丝扣阀门 3. 管道刷红丹防锈漆两遍	个	13		

（2）定额工程量

① 挖土石方：$V ＝ 0.085 \times 135 \times 0.5 \approx 5.74$（m³）

套用定额 1-4。

② 素土夯实：$V=0.085\times135\times0.15\approx1.72$（m³）

③ 管道安装 130m（单位：m）（镀锌钢管）

由于管道公称直径为 85mm，在 100mm 之内，套用定额 5-9。

④ 阀门安装 5 个（由设计图决定，单位：个）

低压塑料丝扣阀门，外径在 32mm 以内，套用定额 5-65。

⑤ 水表安装 2 组（由设计图决定，单位：组）

水表采用螺纹连接，公称直径在 40mm 以内，套用定额 5-77。

⑥ 喷灌喷头安装 13 个（由设计图决定，单位：个）

喷灌喷头为换向摇臂喷头，套用定额 5-83，微喷套用定额 5-87。

⑦ 刷红丹防锈漆两道 15（10m）（单位：10m）

公称直径在 100mm 以内，套用定额 5-98。

【例 6-5】 某公园绿地，共栽植广玉兰 50 株（胸径 7～8cm），旱柳 90 株（胸径 9～10cm）。试计算工程量，并填写分部分项工程量清单与计价表和工程量清单综合单价分析表。

【解】

根据施工图计算可知：

广玉兰（胸径 7～8cm）：50 株；旱柳（胸径 9～10cm）：90 株；共 140 株

（1）广玉兰（胸径 7～8cm），50 株

① 普坚土种植（胸径 7～8cm）。

a. 人工费：$14.37\times50=718.50$（元）

b. 材料费：$5.99\times50=299.50$（元）

c. 机械费：$0.34\times50=17.00$（元）

d. 合计：1035.00 元

② 普坚土掘苗，胸径 10cm 以内。

a. 人工费：$8.47\times50=423.50$（元）

b. 材料费：$0.17\times50=8.50$（元）

c. 机械费：$0.20\times50=10.00$（元）

d. 合计：442.00 元

③ 裸根乔木客土（100×70）胸径 7～10cm。

a. 人工费：$3.76\times50=188.00$（元）

b. 材料费：$0.55\times50\times5=137.50$（元）

c. 机械费：$0.07\times50=3.50$（元）

d. 合计：329.00 元

④ 场外运苗，胸径 10cm 以内，38 株。

a. 人工费：$5.15\times50=257.50$（元）

b. 材料费：$0.24\times50=12.00$（元）

c. 机械费：$7.00\times50=350.00$（元）

d. 合计：619.50 元

⑤ 广玉兰（胸径 7～8cm）。

a. 材料费：76.5×50＝3825.00（元）

b. 合计：3825.00 元

⑥ 综合。

a. 直接费小计：6250.50 元

b. 管理费：6250.50×34％＝2125.17（元）

c. 利润：6250.50×8％＝500.04（元）

d. 小计：6250.50＋2125.17＋500.04＝8875.71（元）

e. 综合单价：8875.71÷50≈177.51（元/株）

（2）旱柳（胸径 9～10cm），90 株

① 普坚土种植（胸径 7～8cm）。

a. 人工费：14.37×90＝1293.30（元）

b. 材料费：5.99×90＝539.10（元）

c. 机械费：0.34×90＝30.60（元）

d. 合计：1863.00 元

② 普坚土掘苗，胸径 10cm 以内。

a. 人工费：8.47×90＝762.30（元）

b. 材料费：0.17×90＝15.30（元）

c. 机械费：0.20×90＝18.00（元）

d. 合计：795.60 元

③ 裸根乔木客土（100×70）胸径 7～10cm。

a. 人工费：3.76×90＝338.40（元）

b. 材料费：0.55×90×5＝247.50（元）

c. 机械费：0.07×90＝6.30（元）

d. 合计：592.20 元

④ 场外运苗，胸径 10cm 以内。

a. 人工费：5.15×90＝463.50（元）

b. 材料费：0.24×90＝21.60（元）

c. 机械费：7.00×90＝630.00（元）

d. 合计：1115.10 元

⑤ 旱柳（胸径 9～10cm）。

a. 材料费：28.8×90＝2592.00（元）

b. 合计：2592.00 元

⑥ 综合。

a. 直接费小计：6957.90 元

b. 管理费：6957.90×34％＝2365.69（元）

c. 利润：6957.90×8％＝556.63（元）

d. 小计：6957.90＋2365.69＋556.63＝9880.22（元）

e. 综合单价：9880.22÷90＝109.78（元/株）

分部分项工程和单价措施项目清单与计价表及综合单价分析表，见表 6-21～表 6-23。

表 6-21　分部分项工程和单价措施项目清单与计价表

工程名称：公园绿地种植工程　　　　　　　标段：　　　　　　　第　页　共　页

序号	项目编号	项目名称	项目特征描述	计算单位	工程量	综合单价	合价	其中 暂估价
1	050102001001	栽植乔木	1. 栽植广玉兰 2. 胸径 7～8cm	株	50	177.51	6745.54	
2	050102001002	栽植乔木	1. 栽植旱柳 2. 胸径 9～10cm	株	90	109.78	9111.76	
			合计				15 857.3	

表 6-22　综合单价分析表

工程名称：公园绿地种植工程　　　　　　　标段：　　　　　　　第　页　共　页

项目编码	050102001001	项目名称	栽植乔木	计量单位	m	工程量	50

综合单价组成明细

定额编号	定额名称	定额单位	数量	单价/元				合价/元			
				人工费	材料费	机械费	管理费和利润	人工费	材料费	机械费	管理费和利润
2-3	普坚土种植，胸径 10cm 以内	株	1	14.37	5.99	0.34	8.69	14.37	5.99	0.34	8.69
3-1	普坚土掘苗，胸径 10cm 以内	株	1	8.47	0.17	0.20	3.71	8.47	0.17	0.20	3.71
4-3	裸根乔木客土（100×70）胸径 10cm 以内	株	1	3.76	—	0.07	1.61	3.76	—	0.07	1.61
3-25	场外运苗，胸径 10cm 以内	株	1	5.15	0.24	7.00	5.21	5.15	0.24	7.00	5.21
—	广玉兰，胸径 10cm 以内	株	1	—	76.5	—	32.13	—	76.50	—	32.13
人工单价			小计					31.75	82.90	7.61	51.35
30.81 元/工日			未计价材料费					3.90			

续表 6-22

项目编码	050102001001	项目名称	栽植乔木	计量单位	m	工程量	50
清单项目综合单价						177.51	

	名称、规格、型号	单位	数量	单价/元	合价/元	暂估单价/元	暂估合价/元
材料费明细	土	m³	0.78	5	3.90		
	其他材料费			—			—
	材料费小计			—	3.90		—

表 6-23　综合单价分析表

工程名称：公园绿地种植工程　　　　　　　　　标段：　　　　　　　　第　页　共　页

项目编码	050102001001	项目名称	栽植乔木	计量单位	m	工程量	83

综合单价组成明细

定额编号	定额名称	定额单位	数量	单价/元				合价/元			
				人工费	材料费	机械费	管理费和利润	人工费	材料费	机械费	管理费和利润
2-3	普坚土种植，胸径 10cm 以内	株	1	14.37	5.99	0.34	8.69	14.37	5.99	0.34	8.69
3-1	普坚土掘苗，胸径 10cm 以内	株	1	8.47	0.17	0.20	3.71	8.47	0.17	0.20	3.71
4-3	裸根乔木客土（100×70）胸径 10cm 以内	株	1	3.76	—	0.07	1.61	3.76	—	0.07	1.61
3-25	场外运苗，胸径 10cm 以内	株	1	5.15	0.24	7.00	5.21	5.15	0.24	7.00	5.21
—	旱柳，胸径 9～10cm	株	1	—	28.8	—	12.10	—	28.8	—	12.10
人工单价			小计					31.75	35.2	7.61	31.32
30.81 元/工日			未计价材料费					3.9			
	清单项目综合单价							109.78			

续表 6-23

项目编码	050102001001	项目名称		栽植乔木	计量单位		m	工程量		83
材料费明细		名称、规格、型号			单位	数量	单价/元	合价/元	暂估单价/元	暂估合价/元
		土			m³	0.78	5	3.9		
		其他材料费					—		—	
		材料费小计					—	3.9	—	

第七章　园路、园桥工程工程量计算与实例

内容提要：
1. 了解园路、园桥工程定额工程量计算规则。
2. 掌握园路、园桥工程工程量清单项目设置与工程量计算规则。
3. 了解园路、园桥工程工程量计算主要技术资料。
4. 掌握园路、园桥工程工程量计算在实际工程中的应用。

第一节　园路、园桥工程定额工程量计算规则

一、园路工程工程量计算

1. 整理路床

（1）工作内容　厚度在 30cm 以挖、填、找平、夯实、整修，弃土于 2m 以外。

（2）工程量计算　园路整理路床的工程量按路床的面积计算，以"10m²"计算。

2. 垫层

（1）工作内容　筛土、浇水、拌和、铺设、找平、灌浆、捣实、养护。

（2）工程量计算　园路垫层的工程量按不同垫层材料，以垫层的体积计算，计量单位为"m³"。垫层计算宽度应比设计宽度大 10cm，即两边各放宽 5cm。

3. 面层

（1）工作内容　放线、整修路槽、夯实、修平垫层、调浆、铺面层、嵌缝、清扫。

（2）工程量计算　按不同面层材料、厚度，以园路面层的面积计算。计量单位为"10m²"。

① 卵石面层：按拼花、彩边素色分别列项，以"10m²"计算。

② 混凝土面层：按纹形、水刷纹形、预制方格、预制异形、预制混凝土大块面层、预制混凝土假冰片面层、水刷混凝土路面分别列项，以"10m²"计算。

③ 八五砖面层：按平铺、侧铺分别列项，以"10m²"计算。

④ 石板面层：按方整石板面层、乱铺冰片石面层、瓦片、碎缸片、弹石片、小方碎石、六角板分别列项，以"10m²"计算。

4. 甬路

（1）工作内容　园林建筑及公园绿地内的小型甬路、路牙、侧石等工程。定额中不包括刨槽、垫层及运土，可按相应项目定额执行。砌侧石、路缘石、砖、石和树穴是按 1∶3 白灰砂浆铺底、1∶3 水泥砂浆勾缝考虑的。

（2）工程量计算

① 侧石、路缘、路牙按实铺尺寸以"延长米"计算。

② 庭园工程中的园路垫层按图示尺寸以"m³"计算。带路牙者，园路垫层宽度按路面宽度加 20cm 计算；无路牙者，园路垫层宽度按路面宽度加 10cm 计算；蹬道带山石挡土墙者，园路垫层宽度按蹬道宽度加 120cm 计算；蹬道无山石挡土墙者，园路垫层宽度按蹬道宽度加 40cm 计算。

③ 庭园工程中的园路定额是指庭院内的行人甬路、蹬道和带有部分踏步的坡道，不适用于厂、院及住宅小区内的道路，由垫层、路面、地面、路牙、台阶等组成。

④ 山丘坡道所包括的垫层、路面、路牙等项目，分别按相应定额子目的人工费乘以系数 1.4 计算，材料费不变。

⑤ 室外道路宽度在 14m 以内的混凝土路、停车场（厂、院）及住宅小区内的道路套用"建筑工程"预算定额；室外道路宽度在 14m 以外的混凝土路、停车场套用"市政道路工程"预算定额，沥青所有路面套用"市政道路工程"预算定额；庭院内的行人甬路、蹬道和带有部分踏步的坡道套用"庭院工程"预算定额。

⑥ 绿化工程中的住宅小区、公园中的园路套用"建筑工程"预算定额，园路路面面层以"m²"计算，垫层以"m³"计算；别墅中的园路大部分套用"庭园工程"预算定额。

二、园桥工程工程量计算

1. 工作内容

选石、修石、运石，调、运、铺砂浆，砌石，安装桥面。

2. 工程量计算

① 桥的毛石基础、条石桥墩的工程量按其体积计算，计量单位为"m³"。

② 园桥的桥台、护坡的工程量按不同石料（毛石或条石），以其体积计算，计量单位为"m³"。

③ 园桥的石桥面的工程量按其面积计算，计量单位为"10m²"。

④ 石桥桥身的砖石背里和毛石金刚墙，分别执行砖石工程的砖石挡土墙和毛石墙相应定额子目。其工程量均按图示尺寸以"m³"计算。

⑤ 河底海墁、桥面石安装，按设计图示面积、不同厚度以"m²"计算；石栏板（含抱鼓）安装，按设计底边（斜栏板按斜长）长度，以"块"计算；石望柱按设计高度，以"根"计算。

⑥ 定额中规定，ϕ10 以内的钢筋按手工绑扎编制，ϕ10 以上的钢筋按焊接编制，钢筋加工、制作按不同规格和不同的混凝土制作方法分别按设计长度乘以理论重量以"t"计算。

⑦ 石桥的金刚墙细石安装项目中，已综合了桥身的各部位金刚墙的因素。雁翅金刚墙、分水金刚墙和两边的金刚墙，均套用相应的定额。

定额中的细石安装是按青白石和花岗石两种石料编制的，如实际使用砖碴石、汉白玉石料时，执行青白石相应定额子目；使用其他石料时，应另行计算。

第二节　园路、园桥工程清单工程量计算规则

一、园路、园桥工程

园路、园桥工程工程量清单项目编码、项目名称、项目特征、计量单位、工程量计算规则和工程内容，应按表 7-1 的规定执行。

表 7-1　园路、园桥工程（编码：050201）

项目编码	项目名称	项目特征	计量单位	工程量计算规则	工程内容
050201001	园路	1. 路床土石类别 2. 垫层厚度、宽度、材料种类 3. 路面厚度、宽度、材料种类 4. 砂浆强度等级	m²	按设计图示尺寸以面积计算，不包括路牙	1. 路基、路床整理 2. 垫层铺筑 3. 路面铺筑 4. 路面养护
050201002	踏（蹬）道			按设计图示尺寸以水平投影面积计算，不包括路牙	
050201003	路牙铺设	1. 垫层厚度、材料种类 2. 路牙材料种类、规格 3. 砂浆强度等级	m	按设计图示尺寸以长度计算	1. 基层清理 2. 垫层铺设 3. 路牙铺设
050201004	树池围牙、盖板（箅子）	1. 围牙材料种类、规格 2. 铺设方式 3. 盖板材料种类、规格	1. m 2. 套	1. 以米计量，按设计图示尺寸以长度计算 2. 以套计量，按设计图示数量计算	1. 清理基层 2. 围牙、盖板运输 3. 围牙、盖板铺设
050201005	嵌草砖（格）铺装	1. 垫层厚度 2. 铺设方式 3. 嵌草砖（格）品种、规格、颜色 4. 漏空部分填土要求	m²	按设计图示尺寸以面积计算	1. 原土夯实 2. 垫层铺设 3. 铺砖 4. 填土

续表 7-1

项目编码	项目名称	项目特征	计量单位	工程量计算规则	工程内容
050201006	桥基础	1. 基础类型 2. 垫层及基础材料种类、规格 3. 砂浆强度等级	m³	按设计图示尺寸以体积计算	1. 垫层铺筑 2. 起重架搭、拆 3. 基础砌筑 4. 砌石
050201007	石桥墩、石桥台	1. 石料种类、规格 2. 勾缝要求 3. 砂浆强度等级、配合比			1. 石料加工 2. 起重架搭、拆 3. 墩、台、券石、脸砌筑 4. 勾缝
050201008	拱券石				
050201009	石券脸	1. 石料种类、规格 2. 券脸雕刻要求 3. 勾缝要求 4. 砂浆强度等级、配合比	m²	按设计图示尺寸以面积计算	
050201010	金刚墙砌筑		m³	按设计图示尺寸以体积计算	1. 石料加工 2. 起重架搭、拆 3. 砌石 4. 填土夯实
050201011	石桥面铺筑	1. 石料种类、规格 2. 找平层厚度、材料种类 3. 勾缝要求 4. 混凝土强度等级 5. 砂浆强度等级	m²	按设计图示尺寸以面积计算	1. 石材加工 2. 抹找平层 3. 起重架搭、拆 4. 桥面、桥面踏步铺设 5. 勾缝
050201012	石桥面檐板	1. 石料种类、规格 2. 勾缝要求 3. 砂浆强度等级、配合比	m²	按设计图示尺寸以面积计算	1. 石材加工 2. 檐板铺设 3. 铁锔、银锭安装 4. 勾缝
050201013	石汀步（步石、飞石）	1. 石料种类、规格 2. 砂浆强度等级、配合比	m³	按设计图示尺寸以体积计算	1. 基层整理 2. 石材加工 3. 砂浆调运 4. 砌石

续表 7-1

项目编码	项目名称	项目特征	计量单位	工程量计算规则	工程内容
050201014	木制步桥	1. 桥宽度 2. 桥长度 3. 木材种类 4. 各部位截面长度 5. 防护材料种类	m²	按桥面板设计图示尺寸以面积计算	1. 木桩加工 2. 打木桩基础 3. 木梁、木桥板、木桥栏杆、木扶手制作、安装 4. 连接铁件、螺栓安装 5. 刷防护材料
050201015	栈道	1. 栈道宽度 2. 支架材料种类 3. 面层木材种类 4. 防护材料种类		按栈道面板设计图示尺寸以面积计算	1. 凿洞 2. 安装支架 3. 铺设面板 4. 刷防护材料

注：1. 园路、园桥工程的挖土方、开凿石方、回填等应按现行国家标准《市政工程工程量计算规范》（GB 50857—2013）相关项目编码列项。

2. 当某些构配件使用钢筋混凝土或金属构件时，应按现行国家标准《房屋建筑与装饰工程工程量计算规范》（GB 50854—2013）或《市政工程工程量计算规范》（GB 50857—2013）相关项目编码列项。

3. 地伏石、石望柱、石栏杆、石栏板、扶手、撑鼓等应按现行国家标准《仿古建筑工程工程量计算规范》（GB 50855—2013）相关项目编码列项。

4. 亲水（小）码头各分部分项项目按照园桥相应项目编码列项。

5. 台阶项目按现行国家标准《房屋建筑与装饰工程工程量计算规范》（GB 50854—2013）相关项目编码列项。

6. 混合类构件园桥按现行国家标准《房屋建筑与装饰工程工程量计算规范》（GB 50854—2013）或《通用安装工程工程量计算规范》（GB 50856—2013）相关项目编码列项。

二、驳岸、护岸

驳岸、护岸工程量清单项目编码、项目名称、项目特征、计量单位、工程量计算规则和工程内容，应按表 7-2 的规定执行。

表 7-2　驳岸、护岸（编码：050202）

项目编码	项目名称	项目特征	计量单位	工程量计算规则	工程内容
050202001	石（卵石）砌驳岸	1. 石料种类、规格 2. 驳岸截面、长度 3. 勾缝要求 4. 砂浆强度等级、配合比	1. m³ 2. t	1. 以立方米计量，按设计图示尺寸以体积计算 2. 以吨计量，按质量计算	1. 石料加工 2. 砌石（卵石） 3. 勾缝
050202002	原木桩驳岸	1. 木材种类 2. 桩直径 3. 桩单根长度 4. 防护材料种类	1. m 2. 根	1. 以米计量，按设计图示桩长（包括桩尖）计算 2. 以根计量，按设计图示数量计算	1. 木桩加工 2. 打木桩 3. 刷防护材料

续表 7-2

项目编码	项目名称	项目特征	计量单位	工程量计算规则	工程内容
050202003	满（散）铺砂卵石护岸（自然护岸）	1. 护岸平均宽度 2. 粗细砂比例 3. 卵石粒径	1. m² 2. t	1. 以平方米计量，按设计图示尺寸以护岸展开面积计算 2. 以吨计量，按卵石使用质量计算	1. 修边坡 2. 铺卵石
050202004	点（散）布大卵石	1. 大卵石粒径 2. 数量	1. 块（个） 2. t	1. 以块（个）计量，按设计图数量计算 2. 以吨计量，按卵石使用质量计算	1. 布石 2. 安砌 3. 成型
050202005	框格花木护岸	1. 展开宽度 2. 护坡材质 3. 框格种类与规格	m²	按设计图示尺寸展开宽度乘以长度以面积计算	1. 修边坡 2. 安放框格

注：1. 驳岸工程的挖土方、开凿石方、回填等应按现行国家标准《房屋建筑与装饰工程工程计量计算规范》（GB 50854—2013）相关项目编码列项。
2. 木桩钎（梅花桩）按原木桩驳岸项目单独编码列项。
3. 钢筋混凝土仿木桩驳岸，其钢筋混凝土及表面装饰按现行国家标准《房屋建筑与装饰工程工程计量计算规范》（GB 50854—2013）相关项目编码列项，表面"塑松皮"按"园林景观工程"相关项目编码列项。
4. 框格花木护岸的铺草皮、撒草籽等应按"绿化工程"相关项目编码列项。

第三节　园路、园桥工程工程量计算技术资料

一、基础模板工程量计算

独立基础模板工程量按不同形状以图示尺寸计算，如阶梯形按各阶的侧面面积，锥形按侧面面积与锥形斜面面积之和计算。杯形、高杯形基础模板工程量，按基础各阶层的侧面表面积与杯口内壁侧面积之和计算，但杯口底面不计算模板面积。其计算方法可用计算式表示如下：

$$F_总 = (F_1 + F_2 + F_3 + F_4) N \tag{7-1}$$

式中　$F_总$——杯形基础模板接触面面积（m²）；

F_1——杯形基础底部模板接触面面积（m²），$F_1 = (A+B) \times 2h_1$；

F_2——杯形基础上部模板接触面面积（m²），$F_2 = (a_1+b_1) \times 2 (h-h_1-h_3)$；

F_3——杯形基础中部棱台接触面面积（m²），$F_3 = \frac{1}{3} \times (F_1+F_2+\sqrt{F_1F_2})$；

F_4——杯形基础杯口内壁接触面面积（m²），$F_4 = \overline{L} (h-h_2)$；

N——杯形基础数量（个）。

上述公式中字母符号含义如图 7-1 所示。

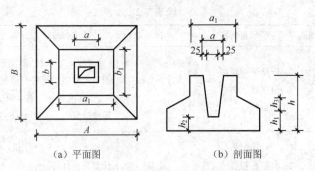

(a) 平面图　　　　　　　　　(b) 剖面图

图 7-1　杯形基础计算公式中字母含义图

二、砌筑砂浆配合比设计

园路桥工程根据需要的砂浆的强度等级进行配合比设计，设计步骤如下。

(1) 计算砂浆试配强度 $f_{m'0}$　为使砂浆强度达到 95% 的强度保证率，满足设计强度等级的要求，砂浆的试配强度应按下式进行计算：

$$f_{m'0} = k f_2 \tag{7-2}$$

式中　$f_{m'0}$——砂浆的试配强度（MPa），应精确至 0.1MPa；

　　　f_2——砂浆强度等级值（MPa），应精确至 0.1MPa；

　　　k——系数，按表 7-3 取值。

表 7-3　砂浆强度标准差 σ 及 k 值

强度等级 施工水平	强度标准差 σ/MPa							k
	M5	M7.5	M10	M15	M20	M25	M30	
优良	1.00	1.50	2.00	3.00	4.00	5.00	6.00	1.15
一般	1.25	1.88	2.50	3.75	5.00	6.25	7.50	1.20
较差	1.50	2.25	3.00	4.50	6.00	7.50	9.00	1.25

(2) 计算水泥用量（kg/m³）Q_C

$$Q_c = 1000 \left(f_{m'0} - \beta \right) / \left(\alpha \cdot f_{cr} \right) \tag{7-3}$$

式中　Q_c——每立方米砂浆的水泥用量（kg），应精确至 1kg；

　　　f_{cr}——水泥的实测强度（MPa），应精确至 0.1MPa；

　　　α、β——砂浆的特征系数，其中 α 取 3.03，β 取 -15.09。

(3) 石灰膏用量

$$Q_D = Q_A - Q_c \tag{7-4}$$

式中　Q_D——每立方米砂浆的石灰膏用量（kg），应精确至 1kg；石灰膏使用时的稠度宜为
　　　120mm±5mm；

　　　Q_c——每立方米砂浆的水泥用量（kg），应精确至 1kg；

　　　Q_A——每立方米砂浆中水泥和石灰膏总量，应精确至 1kg，可为 350kg。

(4) 每立方米砂浆中的砂用量　每立方米砂浆中的砂用量应按干燥状态（含水率小于 0.5%）的堆积密度值作为计算值（kg）。

(5) 选定用水量　用水量的选定要符合砂浆稠度的要求，施工中可以根据操作者的手感

经验或按表 7-4 中确定。

(6) 砂浆试配与配合比的确定 砌筑砂浆配合比的试配和调整方法基本与普通混凝土相同。

表 7-4 砌筑砂浆用水量

砂浆品种	水泥砂浆	混合砂浆
用水量/（kg/m³）	270~330	260~300

注：1. 混合砂浆用水量，不含石灰膏或黏土膏中的水分。

2. 当采用细砂或粗砂时，用水量分别取上限或下限。

3. 当稠度小于 70mm 时，用水量可小于下限。

4. 当施工现场炎热或在干燥季节时，可适当增加用水量。

第四节 园路、园桥工程工程量计算实例

【例 7-1】 如图 7-2 所示为某石桥的局部基础断面图，尺寸在图上已标注，求工程量。

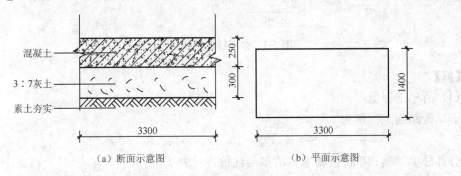

（a）断面示意图   （b）平面示意图

图 7-2 石桥基础局部示意图

【解】

（1）清单工程量

$$V=3.3×1.4×（0.3+0.25）≈2.54（m^3）$$

分部分项工程和单价措施项目清单与计价表见表 7-5。

表 7-5 分部分项工程和单价措施项目清单与计价表

工程名称：

项目编号	项目名称	项目特征描述	计量单位	工程数量	金额/元	
					综合单价	合价
050201000001	桥基础	矩形基础	m³	2.54		

（2）定额工程量

① 整理场地：$S=3.3×1.4×2=9.24（m^2）$

（桥基的整理场地按其底面积乘以系数 2，以"m²"为单位计算）

② 挖土方：$V=3.3×1.4×（0.3+0.25）≈2.54（m^3）$

套定额 1-4。

③ 素土夯实：$V=3.3×1.4×0.15≈0.69$（m³）

④ 3：7 灰土：$V=3.3×1.4×0.3≈1.39$（m³）

⑤ 混凝土基础：$V=3.3×1.4×0.25≈1.16$（m³）

套定额 7-1。

【例 7-2】　某小型停车场，长 16.6m，宽 8m，地面为嵌草砖铺装，如图 7-3 所示（无路牙加 0.1m），求工程量。

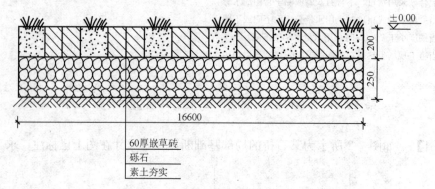

图 7-3　嵌草砖地面铺装示意图

【解】

（1）清单工程量

嵌草砖路面工程量为

$$S=长×宽=16.6×8=132.8（m²）$$

分部分项工程和单价措施项目清单与计价表见表 7-6。

表 7-6　分部分项工程和单价措施项目清单与计价表

工程名称：某小型停车场工程

项目编号	项目名称	项目特征描述	计量单位	工程数量	金额/元	
					综合单价	合价
050201005001	嵌草砖（格）铺装	砾石垫层厚 0.25m	m²	132.8		

（2）定额工程量

① 整理路床：$S=长×宽=16.6×（8+0.1）≈13.46$（10m²）（单位为 10m²）

② 挖土方：$V=长×宽×厚=16.6×8×0.45=59.76$（m³）

③ 砾石：$V=长×宽×厚=16.6×（8+0.1）×0.25≈33.62$（m³）

④ 嵌草砖路面：$S=长×宽=16.6×8=132.8$（m²）

【例 7-3】　某园路为砌块嵌草路面，长 500m，宽 8m，120mm 厚混凝土空心砖，40mm 厚粗砂垫层，200mm 厚碎石垫层，素土夯实。路面边缘设置路牙，挖槽沟深 180mm，用 3：7 灰土垫层，厚度为 160mm，路牙高 160mm，宽 100mm，试求其清单工程量（如图 7-4 所示）。

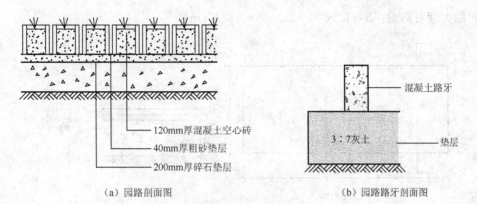

(a) 园路剖面图　　　　　　　　　　(b) 园路路牙剖面图

图 7-4　某园路路面图

【解】

① 园路：$S=$ 长 $\times$ 宽 $=500\times8=4000\text{m}^2$

② 嵌草砖（格）铺装：$S=$ 长 $\times$ 宽 $=500\times8=4000\text{m}^2$

③ 路牙铺设：路牙长 500m

分部分项工程和单价措施项目清单与计价表见表 7-7。

表 7-7　分部分项工程和单价措施项目清单与计价表

工程名称：

序号	项目编号	项目名称	项目特征描述	计量单位	工程数量	金额/元	
						综合单价	合价
1	050201001001	园路	120mm 厚混凝土空心砖，40mm 厚粗砂垫层，200mm 厚碎石垫层，素土夯实	m²	4000		
2	050201005001	嵌草砖（格）铺装	40mm 厚粗砂垫层，200mm 厚碎石垫层，混凝土空心砖	m²	4000		
3	050201003001	路牙铺设	160mm 厚 3：7 灰土垫层厚，路牙高 160mm，宽 100mm	m	500		

注：1. 垫层按图示尺寸"m³"计算。园路垫层宽度：带路牙者，按路面加宽 20cm 计算；无路牙者，按路面宽度加 10cm 计算。

　　2. 停车场为混凝土砌块嵌草铺装，使得路面特别是在边缘部分容易发生歪斜、散落。所以，设置路牙可以对路面起保护作用。

【例 7-4】　如图 7-5 所示为某小广场平面和剖面图，求工程量。

【解】

① 整理路面：$S=$ 长 $\times$ 宽 $=88\times65=5720$（m^2）

② 素土夯实：$S=$ 长 $\times$ 宽 $\times$ 厚 $=88\times65\times0.15=858$（$\text{m}^3$）

③ 挖土方：$V=$ 长 $\times$ 宽 $\times$ 厚 $=88\times65\times0.25=1430$（$\text{m}^3$）

④ 3：7 灰土垫层：$V=$ 长 $\times$ 宽 $\times$ 厚 $=88\times65\times0.17=972.4$（$\text{m}^3$）

（垫层宽度加宽 10cm 计算）

⑤ 细砂垫层：$S=$ 长 $\times$ 宽 $=88\times65\times0.08=457.6$（$\text{m}^3$）

⑥ 贴大理石路面：S＝长×宽＝88×65＝5720（m²）

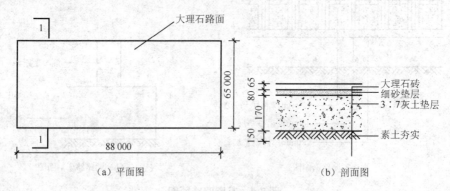

图 7-5　小广场示意图

分部分项工程和单价措施项目清单与计价表见表 7-8。

表 7-8　分部分项工程和单价措施项目清单与计价表

工程名称：

序号	项目编号	项目名称	项目特征描述	计量单位	工程数量	金额/元	
						综合单价	合价
1	050201001001	园路	3：7 灰土垫层厚 170mm，细砂垫层厚 80mm，贴大理石路面	m²	5720		
2	010101002001	挖土方	挖土深 0.25m	m³	1430		

【例 7-5】　某公园步行木桥，桥面总长为 6m、宽为 1.5m，桥板厚度为 25mm，满铺平口对缝，采用木桩基础；原木梢径 ϕ80mm、长 5m，共 16 根；横梁原木梢径 ϕ80mm、长 1.8m、共 9 根；纵梁原木梢径 ϕ100mm、长 5.6m，共 5 根。栏杆、栏杆柱、扶手、扫地杆、斜撑采用枋木 80mm×80mm（刨光），栏杆高 900mm。全部采用杉木。试计算工程量。

【解】

（1）业主计算

业主根据施工图计算步行木桥工程量为

S＝6×1.5＝9.00（m²）。

（2）投标人计算

① 原木桩工程量（查原木材积表）为 0.64m³。

a. 人工费：25 元/工日×5.12 工日＝128 元

b. 材料费：原木 800 元/m³×0.64m³＝512 元

c. 合计：640.00 元。

② 原木横、纵梁工程量（查原木材积表）为 0.472m³。

a. 人工费：25 元/工日×3.42 工日＝85.50 元

b. 材料费：原木 800 元/m³×0.472m³＝377.60 元

　　　　　 扒钉 3.2 元/kg×15.5kg＝49.60 元

小计：427.20 元

c. 合计：512.70 元。

③ 桥板工程量 3.142m³。

a. 人工费：25 元/工日×22.94 工日＝573.50 元

b. 材料费：板材 1200 元/m³×3.142m³＝3770.4 元

　　　　　铁钉 2.5 元/kg×21kg＝52.5 元

小计：3822.90 元

c. 合计：4396.4 元。

④ 栏杆、扶手、扫地杆、斜撑工程量 0.24m³。

a. 人工费：25 元/工日×3.08 工日＝77 元

b. 材料费：枋材 1200 元/m³×0.24m³＝288.00 元

铁材：3.2 元/kg×6.4kg＝20.48 元

小计：308.48 元

c. 合计：385.48 元。

⑤ 综合。

a. 直接费用合计：5934.58 元。

b. 管理费：直接费×25%＝5934.58 元×25%≈1483.65 元

c. 利润：直接费×8%＝5934.58 元×8%≈474.77 元

d. 总计：7893 元。

e. 综合单价：877 元。

分部分项工程量清单与计价表、工程量清单综合单价分析表见表 7-9 和表 7-10。

表 7-9　分部分项工程量清单与计价表

工程名称：某公园步行木桥施工工程　　　　　　　　标段：　　　　　　　　　　第 页 共 页

序号	项目编号	项目名称	项目特征描述	计量单位	工程数量	金额/元		其中
						综合单价	合价	暂估价
1	050201014001	木制步桥	1. 桥面长 6m、宽 1.5m、桥板厚 0.025m 2. 原木桩基础、梢径 φ80mm、长 5m、16 根 3. 原木横梁、梢径 φ80mm、长 1.8m、9 根 4. 原木纵梁、梢径 φ100mm、长 5.6m、5 根 5. 栏杆、扶手、扫地杆、斜撑枋木 80mm×80mm（刨光）、栏高 900mm 6. 全部采用杉木	m²	9	877	7893	
			合计				7893	

表 7-10　工程量清单综合单价分析表

工程名称：某公园步行木桥施工工程　　　　　　　标段：　　　　　　　第　页　共　页

项目编码	050201014001		项目名称	木制步桥	计量单位	m²	工程量	9

综合单价组成明细

定额编号	定额名称	定额单位	数量	单价/元				合价/元			
				人工费	材料费	机械费	管理费和利润	人工费	材料费	机械费	管理费和利润
—	原木桩基础	m³	0.071	128	800	—	306.24	9.09	56.8	—	21.74
—	原木梁	m³	0.052	85.50	800	—	292.20	4.44	41.6	—	15.19
—	桥板	m³	0.369	57.35	1200	—	414.92	21.16	442.8	—	153.11
—	栏杆、扶手、斜撑	m³	0.027	77	1200	—	421.45	2.08	32.4	—	11.38
人工单价			小计					36.77	573.6	—	201.42
25 元/工日			未计价材料费					65.23			
清单项目综合单价								877			

	名称、规格、型号	单位	数量	单价/元	合价/元	暂估单价/元	暂估合价/元
材料费明细	扒钉	kg	1.72	3.2	5.5		
	铁钉	kg	2.33	2.5	5.83		
	铁材	kg	0.71	3.2	2.27		
	其他材料费			—	51.63	—	
	材料费小计			—	65.23	—	

第八章　园林景观工程工程量计算与实例

内容提要：
1. 了解园林景观工程定额工程量计算规则。
2. 掌握园林景观工程工程量清单项目设置与工程量计算规则。
3. 了解园林景观工程工程量计算主要技术资料。
4. 掌握园林景观工程工程量计算在实际工程中的应用。

第一节　园林景观工程定额工程量计算规则

一、假山工程工程量计算

1. 假山工程

(1) 工作内容　假山工程量一般以设计的山石实际吨位数为基数来推算，并以工日数表示。假山采用的山石种类不同、假山造型不同、假山砌筑方式不同都会影响工程量。由于假山工程的变化因素太多，每工日的施工定额也不容易统一，准确计算工程量有一定难度。根据十几项假山工程施工资料统计的结果，包括放样、选石、配制水泥砂浆及混凝土、吊装山石、堆砌、刹垫、搭拆脚手架、抹缝、清理、养护等全部施工工作在内的山石施工平均工日定额，在精细施工条件下，应为 0.1～0.2t/工日；在大批量粗放施工情况下，则应为 0.3～0.4t/工日。

(2) 工程量计算　公式见本章第三节。假山顶部凸出的石块，不得执行人造独立峰定额。人造独立峰（仿孤块峰石）是指人工叠造的独立峰石。

2. 景石、散点石工程

(1) 工作内容　景石是指不具备山形但以奇特的形状为审美特征的石质观赏品；散点石是指无呼应联系的一些自然山石分散布置在草坪、山坡等处，主要起点缀环境、烘托野地氛围的作用。

(2) 工程量计算　公式见本章第三节。

3. 堆砌假山工程

(1) 工作内容　放样、选石、运石、调制及运送混凝土（砂浆）、堆砌、搭拆脚手架、塞垫嵌缝、清理、养护。

(2) 工程量计算　堆砌湖石假山、黄石假山、整块湖石峰、人造湖石峰、人造黄石峰以及石笋安装、土山点石的工程量均按不同山、峰高度，以堆砌石料的质量计算。计量单位为"t"。

布置景石的工程量按不同单块景石，以布置景石的质量计算，计量单位为"t"。

自然式护岸的工程量按护岸石料质量计算，计量单位为"t"。

$$堆砌假山石料质量＝进场石料验收质量－剩余石料质量 \qquad (8-1)$$

4. 塑假石山工程

(1) 工作内容　放样、挖土方、浇捣混凝土垫层、砌骨架或焊接骨架、挂钢网、堆筑成形。

(2) 工程量计算　砖骨架塑假石山的工程量按不同高度，以塑假石山的外围表面积计算，计量单位为"$10m^2$"。

钢骨架、钢网塑假石山的工程量按其外围表面积计算，计量单位为"$10m^2$"。

二、土方工程量计算

1. 工作内容

工作内容主要包括平整场地、挖地槽、挖地坑、挖土方、回填土、运土等。

2. 工程量计算

① 工程量除注明者外，均按图示尺寸以体积计算。

② 挖土方凡平整场地厚度在 30cm 以上，槽底宽度在 3m 以上和坑底面积在 $20m^2$ 以上的挖土，均按挖土方计算。

③ 挖地槽凡槽宽在 3m 以内，槽长为槽宽 3 倍以上的挖土，均按挖地槽计算。外墙地槽长度按其中心线长度计算，内墙地槽长度按内墙地槽的净长计算；宽度按图示宽度计算；凸出部分挖土量应予以增加。

④ 挖地坑凡挖土底面积在 $20m^2$ 以内，槽宽在 3m 以内，槽长小于槽宽 3 倍者按挖地坑计算。

⑤ 挖土方、地槽、地坑的高度，按室外自然地坪至槽底的距离计算。

⑥ 挖管沟槽，宽度按规定尺寸计算，如无规定可按表 8-1 计算。沟槽长度不扣除检查井，检查井的凸出管道部分的土方也不增加。

表 8-1　沟槽底宽度

管径/mm	铸铁管、钢管、石棉水泥管	混凝土管、钢筋混凝土管	缸瓦管	附注
50～75	0.6	0.8	0.7	1. 本表为埋深在 1.5m 以内沟槽底宽度，单位为"m"
100～200	0.7	0.9	0.8	2. 当深度在 2m 以内，有支撑时，表中数值适当增加 0.1m
250～350	0.8	1.0	0.9	
400～450	1.0	1.3	1.1	3. 当深度在 3m 以内，有支撑时，表中数值适当增加 0.2m
500～600	1.3	1.5	1.4	

⑦ 平整场地是指厚度在 ±30cm 以内的就地挖、填、找平工程，其工程量按建筑物的首层建筑面积计算。

⑧ 回填土、场地填土，分松填和夯填，以"m^3"计算。挖地槽原土回填的工程量，可按地槽挖土工程量乘以系数 0.6 计算。

a. 满堂红挖土方，其设计室外地坪以下部分如采用原土者，此部分不计取原土价值的措施费和各项间接费用。

b. 大开槽四周的填土，按回填土定额执行。

c. 地槽、地坑回填土的工程量，可按地槽地坑的挖土工程量乘以系数 0.6 计算。

d. 管道回填土按挖土体积减去垫层和直径大于 500mm（包括 500mm）的管道体积计算。管道直径小于 500mm 的可不扣除其所占体积，管道在 500mm 以上的应减除管道体积。每米管道应减土方量可按表 8-2 计算。

表 8-2 每米管道应减土方量

管道种类	减土方量/m³					
	直径/mm					
	500～600	700～800	900～1000	1100～1200	1300～1400	1500～1600
钢管	0.24	0.44	0.71	—	—	—
铸铁管	0.27	0.49	0.77	—	—	—
钢筋混凝土管及缸瓦管	0.33	0.60	0.92	1.15	1.35	1.55

e. 用挖槽余土做填土时，应套用相应的填土定额，结算时应减去其利用部分土的价值，但措施费和各项间接费不予扣除。

三、砖石工程量计算

1. 工作内容

工作内容包括砖基础与砌体、其他砌体、毛石基础及护坡等。

2. 工程量计算

(1) 一般规定

① 砌体砂浆强度等级为综合强度等级，编排预算时不得调整。

② 砌墙综合了墙的厚度，划分为外墙和内墙。

③ 砌体内采用钢筋加固者，按设计规定的质量，套用"砖砌体加固钢筋"定额。

④ 檐高是指由设计室外地坪至前后檐口滴水的高度。

(2) 工程量计算规则

① 标准砖墙体计算厚度见表 8-3。

表 8-3 标准砖墙体计算厚度

墙体	1/4 砖	1/2 砖	3/4 砖	1 砖	$1\frac{1}{2}$ 砖	2 砖	$2\frac{1}{2}$ 砖	3 砖
计算厚度/mm	53	115	180	240	365	490	615	740

② 基础与墙身的划分：砖基础与砖墙以设计室内地坪为界，设计室内地坪以下为基础、以上为墙身，如墙身与基础为两种不同材料时以材料为分界线。砖围墙以设计室外地坪为分界线。

③ 外墙基础长度，按外墙中心线计算；内墙基础长度，按内墙净长计算。墙基大放脚处重叠因素已综合在定额内；凸出墙外的墙垛的基础大放脚宽出部分不增加，嵌入基础的钢筋、铁杆、管件等所占的体积不予扣除。

④ 砖基础工程量不扣除 0.3m² 以内的孔洞，基础内混凝土的体积应扣除，但砖过梁应另列项目计算。

⑤ 基础抹隔潮层按实抹面积计算。

⑥ 外墙长度按外墙中心线长度计算，内墙长度按内墙净长计算。女儿墙工程量并入外墙计算。

⑦ 计算实砌砖墙身时，应扣除门窗洞口（门窗框外围面积），过人洞空圈，嵌入墙身的钢筋砖柱、梁、过梁、圈梁的体积，但不扣除每个面积在 0.3m² 以内的孔洞梁头、梁垫、檩头、垫木、木砖、砌墙内的加固钢筋、墙基抹隔潮层等与内墙板头压 1/2 墙者所占的体积。凸出墙面的窗台虎头砖、压顶线、门窗套、三皮砖以下的腰线、挑檐等体积也不增加。嵌入外墙的钢筋混凝土板头已在定额中考虑，计算工程量时不再扣除。

⑧ 墙身高度从首层设计室内地坪算至设计要求高度。

⑨ 砖垛，三皮砖以上的檐槽，砖砌腰线的体积，并入所附的墙身体积内计算。

⑩ 附墙烟囱（包括附墙通风道、垃圾道）按其外形体积计算，并入所依附的墙体积内。不扣除横断面积在 0.1m² 以内的孔洞的体积，但孔洞内的抹灰工料不增加。如每一孔洞横断面积超过 0.1m²，应扣除孔洞所占体积，孔洞内的抹灰应另列项计算。如砂浆强度等级不同，可按相应墙体定额执行。附墙烟囱如带缸瓦管、除灰门或垃圾道带有垃圾道门、垃圾斗、通风百叶窗、铁箅子和钢筋混凝土预制盖等，均应另列项目计算。

⑪ 框架结构间砌墙，分为内、外墙，以框架间的净空面积乘以墙厚度按相应的砖墙定额计算。框架外表面镶包砖部分也并入框架结构间砌墙的工程量内计算。

⑫ 围墙以"m³"计算，按相应外墙定额执行，砖垛和压顶等工程量应并入墙身内计算。

⑬ 暖气沟及其他砖砌沟道不分墙身和墙基，其工程量合并计算。

⑭ 砖砌地下室内外墙身工程量与砌砖计算方法相同，但基础与墙身的工程量合并计算，按相应内外墙定额执行。

⑮ 砖柱不分柱身和柱基，其工程量合并计算，按砖柱定额执行。

⑯ 空花墙按带有空花部分的局部外形体积以"m³"计算，空花所占体积不扣除，实砌部分另按相应定额计算。

⑰ 半圆旋按图示尺寸以"m³"计算，执行相应定额。

⑱ 零星砌体定额适用于厕所蹲台、小便槽、水池腿、煤箱、台阶、台阶挡墙、花台、花池、房上烟囱、阳台隔断墙、小型池槽、楼梯基础、垃圾箱等，以"m³"计算。

⑲ 炉灶按外形体积以"m³"计算，不扣除各种空洞的体积。定额中只考虑了一般的铁件及炉灶台面抹灰，如炉灶面镶贴块料面层则应另列项计算。

⑳ 毛石砌体按图示尺寸以"m³"计算。

㉑ 砌体内通风铁箅的用量按设计规定计算，但安装工已包括在相应定额内，不另计算。

四、混凝土及钢筋混凝土工程量计算

1. 工作内容

工作内容主要包括现浇、预制、接头灌缝混凝土及混凝土安装、运输等。

2. 工程量计算

(1) 一般规定

① 混凝土及钢筋混凝土工程预算定额是综合定额，包括模板、钢筋和混凝土各工序的工料及施工机械的耗用量。模板、钢筋不需单独计算。当与施工图规定的用量另加损耗后的数

量不同时，可按实际情况调整。

②定额中模板是按木模板、工具式钢模板、定型钢模板等综合考虑的，实际采用模板不同时，不得换算。

③钢筋定额是按手工绑扎、部分焊接及点焊编制的，实际施工与定额不同时，不得换算。

④混凝土设计强度等级与定额不同时，应以定额中选定的石子粒径，按相应的混凝土配合比换算，但混凝土搅拌用水不换算。

（2）工程量计算规则

①混凝土和钢筋混凝土：以"m^3"为计算单位的各种构件，均根据图示尺寸以构件的体积计算，不扣除其中的钢筋、铁件、螺栓和预留螺栓孔洞所占的体积。

②基础垫层：混凝土的厚度在 12cm 以内者为垫层，执行基础定额。

③基础：

a. 带形基础。带形基础是指凡在墙下的基础或柱与柱之间与单独基础相连接的带形结构。与带形基础相连的杯形基础，执行杯形基础定额。

b. 独立基础。包括各种形式的独立柱和柱墩，独立基础的高度按图示尺寸计算。

c. 满堂基础。底板定额适用于无梁式和有梁式满堂基础的底板。有梁式满堂基础中的梁、柱另按相应的基础梁或柱定额执行。梁只计算凸出基础的部分；伸入基础底板的部分，并入满堂基础底板工程量内。

④柱：

a. 柱高为柱基上表面至柱顶面的高度。

b. 依附于柱上的云头、梁垫的体积另列项目计算。

c. 多边形柱，按相应的圆柱定额执行，其规格按断面对角线长套用定额。

d. 依附于柱上的牛腿的体积，并入柱身体积计算。

⑤梁：

a. 梁的长度。梁与柱交接时，梁长应按柱与柱之间的净距计算；次梁与主梁或柱交接时，次梁的长度算至柱侧面或主梁侧面；梁与墙交接时，伸入墙内的梁头应包括在梁的长度内计算。

b. 梁头处如有浇制垫块者，其体积并入梁内一起计算。

c. 凡加固墙身的梁均按圈梁计算。

d. 戗梁按设计图示尺寸以"m^3"计算。

⑥板：

a. 有梁板是指带有梁的板，按其形式可分为梁式楼板、井式楼板和密肋形楼板。梁与板的体积合并计算，应扣除面积大于 $0.3m^2$ 的孔洞所占的体积。

b. 平板是指无柱、无梁，直接由墙承重的板。

c. 亭屋面板（曲形）是指古典建筑中亭面板，为曲形状。其工程量按设计图示尺寸以体积计算。

d. 凡不同类型的楼板交接时，均以墙的中心线为分界。

e. 伸入墙内的板头，其体积应并入板内计算。

f. 现浇混凝土挑檐，天沟与现浇屋面板连接时，以外墙皮为分界线；与圈梁连接时，以圈梁外皮为分界线。

g. 戗翼板是指古建筑中的翘角部位，并连有飞椽的翼角板。椽望板是指古建筑中的飞沿部位，并连有飞椽和出沿椽重叠之板。其工程量按设计图示尺寸以体积计算。

h. 中式屋架是指古典建筑中立贴式屋架。其工程量（包括童柱、立柱、大梁）按设计图示尺寸以体积计算。

⑦ 枋、桁：

a. 枋子、桁条、梁垫、梓桁、云头、斗拱、椽子等构件，均按设计图示尺寸以体积计算。

b. 枋与柱交接时，枋的长度应按柱与柱间的净距计算。

⑧ 其他：

a. 整体楼梯。应分层按其水平投影面积计算。楼梯井宽度超过 50cm 时其面积应扣除。伸入墙内部分的体积已包括在定额内，不另计算，但楼梯基础、栏板、栏杆、扶手应另列项目套用相应定额计算。楼梯的水平投影面积包括踏步、斜梁、休息平台、平台梁以及楼梯与楼板连接的梁。楼梯与楼板的划分以楼梯梁的外侧面为分界。

b. 阳台、雨篷。均按伸出墙外的水平投影面积计算，伸出墙外的牛腿已包括在定额内不再计算，但嵌入墙内的梁应按相应定额另列项目计算。阳台上的栏板、栏杆及扶手均应另列项目计算，楼梯、阳台的栏板、栏杆、吴王靠（美人靠）、挂落均按"延长米"计算，其中包括楼梯伸入墙内的部分。楼梯斜长部分的栏板长度，可按其水平长度乘以系数 1.15 计算。

c. 小型构件。是指单位体积小于 0.1m³ 的未列入项目的构件。

d. 古式零件。是指梁垫、云头、插角、宝顶、莲花头子、花饰块等，以及单件体积小于 0.05m³ 的未列入项目的古式小构件。

e. 池槽。按体积计算。

⑨ 装配式构件制作、安装、运输：

a. 装配式构件一律按施工图示尺寸以体积计算，空腹构件应扣除空腹体积。

b. 预制混凝土板或补现浇板缝时，按平板定额执行。

c. 预制混凝土花漏窗按其外围面积以"m²"计算，边框线抹灰另按抹灰工程规定计算。

五、木结构工程量计算

1. 工作内容

工作内容主要包括门窗制作及安装、木装修、间壁墙、顶棚、地板、屋架等。

2. 工程量计算

(1) 一般规定

① 定额中凡包括玻璃安装项目的，其玻璃品种及厚度均为参考规格。若实际使用的玻璃品种及厚度与定额不同，玻璃厚度及单价应按实际情况调整，但定额中的玻璃用量不变。

② 凡综合刷油者，定额中除了在项目中已注明者外，均为底油一遍，调和漆两遍，木门窗的底油包括在制作定额中。

③ 一玻一纱窗，不分纱扇所占的面积大小，均按定额执行。

④ 木墙裙项目中已包括制作安装踢脚板，其不另计算。

（2）工程量计算规则

① 定额中的普通窗适用于平开式，上、中、下悬式，中转式和推拉式。均按框外围面积计算。

② 定额中的门框料是按无下坎计算的。若设计有下坎，应按相应门下坎定额执行，其工程量按门框外围宽度以"延长米"计算。

③ 各种门如亮子或门扇安纱扇，纱门扇或纱亮子按框外围面积另列项目计算，纱门扇与纱亮子以门框中坎的上皮为界。

④ 木窗台板按"m²"计算。当图纸未注明窗台板长度和宽度时，可按窗框的外围宽度两边共加10cm计算，凸出墙面的宽度按抹灰面增加3cm计算。

⑤ 木楼梯（包括休息平台和靠墙踢脚板）按水平投影面积以"m²"计算（不计伸入墙内部分的面积）。

⑥ 挂镜线按"延长米"计算，若与窗帘盒相连接，应扣除窗帘盒长度。

⑦ 门窗贴脸的长度，按门窗框的外围尺寸以"延长米"计算。

⑧ 暖气罩、玻璃黑板按边框外围尺寸以垂直投影面积计算。

⑨ 木隔板按图示尺寸以"m²"计算。定额内按一般固定考虑，如用角钢托架，角钢应另行计算。

⑩ 间壁墙的高度按图示尺寸计算，长度按净长计算，应扣除门窗洞口，但不扣除面积在0.3m²以内的孔洞。

⑪ 厕所浴室木隔断，其高度自下横枋底面算至上横枋顶面，以"m²"计算，门扇面积并入隔断面积内计算。

⑫ 预制钢筋混凝土厕浴隔断上的门扇，按扇外围面积计算，套用厕所浴室隔断门定额。

⑬ 半截玻璃间壁，其上部为玻璃间壁、下部为半砖墙或其他间壁，分别计算工程量，套用相应定额。

⑭ 顶棚面积以主墙实际面积计算，不扣除间壁墙、检查洞、穿过顶棚的柱、垛、附墙烟囱及水平投影面积在1m²以内的柱帽等所占的面积。

⑮ 木地板以主墙间的净面积计算，不扣除间壁墙、穿过木地板的柱、垛和附墙烟囱等所占的面积，但门和空圈的开口部分不增加。

⑯ 木地板定额中，当木踢脚板数量不同时，均按定额执行。当设计不用木踢脚板时，可扣除其数量但人工不变。

⑰ 栏杆的扶手均以"延长米"计算。楼梯踏步部分的栏杆、扶手的长度可按全部水平投影长度乘以系数1.15计算。

⑱ 屋架分不同跨度，按"架"计算，屋架跨度按墙、柱中心线长度计算。

⑲ 楼梯底钉顶棚的工程量均以楼梯水平投影面积乘以系数1.10，按顶棚面层定额计算。

六、地面工程量计算

1. 工作内容

工作内容主要包括垫层、防潮层、整体面层和块料面层等。

2. 工程量计算

(1) 一般规定

① 混凝土强度等级及灰土、白灰焦渣、水泥焦渣的配合比与设计要求不同时，允许换算。但整体面层与块料面层的结合层或底层砂层的砂浆厚度，除定额注明允许换算外一律不得换算。

② 散水、斜坡、台阶、明沟均已包括了土方、垫层、面层及沟壁。当垫层、面层的材料品种、含量与设计不同时，可以换算，但土方量和人工、机械费一律不得调整。

③ 随打随抹地面只适用于设计中无厚度要求的随打随抹面层，当设计中有厚度要求时，应按水泥砂浆抹地面定额执行。

(2) 工程量计算规则

① 楼地面层。

a. 水泥砂浆随打随抹、砖地面及混凝土面层，按主墙间的净空面积计算，应扣除凸出地面的构筑物，设备基础所占的面积（不需做面层的沟盖板所占的面积也应扣除），不扣除柱、垛、间壁墙、附墙烟囱以及 0.3m² 以内孔洞所占的面积，但门洞、空圈不增加。

b. 水磨石面层及块料面层均按图示尺寸以"m²"计算。

② 防潮层。

a. 平面。地面防潮层同地面面层，与墙面连接处的高在 50cm 以内时其展开面积的工程量，按平面定额计算；超过 50cm 者，其立面部分的全部工程量按立面定额计算。墙基防潮层，外墙长以外墙中心线长度，内墙按内墙净长乘宽度计算。

b. 立面。墙身防潮层按图示尺寸以"m²"计算，不扣除面积在 0.3m² 以内的孔洞。

③ 伸缩缝：各类伸缩缝，按不同用料以"延长米"计算。外墙伸缩缝如内外双面填缝者，工程量加倍计算。伸缩缝项目，适用于屋面、墙面和地面等部位。

④ 踢脚板。

a. 水泥砂浆踢脚板以"延长米"计算，不扣除门洞及空圈的长度，但门洞、空圈和垛的侧壁不增加。

b. 水磨石踢脚板、预制水磨石及其他块料面层踢脚板，均按图示尺寸以净长计算。

⑤ 水泥砂浆及水磨石楼梯面层：以水平投影面积计算，定额内已包括踢脚板及底面抹灰、刷浆工料。楼梯井在 50cm 以内者不予扣除。

⑥ 散水：按外墙外边线的长度乘以宽度以"m²"计算（台阶、坡道所占的长度不扣除，四角延伸部分不增加）。

⑦ 坡道：以水平投影面积计算。

⑧ 各类台阶：均以水平投影面积计算，定额内已包括面层及面层下的砌砖或混凝土的工料。

七、屋面工程量计算

1. 工作内容

工作内容主要包括保温层、找平层、卷材屋面和屋面排水等。

2. 工程量计算

(1) 一般规定

① 当水泥瓦、黏土瓦的规格与定额不同时，除瓦的数量可以换算外，其他工料均不得

调整。

② 铁皮屋面及铁皮排水项目，铁皮咬口和搭接的工料包括在定额内不另计算。当铁皮厚度与定额规定不同时，允许换算，其他工料不变。刷冷底子油一遍已综合在定额内，不另计算。

(2) 工程量计算规则

① 保温层：按图示尺寸的面积乘平均厚度以"m^3"计算，不扣除烟囱、风帽及水斗斜沟所占面积。

② 瓦屋面：按图示尺寸的屋面投影面积乘屋面坡度延尺系数以"m^2"计算，不扣除房上烟囱、风帽底座、风道、屋面小气窗和斜沟等所占面积，屋面小气窗出檐与屋面重叠部分的面积不增加，但天窗出檐部分重叠的面积应计入相应屋面工程量内。瓦屋面的出线、披水、梢头抹灰、脊瓦等工料均已综合在定额内，不另计算。

③ 卷材屋面：按图示尺寸的水平投影面积乘屋面坡度延尺系数以"m^2"计算，不扣除房上烟囱、风帽底座、风道斜沟等所占面积，其根部弯起部分不另计算。天窗出沿部分重叠的面积应按图示尺寸以"m^2"计算，并入卷材屋面工程量内，如图纸未注明尺寸，伸缩缝、女儿墙可按25cm计算，天窗处可按50cm计算，局部增加层数时，另计增加部分。

④ 水落管长度：按图示尺寸以展开长度计算。如无图示尺寸，由沿口下皮算至设计室外地坪以上15cm，上端与铸铁弯头连接者，算至接头处。

⑤ 屋面抹水泥砂浆找平层：屋面抹水泥砂浆找平层的工程量与卷材屋面相同。

八、装饰工程量计算

1. 工作内容

工作内容主要包括抹白灰砂浆、抹水泥砂浆等。

2. 工程量计算

(1) 一般规定

① 抹灰厚度及砂浆种类，一般不得换算。

② 抹灰不分等级，定额水平是根据园林建筑质量要求较高的情况综合考虑的。

③ 阳台、雨篷抹灰定额内已包括底面抹灰及刷浆，不另行计算。

④ 凡室内净高超过3.6m的内檐装饰，其所需脚手架可另行计算。

⑤ 内檐墙面抹灰综合考虑了抹水泥窗台板，如设计要求做法与定额不同时可以换算。

⑥ 设计要求抹灰厚度与定额不同时，定额内砂浆体积应按比例调整，人工、机械不得调整。

(2) 工程量计算规则

① 工程量均按设计图示尺寸计算。

② 顶棚抹灰。

a. 顶棚抹灰面积。以主墙内的净空面积计算，不扣除间壁墙、垛、柱所占的面积，带有钢筋混凝土梁的顶棚，梁的两侧抹灰面积应并入顶棚抹灰工程量内计算。

b. 密肋梁和井字梁顶棚抹灰面积。以展开面积计算。

c. 檐口顶棚的抹灰。并入相同的顶棚抹灰工程量内计算。

d. 有坡度及拱顶的顶棚抹灰面积。按展开面积以"m^2"计算。

③ 内墙面抹灰。

a. 内墙面抹灰面积。应扣除门、窗洞口和空圈所占的面积，不扣除踢脚板、挂镜线以及面积在 0.3m² 以内的孔洞和墙与构件交接处的面积。洞口侧壁和顶面不增加，但垛的侧面抹灰应与内墙面抹灰的工程量合并计算。

内墙面抹灰的长度以主墙间的图示净长尺寸计算，其高度确定如下：

无墙裙有踢脚板，其高度由地或楼面算至板或顶棚下皮。

有墙裙无踢脚板，其高度按墙裙顶点至顶棚底面另增加 10cm 计算。

b. 内墙裙抹灰面积。以长度乘高度计算，应扣除门窗洞口和空圈所占面积，并增加窗洞口和空圈的侧壁和顶面的面积。垛的侧壁面积并入墙裙内计算。

c. 吊顶顶棚的内墙面抹灰。其高度按楼地面顶面至顶棚底面另加 10cm 计算。

d. 墙中的梁、柱等的抹灰。按墙面抹灰定额计算，其凸出墙面的梁、柱抹灰工程量按展开面积计算。

④ 外墙面抹灰。

a. 外墙抹灰。应扣除门、窗洞口和空圈所占的面积，不扣除面积在 0.3m² 以内的孔洞面积。门窗洞口及空圈的侧壁、垛的侧面抹灰，并入相应的墙面抹灰中计算。

b. 外墙窗间墙抹灰。以展开面积按外墙抹灰相应定额计算。

c. 独立柱及单梁等抹灰。应另列项目，其工程量按结构设计尺寸断面计算。

d. 外墙裙抹灰。按展开面积计算，应扣除门口和空圈所占面积，侧壁并入相应定额计算。

e. 阳台、雨篷抹灰。按水平投影面积计算，其中定额包括底面、上面、侧面及牛腿的全部抹灰面积。阳台的栏杆、栏板抹灰应另列项目，按相应定额计算。

f. 挑檐、天沟、腰线、栏杆扶手、门窗套、窗台线压顶等结构设计尺寸断面。以展开面积按相应定额以"m²"计算。窗台线与腰线连接时，并入腰线内计算。

外窗台抹灰长度，若设计图纸无规定，可按窗外围宽度两边加 20cm 计算，窗台展开宽度按 36cm 计算。

g. 水泥字。水泥字按"个"计算。

h. 栏板、遮阳板抹灰。以展开面积计算。

i. 水泥黑板、布告栏。按框外围面积计算，黑板边框抹灰及粉笔灰槽已考虑在定额内，不另行计算。

j. 镶贴各种块料面层。均按设计图示尺寸以展开面积计算。

k. 池槽等。按图示尺寸以展开面积计算。

⑤ 刷浆，水质涂料工程。

a. 墙面。按垂直投影面积计算，应扣除墙裙的抹灰面积，不扣除门窗洞口面积，但垛侧壁、门窗洞口侧壁、顶面不增加。

b. 顶棚。按水平投影面积计算，不扣除间壁墙、垛、柱、附墙烟囱、检查洞所占面积。

⑥ 勾缝：按墙面垂直投影面积计算，应扣除墙面和墙裙抹灰面积，不扣除门窗套和腰线等零星抹灰及门窗洞口所占面积，但垛和门窗洞口侧壁和顶面的勾缝面积不增加。独立柱、房上烟囱勾缝按图示外形尺寸以"m²"计算。

⑦ 墙面贴壁纸：按图示尺寸以实铺面积计算。

九、金属结构工程量计算

1. 工作内容

工作内容主要包括柱、梁、屋架等。

2. 工程量计算

(1) 一般规定

① 构件制作是以焊接为主考虑的。构件局部采用螺栓连接的情况，已考虑在定额内不再换算；如果构件以铆接为主，应另行补充定额。

② 刷油定额中一般均综合考虑了金属面调和漆两遍。当设计要求与定额不同时，按装饰部分油漆定额换算。

③ 定额中的钢材价格是按各种构件的常用材料规格和型号综合测算取定的，编制预算时不得调整。如设计采用低合金钢，允许换算定额中的钢材价格。

(2) 工程量计算规则

① 构件制作、安装、运输工程量：均按设计图纸的钢材质量计算，所需的螺栓、电焊条等的质量已包括在定额内，不另增加。

② 钢材质量计算：按设计图纸的主材几何尺寸以"t"计算，均不扣除孔眼、切肢、切边的质量，多边形按矩形计算。

③ 钢柱工程量：计算钢柱工程量时，依附于柱上的牛腿及悬臂梁的主材质量，应并入柱身主材质量计算，套用钢柱定额。

十、园林小品工程量计算

1. 工作内容

① 园林景观小品，是指园林建设中的工艺点缀品，艺术性较强，包括堆塑装饰和小型钢筋混凝土、金属构件等小型设施。

② 园林小摆设，是指各种仿匾额、花瓶、花盆、石鼓、坐凳、小型水盆、花坛池、花架等。

2. 工程量计算

① 堆塑装饰工程分别按展开面积以"m^2"计算。

② 小型设施工程量预制或现制水磨石景窗、平板凳、花檐、角花、博古架、飞来椅、木纹板的工作内容包括：制作、安装及拆除模板，制作及绑扎钢筋，制作及浇捣混凝土，砂浆抹平，构件养护，面层磨光及现场安装。

a. 预制或现制水磨石景窗、平板凳、花檐、角花、博古架的工程量均按不同水磨石断面面积、预制或现制，以其长度计算，计量单位为"10m"。

b. 水磨木纹板的工程量按不同水磨程度，以其面积计算。制作工程量计量单位为"m^2"，安装工程量计量单位为"$10m^2$"。

第二节　园林景观工程清单工程量计算规则

一、堆塑假山

堆塑假山工程量清单项目编码、项目名称、项目特征、计量单位、工程量计算规则和工程内容，应按表8-4的规定执行。

表 8-4　堆塑假山（编码：050301）

项目编码	项目名称	项目特征	计量单位	工程量计算规则	工程内容
050301001	堆筑土山丘	1. 土丘高度 2. 土丘坡度要求 3. 土丘底外接矩形面积	m^3	按设计图示山丘水平投影外接矩形面积乘以高度的1/3以体积计算	1. 取土、运土 2. 堆砌、夯实 3. 修整
050301002	堆砌石假山	1. 堆砌高度 2. 石料种类、单块重量 3. 混凝土强度等级 4. 砂浆强度等级、配合比	t	按设计图示尺寸以质量计算	1. 选料 2. 起重吊搭、拆 3. 堆砌、修整
050301003	塑假山	1. 假山高度 2. 骨架材料种类、规格 3. 山皮料种类 4. 混凝土强度等级 5. 砂浆强度等级、配合比 6. 防护材料种类	m^2	按设计图示尺寸以展开面积计算	1. 骨架制作 2. 假山胎模制作 3. 塑假山 4. 山皮料安装 5. 刷防护材料
050301004	石笋	1. 石笋高度 2. 石笋材料种类 3. 砂浆强度等级、配合比	支	1. 以块（支、个）计量，按设计图示数量计算	1. 选石料 2. 石笋安装
050301005	点风景石	1. 石料种类 2. 石料规格、重量 3. 砂浆配合比	1. 块 2. t	2. 以吨计量，按设计图示石料质量计算	1. 选石料 2. 起重架搭、拆 3. 点石
050301006	池石、盆景山	1. 底盘种类 2. 山石高度 3. 山石种类 4. 混凝土砂浆强度等级 5. 砂浆强度等级、配合比	1. 座 2. 个	1. 以座计量，按设计图示数量计算 2. 以吨计量，按设计图示石料质量计算	1. 底盘制作、安装 2. 池、盆景山石安装、砌筑
050301007	山（卵）石护角	1. 石料种类、规格 2. 砂浆配合比	m^3	按设计图示尺寸以体积计算	1. 石料加工 2. 砌石

续表 8-4

项目编码	项目名称	项目特征	计量单位	工程量计算规则	工程内容
050301008	山坡（卵）石台阶	1. 石料种类、规格 2. 台阶坡度 3. 砂浆强度等级	m²	按设计图示尺寸以水平投影面积计算	1. 选石料 2. 台阶砌筑

注：1. 假山（堆筑土山丘除外）工程的挖土方、开凿石方、回填等应按现行国家标准《房屋建筑与装饰工程工程量计算规范》（GB 50854—2013）相关项目编码列项。

　　2. 当某些构件使用钢筋混凝土或金属构件时，应按现行国家标准《房屋建筑与装饰工程工程量计算规范》（GB 50854—2013）或《市政工程工程计量计算规范》（GB 50857—2013）相关项目编码列项。

　　3. 散铺河滩石按点风景石项目单独编码列项。

　　4. 堆筑土山丘，适用于夯填、堆筑而成。

二、原木、竹构件

原木、竹构件工程量清单项目编码、项目名称、项目特征、计量单位、工程量计算规则和工程内容，应按表 8-5 的规定执行。

表 8-5　原木、竹构件（编码：050302）

项目编码	项目名称	项目特征	计量单位	工程量计算规则	工程内容
050302001	原木（带树皮）柱、梁、檩、椽	1. 原木种类 2. 原木（稍）径（不含树皮厚度） 3. 墙龙骨材料种类、规格 4. 墙底层材料种类、规格 5. 构件连接方式 6. 防护材料种类	m	按设计图示尺寸以长度计算（包括榫长）	1. 构件制作 2. 构件安装 3. 刷防护材料
050302002	原木（带树皮）墙		m²	按设计图示尺寸以面积计算（不包括柱、梁）	
050302003	树枝吊挂楣子			按设计图示尺寸以框外围面积计算	
050302004	竹柱、梁、檩、椽	1. 竹种类 2. 竹（直）梢径 3. 连接方式 4. 防护材料种类	m	按设计图示尺寸以长度计算	
050302005	竹编墙	1. 竹种类 2. 墙龙骨材料种类、规格 3. 墙底层材料种类、规格 4. 防护材料种类	m²	按设计图示尺寸以面积计算（不包括柱、梁）	
050302006	竹吊挂楣子	1. 竹种类 2. 竹梢径 3. 防护材料种类		按设计图示尺寸以框外围面积计算	

注：1. 木构件连接方式应包括开榫连接、铁件连接、扒钉连接、铁钉连接。

　　2. 竹构件连接方式应包括竹钉固定、竹篾绑扎、铁丝连接。

三、亭廊屋面

亭廊屋面工程量清单项目编码、项目名称、项目特征、计量单位、工程量计算规则和工程内容，应按表 8-6 的规定执行。

表 8-6　亭廊屋面（编码：050303）

项目编码	项目名称	项目特征	计量单位	工程量计算规则	工程内容
050303001	草屋面	1. 屋面坡度 2. 铺草种类 3. 竹材种类 4. 防护材料种类	m²	按设计图示尺寸以斜面计算	1. 整理、选料 2. 屋面铺设 3. 刷防护材料
050303002	竹屋面			按设计图示尺寸以实铺面积计算（不包括柱、梁）	
050303003	树皮屋面			按设计图示尺寸以屋面结构外围面积计算	
050303004	油毡瓦屋面	1. 冷底子油品种 2. 冷底子油涂刷遍数 3. 油毡瓦颜色规格		按设计图示尺寸以斜面计算	1. 清理基层 2. 材料裁接 3. 刷油 4. 铺设
050303005	预制混凝土穹顶	1. 穹顶弧长、直径 2. 肋截面尺寸 3. 板厚 4. 混凝土强度等级 5. 拉杆材质、规格	m³	按设计图示尺寸以体积计算。混凝土脊和穹顶芽的肋、基梁并入屋面体积	1. 模板制作、运输、安装、拆除、保养 2. 混凝土制作、运输、浇筑、振捣、养护 3. 构建运输、安装 4. 砂浆制作、运输 5. 接头灌缝、养护
050303006	彩色压型钢板（夹芯板）攒尖亭屋面板	1. 屋面坡度 2. 穹顶弧长、直径 3. 彩色压型钢板（夹芯）品种、规格 4. 拉杆材质、规格 5. 嵌缝材料种类 6. 防护材料种类	m²	按设计图示尺寸以实铺面积计算	1. 压型板安装 2. 护角、包角、泛水安装 3. 嵌缝 4. 刷防护材料
050303007	彩色压型钢板（夹芯板）穹顶				
050303008	玻璃屋面	1. 屋面坡度 2. 龙骨材质、规格 3. 玻璃材质、规格 4. 防护材料种类			1. 制作 2. 运输 3. 安装
050303009	支（防腐木）屋面	1. 木（防腐木）种类 2. 防护层处理			

注：1. 柱顶石（磉蹬石）、钢筋混凝土屋面板、钢筋混凝土亭屋面板、木柱、木屋架、钢柱、钢屋架、屋面木基层和防水层等，应按现行国家标准《房屋建筑与装饰工程工程量计算规范》（GB 50854—2013）中相关项目编码列项。

2. 膜结构的亭、廊，应按现行国家标准《仿古建筑工程工程量计算规范》（GB 50855—2013）及《房屋建筑与装饰工程工程量计算规范》（GB 50854—2013）中相关项目编码列项。

3. 竹构件连接方式应包括竹钉固定、竹篾绑扎、铁丝连接。

四、花架

花架工程量清单项目编码、项目名称、项目特征、计量单位、工程量计算规则和工程内容，应按表 8-7 的规定执行。

表 8-7　花架（编码：050304）

项目编码	项目名称	项目特征	计量单位	工程量计算规则	工程内容
050304001	现浇混凝土花架柱、梁	1. 柱截面、高度、根数 2. 盖梁截面、高度、根数 3. 连系梁截面、高度、根数 4. 混凝土强度等级	m³	按设计图示尺寸以体积计算	1. 模板制作、运输、安装、拆除、保养 2. 混凝土制作、运输、浇筑、振捣、养护
050304002	预制混凝土花架柱、梁	1. 柱截面、高度、根数 2. 盖梁截面、高度、根数 3. 连系梁截面、高度、根数 4. 混凝土强度等级 5. 砂浆配合比			1. 模板制作、运输、安装、拆除、保养 2. 混凝土制作、运输、浇筑、振捣、养护 3. 构件安装 4. 砂浆制作、运输 5. 接头灌缝、养护
050304003	金属花架柱、梁	1. 钢材品种、规格 2. 柱、梁截面 3. 油漆品种、刷漆遍数	t	按设计图示以质量计算	1. 制作、运输 2. 安装 3. 油漆
050304004	木花架柱、梁	1. 木材种类 2. 柱、梁截面 3. 连接方式 4. 防护材料种类	m³	按设计图示截面乘长度（包括榫长）以体积计算	1. 构件制作、运输、安装 2. 刷防护材料、油漆
050304005	竹花架柱、梁	1. 竹种类 2. 竹胸径 3. 油漆品种、刷漆遍数	1. m 2. 根	1. 以长度计量，按设计图示花架构件尺寸以延长米计算 2. 以根计量，按设计图示花架柱、梁数量计算	1. 制作 2. 运输 3. 安装 4. 油漆

注：花架基础、玻璃天棚、表面装饰和涂料项目应按现行国家标准《房屋建筑与装饰工程工程量计算规范》（GB 50854—2013）中相关项目编码列项。

五、园林桌椅

园林桌椅工程量清单项目编码、项目名称、项目特征、计量单位、工程量计算规则和工程内容，应按表 8-8 的规定执行。

表 8-8 园林桌椅 (编码: 050305)

项目编码	项目名称	项目特征	计量单位	工程量计算规则	工程内容
050305001	预制钢筋混凝土飞来椅	1. 座凳面厚度、宽度 2. 靠背扶手截面 3. 靠背截面 4. 座凳楣子形状、尺寸 5. 混凝土强度等级 6. 砂浆配合比	m	按设计图示尺寸以座凳面中心线长度计算	1. 模板制作、运输、安装、拆除、保养 2. 混凝土制作、运输、浇筑、振捣、养护 3. 构件运输、安装 4. 砂浆制作、运输、抹面、养护 5. 接头灌缝、养护
050305002	水磨石飞来椅	1. 座凳面厚度、宽度 2. 靠背扶手截面 3. 靠背截面 4. 座凳楣子形状、尺寸 5. 砂浆配合比			1. 砂浆制作、运输 2. 制作 3. 运输 4. 安装
050305003	竹制飞来椅	1. 竹材种类 2. 座凳面厚度、宽度 3. 靠背扶手截面 4. 靠背截面 5. 座凳楣子形状 6. 铁件尺寸、厚度 7. 防护材料种类			1. 座凳面、靠背扶手、靠背、楣子的制作、安装 2. 铁件安装 3. 刷防护材料
050305004	现浇混凝土桌凳	1. 座凳形状 2. 基础尺寸、埋设深度 3. 桌面尺寸、支墩高度 4. 凳面尺寸、支墩高度 5. 混凝土强度等级 6. 砂浆配合比	个	按设计图示数量计算	1. 模板制作、运输、安装、拆除、保养 2. 混凝土制作、运输、浇筑、振捣、养护 3. 砂浆制作、运输
050305005	预制混凝土桌凳	1. 座凳形状 2. 基础形状、尺寸、埋设深度 3. 桌面形状、尺寸、支墩高度 4. 凳面尺寸、支墩高度 5. 混凝土强度等级 6. 砂浆配合比			1. 模板制作、运输、安装、拆除、保养 2. 混凝土制作、运输、浇筑、振捣、养护 3. 构件运输、安装 4. 砂浆制作、运输 5. 接头灌缝、养护

续表 8-8

项目编码	项目名称	项目特征	计量单位	工程量计算规则	工程内容
050305006	凳石桌石	1. 石材种类 2. 基础形状、尺寸、埋设深度 3. 桌面形状、尺寸、支墩高度 4. 凳面尺寸、支墩高度 5. 混凝土强度等级 6. 砂浆配合比			1. 土方挖运 2. 桌凳制作 3. 桌凳运输 4. 桌凳安装 5. 砂浆制作、运输
050305007	水墨石桌凳	1. 基础形状、尺寸、埋设深度 2. 桌面形状、尺寸、支墩高度 3. 凳面尺寸、支墩高度 4. 混凝土强度等级 5. 砂浆配合比	个	按设计图示数量计算	1. 桌凳制作 2. 桌凳运输 3. 桌凳安装 4. 砂浆制作、运输
050305008	塑树根桌凳	1. 桌凳直径 2. 桌凳高度 3. 砖石种类 4. 砂浆强度等级、配合比 5. 颜料品种、颜色			1. 砂浆制作、运输 2. 砖石砌筑 3. 塑树皮 4. 绘制木纹
050305009	塑树节椅				
050305010	塑料、铁艺、金属椅	1. 木座板面截面 2. 座椅规格、颜色 3. 混凝土强度等级 4. 防护材料种类			1. 制作 2. 安装 3. 刷防护材料

注：木制飞来椅按现行国家标准《仿古建筑工程工程量计算规范》（GB 50855—2013）相关项目编码列项。

六、喷泉安装

喷泉安装工程量清单项目编码、项目名称、项目特征、计量单位、工程量计算规则和工程内容，应按表 8-9 的规定执行。

表 8-9　喷泉安装（编码：050306）

项目编码	项目名称	项目特征	计量单位	工程量计算规则	工程内容
050306001	喷泉管道	1. 管材、管件、阀门、喷头品种 2. 管道固定方式 3. 防护材料种类	m	按设计图示管道中心线长度以延长米计算	1. 土（石）方挖运 2. 管材、管件、阀门、喷头安装 3. 刷防护材料 4. 回填

续表 8-9

项目编码	项目名称	项目特征	计量单位	工程量计算规则	工程内容
050306002	喷泉电缆	1. 保护管品种、规格 2. 电缆品种、规格	m	按设计图示单根电缆长度以延长米计算	1. 土（石）方挖运 2. 电缆保护管安装 3. 电缆敷设 4. 回填
050306003	水下艺术装饰灯具	1. 灯具品种、规格 2. 灯光颜色	套	按设计图示数量计算	1. 灯具安装 2. 支架制作、运输、安装
050306004	电气控制柜	1. 规格、型号 2. 安装方式	台		1. 电气控制柜（箱）安装 2. 系统调试
050306005	喷泉设备	1. 设备品种 2. 设备规格、型号 3. 防护网品种、规格			1. 设备安装 2. 系统调试 3. 防护网安装

注：1. 喷泉水池应按现行国家标准《房屋建筑与装饰工程工程量计算规范》（GB 50854—2013）中相关项目编码列项。

　　2. 管架项目按现行国家标准《房屋建筑与装饰工程工程量计算规范》（GB 50854—2013）中"钢支架"项目单独编码列项。

七、杂项

杂项工程量清单项目编码、项目名称、项目特征、计量单位、工程量计算规则和工程内容，应按表 8-10 的规定执行。

表 8-10　杂项（编码：050307）

项目编码	项目名称	项目特征	计量单位	工程量计算规则	工程内容
050307001	石灯	1. 石料种类 2. 石灯最大截面 3. 石灯高度 4. 砂浆配合比	个	按设计图示数量计算	1. 制作 2. 安装
050307002	石球	1. 石料种类 2. 球体直径 3. 砂浆配合比			
050307003	塑仿石音箱	1. 音箱石内空尺寸 2. 铁丝型号 3. 砂浆配合比 4. 水泥漆颜色			1. 胎模制作、安装 2. 铁丝网制作、安装 3. 砂浆制作、运输 4. 喷水泥漆 5. 埋置仿石音箱

续表 8-10

项目编码	项目名称	项目特征	计量单位	工程量计算规则	工程内容
050307004	塑树皮梁、柱	1. 塑树种类 2. 塑竹种类 3. 砂浆配合比 4. 喷字规格、颜色 5. 油漆品种、颜色	1. m² 2. m	1. 以平方米计量，按设计图示尺寸以梁柱外表面积计算 2. 以米计量，按设计图示尺寸以构件长度计算	1. 灰塑 2. 刷涂颜料
050307005	塑竹梁、柱				
050307006	铁艺栏杆	1. 铁艺栏杆高度 2. 铁艺栏杆单位长度重量 3. 防护材料种类	m	按设计图示尺寸以长度计算	1. 铁艺栏杆安装 2. 刷防护材料
050307007	塑料栏杆	1. 栏杆高度 2. 塑料种类			1. 下料 2. 安装 3. 校正
050307008	钢筋混凝土艺术围栏	1. 围栏高度 2. 混凝土强度等级 3. 表面涂敷材料种类	1. m² 2. m	1. 以平方米计量，按设计图示尺寸以面积计算 2. 以米计量，按设计图示尺寸以延长米计算	1. 制作 2. 运输 3. 安装 4. 砂浆制作、运输 5. 接头灌缝、养护
050307009	标志牌	1. 材料种类、规格 2. 镌字规格、种类 3. 喷字规格、颜色 4. 油漆品种、颜色	个	按设计图示数量计算	1. 选料 2. 标志牌制作 3. 雕凿 4. 镌字、喷字 5. 运输、安装 6. 刷油漆
050307010	景墙	1. 土质类别 2. 垫层材料种类 3. 基础材料种类、规格 4. 墙体材料种类、规格 5. 墙体厚度 6. 混凝土、砂浆强度等级、配合比 7. 饰面材料种类	1. m³ 2. 段	1. 以立方米计量，按设计图示尺寸以体积计算 2. 以段计量，按设计图示尺寸以数量计算	1. 土（石）方挖运 2. 垫层、基础铺设 3. 墙体砌筑 4. 面层铺贴

续表 8-10

项目编码	项目名称	项目特征	计量单位	工程量计算规则	工程内容
050307011	景窗	1. 景窗材料品种、规格 2. 混凝土强度等级 3. 砂浆强度等级、配合比 4. 涂刷材料品种	m²	按设计图示尺寸以面积计算	1. 制作 2. 运输 3. 砌筑安放 4. 勾缝 5. 表面涂刷
050307012	花饰	1. 花饰材料品种、规格 2. 砂浆配合比 3. 涂刷材料品种			
050307013	博古架	1. 博古架材料品种、规格 2. 混凝土强度等级 3. 砂浆配合比 4. 涂刷材料品种	1. m² 2. m 3. 个	1. 以平方米计量,按设计图示尺寸以面积计算 2. 以米计量,按设计图示尺寸以延长米计算 3. 以个计量,按设计图示数量计算	
050307014	花盆(坛、箱)	1. 花盆(坛)的材质及类型 2. 规格尺寸 3. 混凝土强度等级 4. 砂浆配合比	个	按设计图示尺寸以数量计算	1. 制作 2. 运输 3. 安放
050307015	摆花	1. 花盆(钵)的材质及类型 2. 花卉品种与规格	1. m² 2. 个	1. 以平方米计量,按设计图示尺寸以水平投影面积计算 2. 以个计量,按设计图示数量计算	1. 搬运 2. 安放 3. 养护 4. 撤收
050307016	花池	1. 土质类别 2. 池壁材料种类、规格 3. 混凝土、砂浆强度等级、配合比 4. 饰面材料种类	1. m³ 2. m 3. 个	1. 以立方米计量,按设计图示尺寸以体积计算 2. 以米计量,按设计图示尺寸以池壁中心线处延长米计算 3. 以个计量,按设计图示数量计算	1. 垫层铺设 2. 基础砌(浇)筑 3. 墙体砌(浇)筑 4. 面层铺贴

续表 8-10

项目编码	项目名称	项目特征	计量单位	工程量计算规则	工程内容
050307017	垃圾箱	1. 垃圾箱材质 2. 规格尺寸 3. 混凝土强度等级 4. 砂浆配合比	个	按设计图示尺寸以数量计算	1. 制作 2. 运输 3. 安放
050307018	砖石砌小摆设	1. 砖种类、规格 2. 石种类、规格 3. 砂浆强度等级、配合比 4. 石表面加工要求 5. 勾缝要求	1. m³ 2. 个	1. 以立方米计量，按设计图示尺寸以体积计算 2. 以个计量，按设计图示尺寸以数量计算	1. 砂浆制作、运输 2. 砌砖、石 3. 抹面、养护 4. 勾缝 5. 石表面加工
050307019	其他景观小摆设	1. 名称及材质 2. 规格尺寸	个	按设计图示尺寸以数量计算	1. 制作 2. 运输 3. 安装
050307020	柔性水池	1. 水池深度 2. 防水（漏）材料	m²	按设计图示尺寸以水平投影面积计算	1. 清理基层 2. 材料裁接 3. 铺设

注：砌筑果皮箱，放置盆景的须弥座等，应按砖石砌小摆设项目编码列项。

八、园林景观工程清单相关问题及说明

① 混凝土构件中的钢筋项目应按现行国家标准《房屋建筑与装饰工程工程量计算规范》（GB 50854—2013）中相应项目编码。

② 石浮雕、石镌字应按现行国家标准《仿古建筑工程工程量计算规范》（GB 50855—2013）附录 B 中的相应项目编码列项。

第三节　园林景观工程工程量计算技术资料

① 假山工程量计算公式如下：

$$W = AHRK_n \tag{8-2}$$

式中　W——石料重量（t）；

　　　A——假山平面轮廓的水平投影面积（m²）；

　　　H——假山着地点至最高顶点的垂直距离（m）；

　　　R——石料比重，黄（杂）石 2.6t/m³、湖石 2.2t/m³；

　　　K_n——折算系数，高度在 2m 以内 $K_n = 0.65$，高度在 4m 以内 $K_n = 0.56$。

峰石、景石、散点、踏步等工程量的计算公式为

$$W_单 = L_均 B_均 H_均 R \tag{8-3}$$

式中　$W_单$——山石单体重量（t）；

$L_{均}$——长度方向的平均值（m）；

$B_{均}$——宽度方向的平均值（m）；

$H_{均}$——高度方向的平均值（m）；

R——石料比重，同前式。

② 喷泉安装工程中常用喷头的技术参数见表 8-11。

③ 草袋围堰的草袋装土及堰心填土数量见表 8-12。

表 8-11　常用喷头的技术参数

序号	品名	规格	技术参数				水面立管高度/cm	接管
			工作压力/MPa	喷水量/（m³/h）	喷射高度/m	覆盖直径/m		
1	可调直流喷头	G$\frac{1}{2}''$	0.05～0.15	0.7～1.6	3～7	—	+2	外丝
2		G$\frac{3}{4}''$	0.05～0.15	1.2～3	3.5～8.5		+2	外丝
3		G1″	0.05～0.15	3～5.5	4～11		+2	外丝
4	半球喷头	G″	0.01～0.03	1.5～3	0.2	0.7～1	+15	外丝
5		G1$\frac{1}{2}''$	0.01～0.03	2.5～4.5	0.2	0.9～1.2	+20	外丝
6		G2″	0.01～0.03	3～6	0.2	1～1.4	+25	外丝
7	牵牛花喷头	G1″	0.01～0.03	1.5～3	0.5～0.8	0.5～0.7	+10	外丝
8		G1$\frac{1}{2}''$	0.01～0.03	2.5～4.5	0.7～1.0	0.7～0.9	+10	外丝
9		G2″	0.01～0.03	3～6	0.9～1.2	0.9～1.1	+10	外丝
10	树冰型喷头	G1″	0.10～0.20	4～8	4～6	1～2	-10	内丝
11		G1$\frac{1}{2}''$	0.15～0.30	6～14	6～8	1.5～2.5	-15	内丝
12		G2″	0.20～0.40	10～20	5～10	2～3	-20	内丝
13	鼓泡喷头	G1″	0.15～0.25	3～5	0.5～1.5	0.4～0.6	-20	内丝
14		G1$\frac{1}{2}''$	0.2～0.3	8～10	1～2	0.6～0.8	-25	内丝
15	加气鼓泡喷头	G1$\frac{1}{2}''$	0.2～0.3	8～10	1～2	0.6～0.8	-25	外丝
16		G2″	0.3～0.4	10～20	1.2～2.5	0.8～1.2	-25	外丝
17	加气喷头	G2″	0.1～0.25	6～8	2～4	0.8～1.1	-25	外丝
18	花柱喷头	G1″	0.05～0.1	4～6	1.5～3	2～4	+2	内丝
19		G1$\frac{1}{2}''$	0.05～0.1	6～10	2～4	4～6	+2	内丝
20		G2″	0.05～0.1	10～14	3～5	6～8	+2	内丝
21	旋转喷头	G1″	0.03～0.05	2.5～3.5	1.5～2.5	1.5～2.5	+2	内丝
22		G1$\frac{1}{2}''$	0.03～0.05	3～5	2～4	2～3	+2	外丝
23	摇摆喷头	G$\frac{1}{2}''$	0.05～0.15	0.7～1.6	3～7	—		外丝
24		G$\frac{3}{4}''$	0.05～0.15	1.2～3	3.5～8.5	—		外丝
25	水下接线器	6头	—	—	—	—	—	—
26		8头	—	—	—	—	—	—

表 8-12　草袋围堰的草袋装土及堰心填土数量 　　　　（m³）

围堰提高	1.5m 以上	2m 以上	2.5m 以上
草袋装土	3.00	4.00	5.00
堰心填土	0.49	1.20	2.19
每米用土量	3.49	5.20	7.19

④ 砖墙大放脚折加高度见表 8-13。

表 8-13　砖墙大放脚折加高度

放脚层高	折加高度/m												增加断面/m²	
	$\frac{1}{2}$ 砖（0.115）		1 砖（0.24）		1$\frac{1}{2}$ 砖（0.365）		2 砖（0.49）		2$\frac{1}{2}$ 砖（0.615）		3 砖（0.74）			
	等高	不等高	等高	不等高	等高	不等高	等高	不等高	等高	不等高	等高	不等高	等高	不等高
一	0.137	0.137	0.066	0.066	0.043	0.043	0.032	0.032	0.026	0.026	0.021	0.021	0.01575	0.01575
二	0.411	0.342	0.197	0.164	0.129	0.108	0.096	0.08	0.077	0.064	0.064	0.053	0.04725	0.03938
三	—	—	0.394	0.328	0.259	0.216	0.193	0.161	0.154	0.128	0.128	0.106	0.0945	0.07875
四	—	—	0.656	0.525	0.432	0.345	0.321	0.257	0.256	0.205	0.213	0.17	0.1575	0.126
五	—	—	0.984	0.788	0.647	0.518	0.402	0.386	0.384	0.307	0.319	0.255	0.2363	0.189
六	—	—	1.378	1.083	0.906	0.712	0.675	0.53	0.538	0.419	0.447	0.351	0.3308	0.259
七	—	—	1.838	1.444	1.208	0.949	0.90	0.707	0.717	0.563	0.596	0.468	0.441	0.3465
八	—	—	2.363	1.838	1.553	1.208	1.157	0.90	0.922	0.717	0.766	0.796	0.567	0.4410
九	—	—	2.953	2.297	1.942	1.51	1.447	1.125	1.153	0.896	0.958	0.745	0.7088	0.5513
十	—	—	3.61	2.789	2.373	1.834	1.768	1.366	1.409	1.088	1.171	0.905	0.8663	0.6694

第四节　园林景观工程工程量计算实例

【例 8-1】　园林屋面及防水工程。两坡水二毡三油卷材屋面，屋面防水层构造层次为：预制钢筋混凝土空心板、1∶2 水泥砂浆找平层、冷底子油一道、二毡三油一砂防水层。卷材防水屋面尺寸如图 8-1 所示。试计算：

① 当有女儿墙，屋面坡度为 1∶4 时的工程量。

② 当有女儿墙坡度为 3‰时的工程量。

③ 无女儿墙有挑檐，坡度为 3‰时的工程量。

【解】

① 屋面坡度为 1∶4 时，相应的角度为 14°02′，延尺系数 $C=1.0308$，则

屋面工程量 =（75.50−0.26）×（13.0−0.26）×1.0308+0.35×（75.50−0.26+13.0−0.26）×2≈1049.67（m²）

② 有女儿墙，坡度 3‰，因坡度很小，按平屋面计算，则

屋面工程量 =（75.50−0.26）×（13.0−0.26）+（75.50+13.0−0.52）×2×0.35≈1020.14（m²）

③ 无女儿墙有挑檐平屋面（坡度 3‰），按图 8-1（a）、（c）及下式计算屋面工程量：

屋面工程量＝外墙外围水平面积＋（$L_外$＋4×檐宽）×檐宽

$$= (75.50+0.26) \times (13.0+0.26)$$
$$+ [(75.50+13.0+0.56) \times 2 + 4 \times 0.6] \times 0.6 \approx 1112.90 \ (m^2)$$

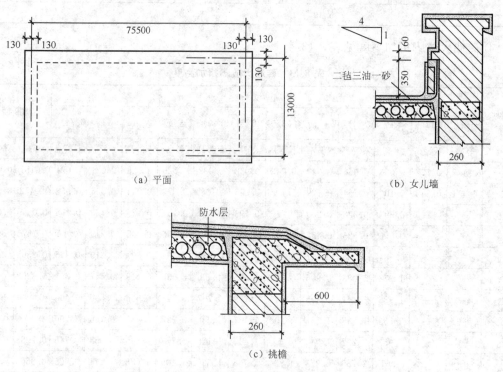

(a) 平面　　　　　　　　　　　　　　　(b) 女儿墙

(c) 挑檐

图 8-1　某卷材防水墙面

【例 8-2】　现有一单体点风景石，其平面和断面示意图如图 8-2 所示，试求其工程量。

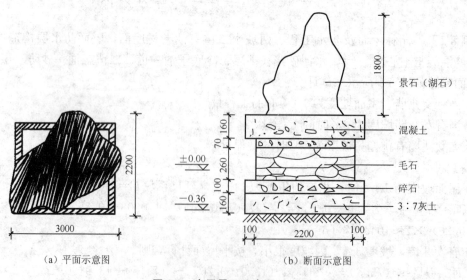

(a) 平面示意图　　　　　　　　　　(b) 断面示意图

图 8-2　点风景石示意图（mm）

【解】

（1）清单工程量

点风景石：1块

（2）定额工程量

① 平整场地：$S=3\times2.2\times2=13.2$（m²）

套用定额 1-1。

② 挖土方：$V=3\times2.2\times0.36=2.376$（m³）

③ 素土夯实：$V=3\times2.2\times0.15=0.99$（m³）

④ 3：7 灰土层：$V=3\times2.2\times0.16=1.056$（m³）

⑤ 碎石层：$V=3\times2.2\times0.1=0.66$（m³）

⑥ 毛石：$V=2.9\times2.1\times0.26=1.5834$（m³）

⑦ 景石（湖石） 单位：10t

$$W_单=L\cdot B\cdot H\cdot R=2.8\times2\times1.6\times2.2$$
$$\approx19.71\text{（t）}=1.97\text{（10t）}$$

式中 $W_单$——山石单体重量（t）；

$\quad\quad L$——长度方向的平均值（m）；

$\quad\quad B$——宽度方向的平均值（m）；

$\quad\quad H$——高度方向的平均值（m）；

$\quad\quad R$——石料比重（湖石为 2.2t/m³）。

【例 8-3】 某游乐园有一座用碳素结构钢所建的拱形花架，长度为 12.42m，如图 8-3 所示。所用钢材截面均为 80mm×100mm，已知钢材为空心钢 0.05t/m³，花架采用 50cm 厚的混凝土作基础，请计算其定额工程量。

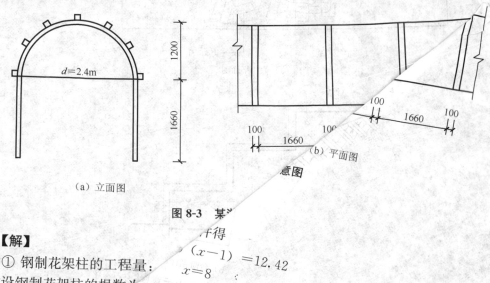

（a）立面图　　（b）平面图

图 8-3 某

【解】

① 钢制花架柱的工程量：

设钢制花架柱的根数

$(x-1)=12.42$

$x=8$

柱子的体

$$[0.08×0.1×1.66×2+3.14×1.2^2-3.14×(1.2-0.1)^2]×8≈5.99（m^3）$$

钢制花架柱的工程量＝柱子体积×0.05＝5.99×0.05≈0.30（t）

套用定额 4-28。

② 钢制花架梁的工程量：

梁的体积＝钢梁的截面面积×梁的长度×根数＝0.08×0.1×12.42×7≈0.70（m³）

花架金属梁的工程量＝梁的体积×0.05＝0.70×0.05＝0.035（t）

套用定额 4-29。

③ 混凝土基础的工程量：

混凝土基础的工程量＝花架底面积×混凝土基础的厚度＝12.42×2.4×0.5＝14.904（m³）

套用定额 4-12。

【例 8-4】　有一带土假山为了保护山体而在假山的拐角处设置山石护角，每块石长 1m，宽 0.5m，高 0.6m。假山中修有山石台阶，每个台阶长 0.5m，宽 0.3m，高 0.15m，共 14 级，台阶为 C10 混凝土结构，表面是水泥抹面，C10 混凝土厚 130mm，1∶3∶6 三合土垫层厚 80mm，素土夯实，所有山石材料均为黄石。试求其清单工程量（图 8-4）。

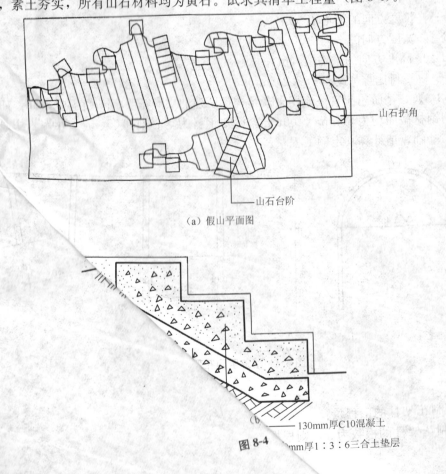

（a）假山平面图

——山石护角

——山石台阶

——130mm厚C10混凝土

图 8-4　　　mm厚1∶3∶6三合土垫层

【解】

① 山（卵）石护角：

$$V=长×宽×高=1×0.5×0.6×25=7.5（m^3）$$

② 山坡（卵）石台阶：

$$S=长×宽×台阶数=0.5×0.3×14=2.1（m^2）$$

分部分项工程和单价措施项目清单与计价表见表 8-14。

表 8-14　分部分项工程和单价措施项目清单与计价表

工程名称：

序号	项目编码	项目名称	项目特征描述	计量单位	工程量	金额/元	
						综合单价	合价
1	050301007001	山（卵）石护角	每块石长 1m，宽 0.5m，高 0.6m	m^3	7.5		
2	050301008001	山坡（卵）石台阶	C10 混凝土结构，表面是水泥抹面，C10 混凝土厚 130mm	m^2	2.1		

【例 8-5】　某公园园林假山如图 8-5 所示，计算其工程量（三类土）。

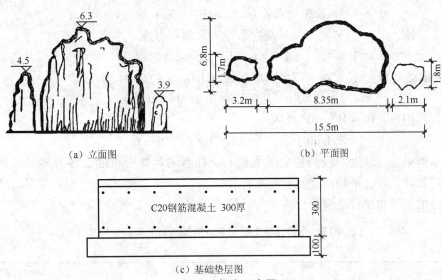

（a）立面图　　　　　　　　（b）平面图

（c）基础垫层图

图 8-5　假山示意图

注：道碴垫层 100mm 厚

【解】

（1）平整场地

$$平均宽度：(6.8+1.8)/2=4.3（m）$$

$$长度=15.5m。$$

假山平整场地以其底面积乘以系数 2 以 "m^2" 计算：

$$S=2×4.3×15.5=133.3（m^2）$$

（2）人工挖土

$$挖土平均宽度：4.3+(0.08+0.1)×2=4.66（m）$$

挖土平均长度：15.5＋（0.08＋0.1）×2＝15.86（m）

挖土深度：0.1＋0.3＝0.4（m）

$$S＝长×宽×高＝4.66×15.86×0.4≈29.56（m^3）$$

（3）道碴垫层（100mm 厚）

$$S＝平均宽度×平均长度×深度＝4.66×15.86×0.1≈7.39（m^3）$$

（4）C20 钢筋混凝土垫层（300mm 厚）

$$长＝15.5＋0.1×2＝15.7（m）$$

$$宽＝4.3＋0.1×2＝4.5（m）$$

$$V＝长×宽×高＝15.7×4.5×0.3≈21.20（m^3）$$

（5）钢筋混凝土模板

$$S＝V×模板系数＝21.20×0.26≈5.51（m^2）$$

（6）现浇混凝土钢筋

$$T＝V×钢筋系数＝21.20×0.079≈1.67（t）$$

（7）假山堆砌

① 6.3m 处：$W_a＝长×宽×高×高度系数×太湖石容重$

$$＝6.8×8.35×6.3×0.55×1.8≈354.14（t）$$

② 4.5m 处：$W_b＝长×宽×高×高度系数×太湖石容重$

$$＝1.7×3.2×4.5×0.55×1.8≈24.24（t）$$

③ 3.9m 处：$W_c＝长×宽×高×高度系数×太湖石容重$

$$＝2.1×1.8×0.55×1.8×3.9≈14.59（t）$$

太湖石总用量：$W＝W_a＋W_b＋W_c$

$$＝354.14＋24.24＋14.59＝392.97（t）$$

注：本例中是三块大的较为独立的太湖石，在有的计算中可能会涉及零星散块的石头，则应根据其累计长度、平均高度、宽度来计算。

分部分项工程和单价措施项目清单与计价表见表 8-15。

表 8-15 分部分项工程和单价措施项目清单与计价表

工程名称：

序号	项目编码	项目名称	项目特征描述	计量单位	工程量	金额/元	
						综合单价	合价
1	010101001001	平整场地	三类土	m²	133.3		
2	010101002001	挖土方	三类土，挖土厚 0.4m	m³	29.56		
3	010401006001	垫层	道碴垫层	m³	7.39		
4	010401006002	垫层	C20 钢筋混凝土垫层	m³	21.20		
5	010416001001	现浇混凝土钢筋	钢筋混凝土钢筋	t	1.67		
6	050202002001	堆砌石假山	堆砌高 6.3m，太湖石容量 1.8t/m³	t	392.97		

第九章 措施项目工程量计算

内容提要：
1. 了解园林绿化工程措施项目定额工程量计算规则。
2. 掌握园林绿化工程措施项目设置与工程量计算规则。

第一节 措施项目定额工程量计算规则

一、工程内容
脚手架工程工作内容包括脚手架架设和加固等。

二、工程量计算

1. 一般规定

① 凡单层建筑，套用单层建筑综合脚手架定额；两层以上建筑套用多层建筑综合脚手架定额。

② 单层综合脚手架适用于檐高 20m 以内的单层建筑，多层综合脚手架适用于檐高 140m 以内的多层建筑。

③ 综合脚手架定额中包括内外墙砌筑脚手架、墙面粉饰脚手架，单层建筑的综合脚手架还包括顶棚装饰脚手架。

④ 各项脚手架定额中均不包括脚手架的基础加固，如需加固时，加固费用按实际情况计算。

2. 工程量计算规则

(1) **建筑物的檐高** 应以设计室外地坪到檐口滴水的高度为准。有女儿墙者，其高度算到女儿墙顶面；带挑檐者，其高度算到挑檐下皮。多跨建筑物如高度不同，应分别按不同高度计算。同一建筑物有不同结构时，以建筑面积比重较大者为准。前后檐高度不同时，以较高的檐高为准。

(2) **综合脚手架** 按建筑面积以"m²"计算。

(3) **围墙脚手架** 按内墙脚手架定额执行，其高度由自然地坪算至围墙顶面，长度按围墙中心线计算，不扣除大门面积，也不另行增加独立门柱的脚手架。

(4) **独立砖石柱的脚手架** 按单排外墙脚手架定额执行，其工程量按柱截面的周长另加3.6m，再乘柱高以"m²"计算。

(5) **凡不适宜使用综合脚手架定额的建筑物，均可按以下规定计算，执行单项脚手架定额**

① 砌墙脚手架按墙面垂直投影面积计算。外墙脚手架长度按外墙外边线计算，内墙脚手

架长度按内墙净长计算，高度按自然地坪到墙顶的总高计算。

②檐高 15m 以上的建筑物的外墙砌筑脚手架，一律按双排脚手架计算。

③檐高 15m 以内的建筑物，室内净高 4.5m 以内者，内外墙砌筑，均应按内墙脚手架计算。

第二节　措施项目清单工程量计算规则

一、脚手架工程

脚手架工程工程量清单项目编码、项目名称、项目特征、计量单位、工程量计算规则和工作内容应按表 9-1 的规定执行。

表 9-1　脚手架工程（编码：050401）

项目编码	项目名称	项目特征	计量单位	工程量计算规则	工作内容
050401001	砌筑脚手架	1. 搭设方式 2. 墙体高度	m²	按墙的长度乘墙的高度以面积计算（硬山建筑山墙高算至山尖）。独立砖石柱高度在 3.6m 以内时，以柱结构周长乘以柱高计算，独立砖石柱高度在 3.6m 以上时，以柱结构周长加 3.6m 乘以柱高计算 凡砌筑高度在 1.5m 及以上的砌体，应计算脚手架	1. 场内、场外材料搬运 2. 搭、拆脚手架、斜道、上料平台 3. 铺设安全网 4. 拆除脚手架后材料分类堆放
050401002	抹灰脚手架	1. 搭设方式 2. 墙体高度		按抹灰墙面的长度乘高度以面积计算（硬山建筑山墙高算至山尖）。独立砖石柱高度在 3.6m 以内时，以柱结构周长乘以柱高计算，独立砖石柱高度在 3.6m 以上时，以柱结构周长加 3.6m 乘以柱高计算	
050401003	亭脚手架	1. 搭设方式 2. 檐口高度	1. 座 2. m²	1. 以座计量，按设计图示数量计算 2. 以平方米计量，按建筑面积计算	1. 场内、场外材料搬运 2. 搭、拆脚手架、斜道、上料平台 3. 铺设安全网 4. 拆除脚手架后材料分类堆放
050401004	满堂脚手架	1. 搭设方式 2. 施工面高度	m²	按搭设的地面主墙间尺寸以面积计算	
050401005	堆砌（塑）假山脚手架	1. 搭设方式 2. 假山高度		按外围水平投影最大矩形面积计算	
050401006	桥身脚手架	1. 搭设方式 2. 桥身高度		按桥基础底面至桥面平均高度乘以河道两侧宽度以面积计算	
050401007	斜道	斜道高度	座	按搭设数量计算	

二、模板工程

模板工程工程量清单项目编码、项目名称、项目特征、计量单位、工程量计算规则和工作内容应按表 9-2 的规定执行。

表 9-2 模板工程（编码：050402）

项目编码	项目名称	项目特征	计量单位	工程量计算规则	工作内容
050402001	现浇混凝土垫层	厚度	m²	按混凝土与模板的接触面积计算	1. 制作 2. 安装 3. 拆除 4. 清理 5. 刷隔离剂 6. 材料运输
050402002	现浇混凝土路面				
050402003	现浇混凝土路牙、树池围牙	高度			
050402004	现浇混凝土花架柱	断面尺寸			
050402005	现浇混凝土花架梁	1. 断面尺寸 2. 梁底高度			
050402006	现浇混凝土花池	池壁断面尺寸			
050402007	现浇混凝土桌凳	1. 桌凳形状 2. 基础尺寸、埋设深度 3. 桌面尺寸、支墩高度 4. 凳面尺寸、支墩高度	1. m³ 2. 个	1. 以立方米计量，按设计图示混凝土体积计算 2. 以个计量，按设计图示数量计算	
050402008	石桥拱券石、石券脸胎架	1. 胎架面高度 2. 矢高、弦长	m²	按拱券石、石券脸弧形底面展开尺寸以面积计算	

三、树木支撑架、草绳绕树干、搭设遮阴（防寒）棚工程

树木支撑架、草绳绕树干、搭设遮阴（防寒）棚工程工程量清单项目编码、项目名称、项目特征、计量单位、工程量计算规则和工作内容应按表 9-3 的规定执行。

表 9-3　树木支撑架、草绳绕树干、搭设遮阴（防寒）棚工程（编码：050403）

项目编码	项目名称	项目特征	计量单位	工程量计算规则	工作内容
050403001	树木支撑架	1. 支撑类型、材质 2. 支撑材料规格 3. 单株支撑材料数量	株	按设计图示数量计算	1. 制作 2. 运输 3. 安装 4. 维护
050403002	草绳绕树干	1. 胸径（干径） 2. 草绳所绕树干高度			1. 搬运 2. 绕杆 3. 余料清理 4. 养护期后清除
050403003	搭设遮阴（防寒）棚	1. 搭设高度 2. 搭设材料种类、规格	1. m² 2. 株	1. 以平方米计量，按遮阴（防寒）棚外围覆盖层的展开尺寸以面积计算 2. 以株计量，按设计图示数量计算	1. 制作 2. 运输 3. 搭设、维护 4. 养护期后清除

四、围堰、排水工程

围堰、排水工程工程量清单项目编码、项目名称、项目特征、计量单位、工程量计算规则和工作内容应按表 9-4 的规定执行。

表 9-4　围堰、排水工程（编码：050404）

项目编码	项目名称	项目特征	计量单位	工程量计算规则	工作内容
050404001	围堰	1. 围堰断面尺寸 2. 围堰长度 3. 围堰材料及灌装袋材料品种、规格	1. m³ 2. m	1. 以立方米计量，按围堰断面面积乘以堤顶中心线长度以体积计算 2. 以米计量，按围堰堤顶中心线长度以延长米计算	1. 取土、装土 2. 堆筑围堰 3. 拆除、清理围堰 4. 材料运输
050404002	排水	1. 种类及管径 2. 数量 3. 排水长度	1. m³ 2. 天 3. 台班	1. 以立方米计量，按需要排水量以体积计算，围堰排水按围堰内水面面积乘以平均水深计算 2. 以天计量，按需要排水日历天计算 3. 以台班计量，按水泵排水工作台班计算	1. 安装 2. 使用、维护 3. 拆除水泵 4. 清理

五、安全文明施工及其他措施项目

安全文明施工及其他措施项目工程量清单项目编码、项目名称、工作内容及包含范围应按表 9-5 的规定执行。

表 9-5　安全文明施工及其他措施项目（编码：050405）

项目编码	项目名称	工作内容及包含范围
050405001	安全文明施工	1. 环境保护：现场施工机械设备降低噪声、防扰民措施；水泥、种植土和其他易飞扬细颗粒建筑材料密闭存放或采取覆盖措施等；工程防扬尘洒水；土石方、杂草、种植遗弃物及建渣外运车辆防护措施等；现场污染源的控制、生活垃圾清理外运、场地排水排污措施；其他环境保护措施 2. 文明施工："五牌一图"；现场围挡的墙面美化（包括内外粉刷、刷白、标语等）、压顶装饰；现场厕所便槽刷白、贴面砖，水泥砂浆地面或地砖，建筑物内临时便溺设施；其他施工现场临时设施的装饰装修、美化措施；现场生活卫生设施；符合卫生要求的饮水设备、淋浴、消毒等设施；生活用洁净燃料；防煤气中毒、防蚊虫叮咬等措施；施工现场操作场地的硬化；现场绿化、治安综合治理；现场配备医药保健器材、物品和急救人员培训；用于现场工人的防暑降温、电风扇、空调等设备及用电；其他文明施工措施 3. 安全施工：安全资料、特殊作业专项方案的编制，安全施工标志的购置及安全宣传；"三宝"（安全帽、安全带、安全网）、"四口"（楼梯口、管井口、通道口、预留洞口）、"五临边"（园桥围边、驳岸围边、跌水围边、槽坑围边、卸料平台两侧），水平防护架、垂直防护架、外架封闭等防护；施工安全用电，包括配电箱三级配电、两级保护装置要求、外电防护措施；起重设备（含起重机、井架、门架）的安全防护措施（含警示标志）及卸料平台的临边防护、层间安全门、防护棚等设施；园林工地起重机械的检验检测；施工机具防护棚及其围栏的安全保护设施；施工安全防护通道；工人的安全防护用品、用具购置；消防设施与消防器材的配置；电气保护、安全照明设施；其他安全防护措施 4. 临时设施：施工现场采用彩色、定型钢板，砖、混凝土砌块等围挡的安砌、维修、拆除；施工现场临时建筑物、构筑物的搭设、维修、拆除，如临时宿舍、办公室、食堂、厨房、厕所、诊疗所、临时文化福利用房、临时仓库、加工场、搅拌台、临时简易水塔、水池等；施工现场临时设施的搭设、维修、拆除，如临时供水管道、临时供电管线、小型临时设施等；施工现场规定范围内临时简易道路铺设，临时排水沟、排水设施安砌、维修、拆除；其他临时设施搭设、维修、拆除
050405002	夜间施工	1. 夜间固定照明灯具和临时可移动照明灯具的设置、拆除 2. 夜间施工时施工现场交通标志、安全标牌、警示灯等的设置、移动、拆除 3. 夜间照明设备及照明用电、施工人员夜班补助、夜间施工劳动效率降低等
050405003	非夜间施工照明	为保证工程施工正常进行，在如假山石洞等特殊施工部位施工时所采用的照明设备的安拆、维护及照明用电等
050405004	二次搬运	由于施工场地条件限制而发生的材料、植物、成品、半成品等一次运输不能到达堆放地点，必须进行的二次或多次搬运
050405005	冬雨季施工	1. 冬雨（风）季施工时增加的临时设施（防寒保温、防雨、防风设施）的搭设、拆除 2. 冬雨（风）季施工时对植物、砌体、混凝土等采用的特殊加温、保温和养护措施 3. 冬雨（风）季施工时施工现场的防滑处理，对影响施工的雨雪的清除 4. 冬雨（风）季施工时增加的临时设施、施工人员的劳动保护用品、冬雨（风）季施工劳动效率降低等
050405006	反季节栽植影响措施	因反季节栽植在增加材料、人工、防护、养护、管理等方面采取的种植措施及保证成活率措施

续表 9-5

项目编码	项目名称	工作内容及包含范围
050405007	地上、地下设施的临时保护设施	在工程施工过程中，对已建成的地上、地下设施和植物进行的遮盖、封闭、隔离等必要保护措施
050405008	已完工程及设备保护	对已完工程及设备采取的覆盖、包裹、封闭、隔离等必要的保护措施

注：本表所列项目应根据工程实际情况计算措施项目费用，需分摊的应合理计算摊销费用。

第四部分　园林绿化工程竣工结算与决算

第十章　园林绿化工程竣工结算

内容提要：
1. 掌握园林绿化工程竣工结算价款的支付方式。
2. 熟悉园林绿化工程竣工结算的内容。
3. 掌握竣工结算的编制程序、方法与审查。

第一节　竣工结算价款支付

一、工程价款的主要结算方式

根据现行规定，工程价款可以根据不同情况采取多种方式进行结算。

1. 按月结算

按月结算即先预付工程备料款，在施工过程中按月结算工程进度款，竣工后进行竣工结算，我国现行建筑安装工程价款结算中，按月结算的方式应用较为普遍。

2. 竣工后一次结算

建设项目或单项工程全部建筑安装工程建设期均在 12 个月以内或者工程承包合同价值在 100 万元以下的，可实行工程价款竣工后一次结算。

3. 分段结算

分段结算即当年开工、当年不能竣工的单项工程或单位工程按照工程进度，划分不同阶段进行结算。分段结算可以按月预支工程款。实行竣工后一次结算和分段结算的工程，当年结算的工程款应与分年度的工作量一致，且年终不另清算。

4. 其他结算方式

结算双方约定的其他结算方式。

二、工程预付款和进度款的支付

1. 工程预付款的支付和扣回

（1）工程预付款及其额度　工程预付款是指建设工程施工合同订立后由发包人按照合同约定，在正式开工前预先支付给承包人的工程款。工程预付款是施工准备和所需要材料、结构件等流动资金的主要来源，国内习惯称为预付备料款。工程预付款的具体事宜由承发包双方根据建设行政主管部门的规定，结合工程款、建设工期和包工包料情况在合同中约定。

对于工程预付款额度，各地区、各部门的规定不完全相同，主要是为确保施工所需材料和构件的正常储备。工程预付款通常是根据施工期、园林工程工作量、主要材料和构件费用占园林工程工作量的比例以及材料储备周期等因素经测算来确定的。工程预付款的确定方法通常有以下两种。

① 在合同中约定。发包人根据工程的特点、工期长短、市场行情、供求规律等因素，招标时在合同中约定工程预付款的百分比。

② 公式计算法。公式计算法是根据主要材料（含结构件等）占年度承包工程总价的比重、材料储备定额天数和年度施工天数等因素，通过公式计算预付备料款额度的一种方法。其计算公式为

$$工程预付款数额 = \frac{工程总价 \times 材料比重（\%）}{年度施工天数} \times 材料储备定额天数 \quad (10\text{-}1)$$

$$工程预付款比例 = \frac{工程预付款数额}{工程总价} \times 100\% \quad (10\text{-}2)$$

式中　年度施工天数——按 365 天日历天计算；

　　　材料储备定额天数——由当地材料供应的在途天数、加工天数、整理天数、供应间隔天数、保险天数等因素决定。

(2) 工程预付款的扣回　发包人支付给承包人的工程预付款的性质是预支款项。随着工程进度的推进，拨付的工程进度款数额不断增加，工程所需主要材料、构件的用量逐渐减少，原已支付的预付款应以抵扣的方式陆续扣回。常用的扣款方法如下。

① 由发包人和承包人通过洽商采用合同的形式确定，可采用等比率或等额扣款的方式，也可针对工程实际情况具体处理，若有些工程工期较短、造价较低，则无须分期扣还，而在竣工结算时一并扣回。而有些工期较长，如跨年度工程，其备料款的占用时间很长，可根据需要少扣或不扣。

② 从未施工工程尚需的主要材料及构件的价值相当于工程预付款数额时扣起，从每次中间结算工程价款中，按材料及构件比重扣抵工程价款，至竣工之前全部扣清。因此，确定起扣点是工程预付款起扣的关键。

确定工程预付款起扣点的依据是：未完施工工程所需主要材料和构件的费用，等于工程预付款的数额。

工程预付款起扣点计算式为

$$T = P - \frac{M}{N} \quad (10\text{-}3)$$

式中　T——起扣点，即工程预付款开始扣回的累计完成工作量金额；

　　　P——承包工程合同款总额；

　　　M——工程预付款数额；

　　　N——主要材料、构件所占比重。

【例 10-1】　某单位园林工程承包合同价为 242 万元，其中主要材料和构件占合同价的 60%，材料储备定额天数为 60 天，年度施工天数按 365 天计算，问：

① 工程预付款为多少？

② 工程预付款的起扣点为多少？

【解】

① 工程预付款：

$$工程预付款 = \frac{242 \times 60\%}{365} \times 60 \approx 23.87（万元）$$

② 按工程预付款扣回计算公式

$$工程起扣点 = 242 - \frac{23.87}{60\%} \approx 202.22（万元）$$

2. 工程进度款的支付

(1) 工程进度款的计算　工程进度款的计算主要涉及两个方面：一是工程量的计量；二是单价的计算方法。

单价的计算方法主要是根据由发包人和承包人事先约定的工程价格的计价方法来确定的。目前在我国，工程价格的计价方法可以分为工料单价法和综合单价法两种。

① 工料单价法是指单位工程分部分项的单价为直接成本单价，按现行计价定额的人工、材料、机械的消耗量及其预算价格来确定，其他的直接成本、间接成本、利润、税金等按现行计算方法来计算。

② 综合单价法是指单位工程分部分项工程量的单价是全部费用单价，其既包括直接成本，也包括间接成本、利润、税金等一切费用。在具体应用时，既可采取可调价格的方式（即工程价格在实施期间可随价格变化而调整），也可采取固定价格的方式（即工程价格在实施期间不因价格变化而调整），在工程价格中已考虑价格风险因素，并在合同中明确了固定价格所包括的内容和范围。

(2) 工程进度款的支付　工程进度款的支付通常按当月实际完成工程量进行结算，工程竣工后办理竣工结算。在工程竣工前，承包人收取的工程预付款和进度款的总额通常不超过合同总额（包括工程合同签订后经发包人签证认可的增减工程款）的 95%，其余 5% 尾款在工程竣工结算时除保修金外一并清算。

工程进度款的支付步骤如图 10-1 所示。

图 10-1　工程进度款的支付步骤

【例 10-2】　某园林工程承包合同总额为 750 万元，主要材料和结构件金额占合同总额的 62%，预付备料款额度为 25%，预付款扣款的方法是以未施工工程尚需的主要材料和结构件的价值相当于预付款数额时起扣，从每次中间结算工程价款中，按材料和结构件比重抵扣工程价款。保留金为合同总额的 4%。2013 年上半年各月实际完成合同价值如表 10-1 所示。如何按月结算工程款？

表 10-1　各月完成合同价值　　　　　　　　　　　　　　　（万元）

月份	2 月	3 月	4 月	5 月	6 月
完成合同价值	65	140	185	230	130

【解】

① 计算预付备料款：$750 \times 25\% = 187.5$（万元）

② 求预付备料款的起扣点：

开始扣回预付备料款时的合同价值 $= 750 - \dfrac{187.5}{62\%} \approx 750 - 302.42 = 447.58$（万元）

即当累计完成合同价值为 447.58 万元后，开始扣回预付款。

③ 2 月完成合同价值 65 万元，结算 65 万元。

④ 3 月完成合同价值 140 万元，结算 140 万元，累计结算工程款 205 万元。

⑤ 4 月完成合同价值 185 万元，结算 185 万元，累计结算工程款 390 万元。

⑥ 5 月完成合同价值 230 万元，到 5 月份累计完成合同价值 620 万元，超过了预付备料款的起扣点。

5 月应扣回的预付备料款：$(620 - 447.58) \times 62\% \approx 106.90$（万元）

5 月结算工程款：$230 - 106.90 = 123.10$（万元），累计结算工程款 513.10 万元。

⑦ 6 月完成合同价值 130 万元，应扣回预付备料款：$130 \times 62\% = 80.6$（万元），应扣 5% 的预留款：$750 \times 5\% = 37.5$（万元）。

6 月结算工程款为：$130 - 80.6 - 37.5 = 11.9$（万元），累计结算工程款 525 万元，加上预付备料款 187.5 万元，共结算 712.5 万元。预留合同总额的 4% 即 30 万元作为保留金。

第二节　竣工结算的编制

一、工程竣工结算的内容

工程竣工结算时需要重点考虑在施工过程中工程量的变化、价格的调整等内容，见表 10-2。

表 10-2　工程竣工结算的内容

序号	项目	内容
1	工程量增减调整	工程量增减调整是指所完成的实际工程量与施工图预算工程量之间的差额，即量差。量差主要表现在以下几个方面 1. 设计变更和漏项。因实际图样修改和漏项等产生的工程量增减，可依据设计变更通知书进行调整 2. 现场工程更改。实际工程中施工方法出现不符、基础超深等均可根据双方签证的现场记录，按照合同或协议的规定进行调整 3. 施工图预算错误。在编制竣工结算前，应结合工程的验收和实际完成工程量的情况，对施工图预算中存在的错误予以纠正
2	价差调整	工程竣工结算可按照地方预算定额或基价表的单价编制，因当地造价部门文件调整发生的人工、计价材料和机械费用的价差均可以在竣工结算时调整。未计价材料则可根据合同或协议的规定，按实际调整价差

续表 10-2

序号	项目	内容
3	费用调整	1. 属于工程数量的增减变化，需要相应调整安装工程费的计算 2. 属于价差的因素，通常不调整安装工程费，但要计入计费程序中，即该费用应反映在总造价中 3. 属于其他费用，如停窝工费用、大型机械进出场费用等，应根据各地区定额和文件规定一次结清，分摊到工程项目中

二、工程竣工结算的编制方式

工程竣工结算的编制方式见表 10-3。

表 10-3　工程竣工结算的编制方式

序号	方式	内容
1	决标或议标后的合同价加签证结算方式	1. 合同价。经过建设单位、园林施工企业、招投标主管部门对标底和投标报价进行综合评定后确定的中标价，以合同的形式固定 2. 变更增减账等。对合同中未包括的条款或出现的一些不可预见费，在施工过程中由于工程变更所增、减的费用，经建设单位或监理工程师签证后，与原中标合同价一起结算
2	施工图概（预）算加签证结算方式	1. 施工图概（预）算。这种结算方式适用于小型园林工程，一般以经建设单位审定后的施工图概（预）算作为工程竣工结算的依据 2. 变更增减账等。凡施工图概（预）算未包括的，在施工过程中工程变更所增减的费用，各种材料（构配件）预算价格与实际价格的差价等，经建设单位或监理工程师签证后，与审定的施工图预算一起在竣工结算中进行调整
3	预算包干结算方式	预算包干结算（也称施工图预算加系数包干结算）的公式为 <div align="center">结算工程造价＝经施工单位审定后的施工图预算造价×（1＋包干系数）　（10-4）</div>在签订合同时，要明确预算外包干系数、包干内容和范围。包干费通常不包括因下列原因增加的费用： 1. 在原施工图外增加建设面积 2. 工程结构设计变更、标准提高，非施工原因的工艺流程的改变等 3. 隐蔽性工程的基础加固处理 4. 非人为因素所造成的损失
4	平方米造价包干的结算方式	平方米造价包干结算是双方根据一定的工程资料，事先协商好每平方米造价指标后，乘以建设面积计算工程造价进行结算的方式。其公式为 <div align="center">结算工程造价＝建设面积×每平方米造价　（10-5）</div>这种方式适用于广场铺装、草坪铺设等

三、工程竣工结算方法

工程竣工结算的编制，因承包方式的不同而有所不同，其结算方法均应根据各省市建设工程造价（定额）管理部门、当地园林管理部门和施工合同管理部门的有关规定办理工程结算。常用的结算方法有以下几种。

1. 在中标价格基础上进行调整

采用招标方式承包工程结算原则上应以中标价（议标价）为基础进行，如工程施工过程中有较大设计变更、材料价格的调整、合同条款规定允许调整的或当合同条文规定不允许调整但非施工企业原因发生中标价格以外的费用，承发包双方应签订补充合同或协议，在编制竣工结算时，应按本地区主管部门的规定，在中标价格基础上进行调整。

2. 在施工图预算基础上进行调整

以原施工图预算为基础，对施工中发生的设计变更、原预算书与实际不相符以及经济政策的变化等，编制变更增减账，根据增减的内容对施工图预算进行调整。其具体增减的内容主要包括：工程量的增减，各种人、材、机价格的变化和各项费用的调整等。

3. 在结算时不再调整

采用施工图概（预）算加包干系数和平方米造价包干方式进行工程结算，通常在承包合同中已分清了承发包单位之间的义务和经济责任，因此，不再办理施工过程中所承包范围内的经济洽商，在工程结算时不再办理增减调整。工程竣工后，仍以原预算加系数或平方米造价包干进行结算。

采用上述结算方式时，必须对工程施工期内各种价格变化进行预测，获得一个综合系数（即风险系数）。采用这种做法，承包或发包方均需承担很大的风险，因此，只适用于建设面积小、施工项目单一、工期短的园林工程，而对工期较长、施工项目复杂、材料品种多的园林工程不宜采用这种方式。

第三节　竣工结算的审查

一、工程竣工结算的审查

1. 工程结算的审查依据

① 工程结算审查委托合同和完整、有效的工程结算文件。

② 国家有关法律、法规、规章制度和相关的司法解释。

③ 国务院建设行政主管部门以及各省、自治区、直辖市和有关部门发布的工程造价计价标准、计价办法、有关规定和相关解释。

④ 施工发承包合同、专业分包合同和补充合同，有关材料、设备采购合同；招投标文件，包括招标答疑文件、投标承诺、中标报价书及其组成内容。

⑤ 工程竣工图或施工图、施工图会审记录，经批准的施工组织设计，以及设计变更、工程洽商和相关会议纪要。

⑥ 经批准的开、竣工报告或停、复工报告。

⑦ 建设工程工程量清单计价规范或工程预算定额、费用定额、价格信息和调价规定等。

⑧ 工程结算审查的其他专项规定。

⑨ 影响工程造价的其他相关资料。

2. 工程结算的审查要点

竣工结算编制后应有严格的审查。通常工程竣工结算的审查应从以下几个方面着手。

(1) 核对合同条款

① 应核对竣工工程内容是否符合合同条件要求，工程是否竣工验收合格，只有按合同要求完成全部工程并验收合格才能竣工结算。

② 应按合同规定的结算方法、计价定额、取费标准、主材价格和优惠条款等，对工程竣工结算进行审查。

③ 若发现合同开口或有漏洞，应请建设单位与施工单位认真研究，明确结算要求。

(2) 检查隐蔽验收记录　所有隐蔽工程均应进行验收，并且由两人以上签证。实行工程监理的项目应经监理工程师签证确认。审查竣工结算时应核对隐蔽工程施工记录和验收签证，手续完整，工程量与竣工图一致方可列入结算。

(3) 落实设计变更签证　设计修改变更应有原设计单位出具的设计变更通知单和修改的设计图纸、校审人员签字并加盖公章，经建设单位和监理工程师审查同意、签证。重大设计变更应经原审批部门审批，否则不应列入结算。

(4) 按图核实工程数量　竣工结算的工程量应依据竣工图、设计变更单和现场签证等进行核算，并按国家统一规定的计算规则计算其工程量。

(5) 执行定额单价　结算单价应按合同约定或招标规定的计价定额与计价原则来确定。

(6) 防止各种计算误差　工程竣工结算子目多、篇幅大，往往有计算误差，应认真核算，以防因计算误差多计或少计。

二、工程竣工结算审查与控制

1. 搜集、整理竣工资料

竣工资料主要包括工程竣工图、设计变更通知、各种签证和主材的合格证、单价等。

竣工图是指工程交付使用时的实样图。对于工程变化不大的，可在施工图上变更处分别标明，不做重新绘制。然而对于工程变化较大的一定要重新绘制竣工图，对结构件和门窗进行重新编号。竣工图绘制后要请建设单位建筑监理人员在图签栏内签字，并且加盖竣工图章。竣工图是其他竣工资料在施工的同时计算实际金额，交建设单位签证，这样就能有效避免事后纠纷。

主要建筑材料规格、质量与价格签证。由于设计图纸对一些装饰材料只指定规格与品种，而不能指定生产厂家。目前市场上的伪劣产品较多，同一种合格或优先产品，不同的厂家和型号，价格差异也比较大，特别是一些高级装饰材料，进货前必须征得建设单位同意，其价格必须要建设单位签证。并且对于一些涉及培养工程较多而工期又较长的工程，价格涨跌幅度较大，必须分期多批对主要建材与建设单位进行价格签证。

2. 深入工地，全面掌握工程实况

由于从事预决算工程的预算员，若对某单位工程不十分了解，而一些体形较为复杂或装潢复杂的工程，竣工图将不能面面俱到，逐一标明，因此，在工程量计算阶段必须深入工地现场核对、丈量、记录才能做到准确无误。有经验的预算人员在编制结算时，通常是先查阅所有资料，再粗略地计算工程量，发现问题，当出现疑问时，逐一到工地核实。一个优秀的预算员不仅要深入工程实地掌握实际，还要深入市场了解建筑材料的品种及价格，做到胸中有数，避免造成计算误差大，使自己处于被动。

3. 熟悉掌握专业知识，讲究职业道德

预算人员不仅要全面熟悉定额计算，掌握上级下达的各种费用文件，还要全面了解工程预算定额的组成，以便于进行定额换算和增补。预算员还要掌握一定的施工规范和建筑构造方面的知识。

竣工结算是工程造价控制的最后一关，若不能严格把关，则会造成不可挽回的损失。这是一项细致具体的工作，计算时要认真、细致、不少算、不漏算。同时要尊重实际，不多算，不高估冒算，不存侥幸心理。编制竣工结算时，不依编制对象与自己亲、熟、好、坏而因人而异。要服从道理，不固执己见，保持良好的职业道德与自身信誉。与此同时，还应在以上的基础上保证"量"与"价"的准确合同，做好工程结算去虚存实，促使竣工结算的良性循环。

第十一章 园林绿化工程竣工决算

内容提要:
1. 了解园林绿化工程竣工决算的概念及作用。
2. 熟悉园林绿化工程竣工决算的内容。
3. 了解园林绿化工程竣工结算的编制依据,掌握竣工决算的步骤。

第一节 工程竣工决算的内容及作用

一、工程竣工决算的概念及作用

竣工决算也称竣工成本决算,它分为建设单位的竣工决算和施工企业的竣工决算。前者是建设单位对所有新建、扩建和整体改造的园林工程项目竣工以后编制的决算。后者是施工企业内部对竣工的单位工程进行实际成本分析,反映其经济效果的一项决算工作。

竣工决算是以实物数量和货币指标为计量单位,综合反映竣工项目从筹建到项目竣工交付使用的全部建设费用、建设成果和财务情况的总结性文件;是竣工验收报告的重要组成部分,是正确核定新增固定资产价值,考核分析投资效果,建立健全经济责任制的依据;是反映建设项目实际造价和投资效果的文件。

二、工程竣工决算的内容

1. 竣工决算的文字说明

工程竣工决算的文字说明内容包括:工程概况、设计概算和基本建设投资计划的执行情况,各项技术经济指标的完成情况,各项拨款的使用情况,建设工期、建设成本和投资效果分析,以及建设过程中的主要经验、存在问题及问题处理意见,各项建议等内容。

2. 竣工决算报表

园林工程决算报表与一般工程决算报表一样,按工程规模可分为大中型和小型项目分别制定。

3. 工程竣工图

工程竣工图是真实地记录各种地上、地下建(构)筑物等情况的技术文件,是工程进行交工验收、维护和扩建的依据,是国家的重要技术档案。国家规定:各项新建、扩建、改建的基本建设工程,特别是基础、地下建筑、管线和设备安装等隐蔽部位,都要编制竣工图。为确保竣工图质量,必须在施工过程中(不能在竣工后)及时做好隐蔽工程检查记录,整理好设计变更文件。

第二节　工程竣工决算的编制

一、工程竣工决算的编制依据

① 经批准的可行性研究报告及其投资估算。

② 经批准的施工图设计及其施工图预算。

③ 经批准的初步设计或扩大初步设计及其概算或修正概算。

④ 设计交底或图纸会审纪要。

⑤ 招标投标的标底、承包合同和工程结算资料。

⑥ 施工记录或施工签证单，以及其他施工中发生的费用记录，例如，索赔报告与记录、停（交）工报告等。

⑦ 竣工图及各种竣工验收资料。

⑧ 设备、材料调价文件和调价记录。

⑨ 有关财务核算制度、办法和其他有关资料、文件等。

二、工程竣工决算的步骤

工程竣工决算的步骤见表 11-1。

表 11-1　工程竣工决算的步骤

序号	步骤	内容
1	收集、整理、分析原始资料	从园林工程开始就按编制依据的要求，收集、清点、整理有关资料，主要包括园林工程档案资料，例如，设计文件、施工记录、上级批文、概预算文件、工程结算的归集整理，财务处理、财产物资的盘点核实及债权债务的清偿，做到账账、账证、账实、账表相符。对各种设备、材料、工具、器具等要逐项盘点核实并填列清单，妥善保管，或按照国家有关规定处理，不准任意侵占和挪用
2	清理各项财务、债务和结余物资	在收集、整理和分析有关资料中，要特别注意建设工程从筹建到竣工投产或使用的全部费用的各项财务、债权和债务的清理，做到工程完毕，账目清晰，对各种往来款项要及时进行全面清理，为编制竣工决算提供准确的数据和结果
3	填写竣工决算报表	按照竣工决算有关表格中的内容和有关资料，统计或计算各个项目的数量，并将其结果填到相应表格的栏目内，完成所有的报表填写。这是编制建设单位项目竣工决算的主要工作
4	编制建设工程竣工决算说明	按照建设工程竣工决算说明的内容要求，根据编制依据材料填写报表，编写文字说明
5	做好园林工程造价对比分析	—
6	清理、装订好竣工图	—
7	按国家规定上报、审批、存档	—

参 考 文 献

［1］中华人民共和国住房和城乡建设部．建设工程工程量清单计价规范　GB 50500—2013［S］．北京：中国计划出版社，2013.

［2］中华人民共和国住房和城乡建设部．园林绿化工程工程量计算规范　GB 50858—2013［S］．北京：中国计划出版社，2013.

［3］中华人民共和国住房和城乡建设部．建筑制图标准　GB/T 50104—2010［S］．北京：中国建筑工业出版社，2011.

［4］中华人民共和国住房和城乡建设部．总图制图标准　GB/T 50103—2010［S］．北京：中国建筑工业出版社，2011.

［5］中华人民共和国住房和城乡建设部．园林绿化工程施工及验收规范　CJJ 82—2012［S］．北京：中国建筑工业出版社，2013.

［6］规范编制组．建设工程计价计量规范辅导［M］．北京：中国计划出版社，2013.

［7］李倩．园林工程清单计价［M］．北京：中国轻工业出版社，2013.

［8］杨志德．园林工程（第三版）［M］．武汉：华中科技大学出版社，2013.

［9］肖创伟，赵晓平．园林工程施工技术［M］．武汉：黄河水利出版社，2011.